教育部基地重大项目（批准号：10JJD720010）研究成果

结构推理

（第二版）

冯 棉 著

广西师范大学出版社
·桂林·

图书在版编目(CIP)数据

结构推理/冯棉著.—2版.—桂林:广西师范大学出版社,2020.7

ISBN 978-7-5598-2878-1

Ⅰ.①结… Ⅱ.①冯… Ⅲ.①逻辑推理-研究 Ⅳ.①O141

中国版本图书馆CIP数据核字(2020)第096317号

出 品 人:刘广汉

责任编辑:刘孝霞　王荣光

装帧设计:王鸣豪

广西师范大学出版社出版发行

(广西桂林市五里店路9号　邮政编码:541004

网址:http://www.bbtpress.com)

出版人:黄轩庄

全国新华书店经销

销售热线:021-65200318　021-31260822-898

山东临沂新华印刷物流集团有限责任公司印刷

(山东省临沂市高新技术开发区新华路东段　邮政编码:276017)

开本:690mm×960mm　1/16

印张:16.25　字数:247千字

2020年7月第2版　2020年7月第1次印刷

定价:68.00元

再版修订说明

本书初版于2015年3月（广西师范大学出版社出版），此次再版，作了如下修订：

1. 为了后续证明的需要，对“置换定理”（见命题2.2.5和命题3.2.2）的内容作了增补。

2. 对§3.2的内容作了调整：添加了几个内定理，修改了“内涵合取变换式”的定义（见定义3.2.5），与此相关，修改了结构推理系统 **RL**、**BCL** 与相应公理系统 **R**、**BC** 的等价性证明（见命题3.2.6）。

3. 改写了命题3.4.12结论②的证明。

4. 对§4.2的内容作了调整：添加了几个内定理（含证明），修改了结构推理系统 **BL** 与相应公理系统 **B** 的等价性证明（见命题4.2.13）。

前言

结构推理是现代逻辑的重要推理方式之一，其特点是：从结构规则和逻辑联结词的推理规则（简称“联结词规则”）这两个层面上来研究逻辑。借助结构规则来研究逻辑推理，始于20世纪30年代根岑（G. Gentzen）的经典逻辑和直觉主义逻辑的贯列（sequent，亦称“矢列”）演算①。

结构推理关注各种结构规则的行为，并通过对各类结构规则的研究，从整体上处理一大类逻辑，具有良好的表现力。与此同时，借助结构规则和联结词规则，也揭示出各个现代逻辑分支的差异，成为现代逻辑诸分支比较研究的有力工具。

最重要的结构规则是“结合规则”“交换规则”“收缩规则”和“弱化规则”，分别简记为 B、C、W 和 K②。可以用这些简记字母的组合来命名一类逻辑，即根据这些结构规则组合情况的不同对逻辑进行分类。例如，经典逻辑和直觉主义逻辑容纳上述四条结构规则，都属于“$BCWK$ 逻辑”；相干逻辑 **R** 容纳结构规则 B、C、W 且拒斥 K，属于“BCW 逻辑”；线性逻辑容纳 B、C 且拒斥 W、K，属于“BC 逻辑”；结合演算则容纳“结合规则”B 且拒斥结构规则 C、W 和 K，属于“B 逻辑”。

---

① 参看[Szabo，1969，pp.68－131]。
② 参看本书 p.67 注①。

结构推理有广泛的应用,包括前提不可交换的行为推理,自然语言的范畴语法和句法类型研究,前提公式不可重复使用的推理,相干推理,单调和非单调推理,构造性推理,等等。从结构规则的层面上揭示日常推理中的多种推理方式,对于逻辑推理机制的深入研究和人工智能的开发具有重要的理论意义和实际价值。

本书研究命题逻辑的结构推理,涉及多种结构推理系统的建构,结构推理系统与相应公理系统的等价性,在语义理论的基础上,证明了各个结构推理系统的可靠性与完全性,并考察了正结合演算结构推理系统 **BL - D** 的可判定性。全书共分四章,书后列出了参考文献。

以下对本书的各章作简要的导引。

第一章　经典命题逻辑的结构推理

定义了“结构”“子结构”“贯列”“推导”“推导树”“推导图式”等结构推理基本概念,阐述了“结构规则”和“联结词规则”的逻辑特征。构建了经典命题逻辑的结构推理系统 **PL**,它建立在形式语言 $\mathcal{L}_{\varphi}^{+}$ 的基础上,以¬ 和→为初始联结词,容纳了四种结构规则:“结合规则”“交换规则”“收缩规则”和“弱化规则”。

结合规则显示:推理与贯列前提的结合方式无关,不同的结合方式,可以推出同样的结论;交换规则显示:推理与贯列前提的先后顺序无关,交换前提结构的先后顺序,可以推出同样的结论;收缩规则显示:由多个同样的前提结构可以推出的结论,用一个这样的前提结构也可以推出来;弱化规则显示了推理的“单调性”:由较少的前提结构可以推出的结论,(通过增加前提结构的方式)由较多的前提结构也可以推出来。

演示了系统 **PL** 中贯列和内定理的推导方法,证明了“切割规则”“否定消去规则”“合取引入规则”“合取消去规则”“析取引入规则”“析取消去规则”“分配规则”等重要的导出规则,并借助“合取变换式”证明了系统 **PL** 和相应的公理系统 **P** 的等价性。

第二章　直觉主义命题逻辑的结构推理

构建了直觉主义命题逻辑的结构推理系统 **IL**,它有以下特点:(1)四个初始联结词¬ 、∧、∨、→作直觉主义解释时,是彼此独立的;(2)在经典的真值表解释下,是系统 **PL** 的子系统;(3)坚持构造性的立场,不接受“间接证明”,拒斥“双重否定消去规则”,**IL**+双重否定消去规则=**PL**。

演示了系统 **IL** 中贯列和内定理的推导方法,证明了“切割规则”等重要的导出规则,并证明了系统 **IL** 和相应的公理系统 **IP** 的等价性。

构建了直觉主义命题逻辑的二元关系语义,它可以做直观的“认识论解释”,视作积累式的认识过程的一种简单化模拟。给出了“**IL** 框架”“赋值”“**IL** 有效”“非空结构 X 可有效地推导公式 A”“公式集Γ递推公式 A”“饱和集”“饱和集Σ导出的 **IL** 框架”“典范赋值”等语义概念和语法概念,以此为基础,通过一系列元定理,证明了系统 **IL** 相对于二元关系语义的可靠性和完全性。

第三章 相干命题逻辑及其线性片段的结构推理

构建了相干命题逻辑的结构推理系统 **RL** 及其线性片段(即系统 **BCL**)。系统 **RL** 有以下特点:(1)三个初始联结词¬、∧和→作相干解释时,是彼此独立的;(2)在经典的真值表解释下,是系统 **PL** 的子系统;(3)拒斥“弱化规则”,坚持“结论的推导必须实际使用全部前提的推理方式”,以保证前提与结论之间的相干性,从而避免形形色色的“蕴涵怪论”,**RL**+弱化规则=**PL**。系统 **BCL** 还拒斥“收缩规则”,这意味着贯列中的每一前提公式都仅使用一次,不可重复使用。

推导和证明了系统 **RL** 和系统 **BCL** 中的某些贯列、内定理和导出规则,并借助“内涵合取变换式”证明了系统 **RL**、**BCL** 和相应的公理系统 **R**、**BC** 的等价性。

构建了相干命题逻辑及其线性片段的三元关系语义,它可以做“信息论解释”,不仅清晰地揭示了三元关系语义的直观背景,也为相干逻辑及其线性片段在信息论和人工智能领域的应用展示了广阔的前景。给出了“命题逻辑三元关系语义的基础框架”“**BCL** 框架”“**RL** 框架”“赋值”“有效公式”“非空结构 X 可有效地推导公式 A”“素理论”“正规理论”“典范框架”“典范赋值”等语义概念和语法概念,以此为基础,通过一系列元定理,证明了系统 **RL** 及其线性片段 **BCL** 相对于三元关系语义的可靠性和完全性。

第四章 正结合演算的结构推理

构建了正结合演算结构推理系统 **BL**,它有以下特点:(1)是一种"正逻辑",即不含否定符号的逻辑。(2)仅容纳一种结构规则,即"结合规则"。(3)拒斥"交换规则",这意味着推理与前提结构的先后顺序有关,研究"前提不可交换的推理方式",对于行为推理有重要的理论意义和应用价值。(4)使用"蕴涵"和"逆蕴涵",体现非交换的推理方式;使用"内涵合取",它对应于结构中的标点"逗号",两者有同样的行为特征。

推导和证明了系统 **BL** 中的某些贯列、内定理和导出规则。构建了正结合演算公理系统 **B**,证明了系统 **B** 中的"镜像定理""演绎定理"等元定理,在此基础上,证明了系统 **BL** 和系统 **B** 的等价性。

构建了正结合演算的择类语义,其特点是:采用"择类运算"来刻画逻辑常项,语义运算与逻辑联结词之间有清晰的对应关系,可以从整体上处理一类逻辑,具有普适性。通过一系列元定理,证明了系统 **BL** 相对于择类语义的可靠性和完全性。

在系统 **BL** 中删除分配规则,即为正结合演算结构推理系统 **BL - D**,它等价于根岑型的正结合演算结构推理系统 **GBL - D**。给出了"结构 X 的联词数""切割度""贯列 X ⊢A 的联词数""贯列 X ⊢A 的结合变形"等概念,以此为基础,通过一系列元定理,证明了系统 **GBL - D** 的切割消除定理和可判定性,并通过实例演示了系统 **GBL - D** 中贯列的判定方法。

本书是教育部人文社会科学重点研究基地重大项目"结构推理及其应用研究"(批准号: 10JJD720010)的最终成果。

目 录

CONTENTS

第一章　经典命题逻辑的结构推理

§1.1　经典命题逻辑的结构推理系统 PL

本章中的经典命题逻辑的结构推理系统 **PL** 和公理系统 **P** 都以形式语言 $\mathcal{L}_{\wp}$ 为基础，首先给出 $\mathcal{L}_{\wp}$ 的定义。

定义 1.1.1：形式语言 $\mathcal{L}_{\wp}$ 由以下几个部分组成：

1. 初始符号

〈ⅰ〉p_1、p_2、p_3…，它们可解释为可数个“命题变元”。在本书中约定：分别用 p、q、r 表示其中的 p_1、p_2、p_3。

〈ⅱ〉¬ 、→，它们可分别解释为逻辑联结词“否定”和“蕴涵”。

〈ⅲ〉(、)，它们是“左括号”和“右括号”。

2. 形成规则

〈ⅰ〉p_i 是公式（i=1,2,3…）；

〈ⅱ〉若 A 和 B 都是公式，则¬ A、(A→B)是公式。

3. 定义（A、B 是任意的公式）

定义 1：$(A\wedge B)=_{df}\neg(A\to\neg B)$，∧可解释为逻辑联结词“合取”。

定义 2：$(A\vee B)=_{df}(\neg A\to B)$，∨可解释为逻辑联结词“析取”。

定义 3：$(A\leftrightarrow B)=_{df}((A\to B)\wedge(B\to A))$，↔可解释为逻辑联结词

“等值”。

在本书中用 A、B、C、D、E、F、G、H、A′、A_1、A_2…表示任意的公式，为省略括号，作如下几条规定：

① 位于一个公式最外层的那对括号可省略。

② 上述联结词的结合能力的强弱次序为：¬ 最强，∧和∨其次，→和↔最弱。例如，公式$(((\neg p\wedge r)\rightarrow(p\vee q))\leftrightarrow((p\vee r)\rightarrow(q\wedge r)))$可简写为$(\neg p\wedge r\rightarrow p\vee q)\leftrightarrow(p\vee r\rightarrow q\wedge r)$。

③ 公式$(A_1\wedge A_2)\wedge A_3$可简写为$A_1\wedge A_2\wedge A_3$，一般地，公式$(A_1\wedge A_2\wedge\cdots\wedge A_{n-1})\wedge A_n(n\geqslant 3)$可简写为$A_1\wedge A_2\wedge\cdots\wedge A_{n-1}\wedge A_n$。

④ 公式$(A_1\vee A_2)\vee A_3$可简写为$A_1\vee A_2\vee A_3$，一般地，公式$(A_1\vee A_2\vee\cdots\vee A_{n-1})\vee A_n(n\geqslant 3)$可简写为$A_1\vee A_2\vee\cdots\vee A_{n-1}\vee A_n$。

我们约定：用Φ表示空集，用**S**、**S′**…表示本书中的任意给定的一个形式系统，包括结构推理系统和公理系统。当**S**、**S′**…是公理系统时，则写明：公理系统**S**、**S′**…。用**SL**表示本书中的任意给定的一个结构推理系统。

定义 1.1.2：在形式语言$\mathcal{L}_{\mathcal{P}}$的基础之上，再添加二元标点逗号“，”作为初始符号，并用如下的方式定义“结构”概念，即构成“带二元标点逗号的形式语言$\mathcal{L}_{\mathcal{P}}^{+}$”：

〈ⅰ〉单个的公式是结构；空集Φ是结构，称为“空的结构”。

〈ⅱ〉若X和Y都是结构，则(X,Y)是结构。结构(Φ,X)=(X,Φ)=X。

例如，单个的公式$\neg p\rightarrow q$是结构，单个的公式r也是结构，所以，“$(\neg p\rightarrow q,r)$”“$((\neg p\rightarrow q,r),\neg p\rightarrow q)$”和“$(((\neg p\rightarrow q,r),\neg p\rightarrow q),(\neg p\rightarrow q,r))$”都是结构。

在本书中用X、Y、Z、U、X′、Y′、X_1、X_2…表示任意的结构（可以是空的结构），为省略括号，作如下规定：

① 位于一个结构最外层的那对括号可省略。

② 结构“$(X_1,X_2),X_3$”可简写为“X_1,X_2,X_3”，一般地，结构“$(X_1,X_2,\cdots,X_{n-1}),X_n$”$(n\geqslant 3)$可简写为“$X_1,X_2,\cdots X_{n-1},X_n$”。

例如，结构“$((\neg p\rightarrow q,r),\neg p\rightarrow q)$”可简写为“$\neg p\rightarrow q,r,\neg p\rightarrow q$”。

我们约定：用 $\mathcal{L}$ 表示本书中的任意给定的一个不带二元标点逗号的形式语言(包括 $\mathcal{L}_{\mathcal{P}}$、$\mathcal{L}_{I}$、$\mathcal{L}_{\mathcal{R}}$ 和 $\mathcal{L}_{\mathcal{B}}$)[①]，用 $\mathcal{L}^{+}$ 表示任意给定的一个带二元标点逗号的形式语言(包括 $\mathcal{L}_{\mathcal{P}}^{+}$、$\mathcal{L}_{I}^{+}$、$\mathcal{L}_{\mathcal{R}}^{+}$ 和 $\mathcal{L}_{\mathcal{B}}^{+}$)[②]。

定义 1.1.3：设 $\mathcal{L}^{+}$ 是任意给定的一个带二元标点逗号的形式语言，X、Y、Z 和 X′都是 $\mathcal{L}^{+}$ 中的结构，称 X′是 X 的一个"子结构"，当且仅当满足下列条件之一：

〈ⅰ〉X′就是 X；

或 〈ⅱ〉X 是结构"Y,Z"，且 X′是 Y 的子结构或者 X′是 Z 的子结构。

例如，设 A、B、C 是任意的公式，且 A、B、C 各不相同，结构 X 是"A,(B,C),A"，则 X 有 6 种不同的子结构：X、"A,(B,C)"、"B,C"、"A"、"B"和"C"，其中子结构 A 在 X 中出现了两次。

定义 1.1.4：设 **SL** 是任意给定的一个结构推理系统，对于系统 **SL** 中任意的公式 A 和任意的结构 X，称"X ⊢A"为系统 **SL** 中的一个"贯列"(亦称"矢列")，其中的 X 称为"贯列前提"，A 称为"(贯列)结论"，"⊢"是推断符号；"X ⊢A"的直观涵义是"(在系统 **SL** 中)以结构 X 为前提可推出结论 A"。对于贯列 X ⊢A，称 X 中的每一个以子结构方式出现的公式为该贯列的一个"前提公式"。例如，贯列"A,(B,C),A ⊢B"中的前提公式是 A、B、C 和 A。本书中用 α、β、γ、α'、α_1、α_2…表示任意的贯列。

本书中的结构推理系统，都是在带标点的形式语言的基础上，再添加同一公理"A ⊢A"、结构规则和联结词规则构建的。这两类规则都是以一个或多个贯列为前提，推出另一个贯列的推理规则。不同之处是：结构规则从结构的层面上刻画逻辑推理的特性，不显示逻辑联结词；联结词规则表述推理过程中联结词的引入和消去方式，揭示联结词的逻辑特性。在结构推理系统中出现的贯列，或者是"同一公理"，或者是由"同一公理"出发，运用这两类规则推得的结论。

---

① $\mathcal{L}_{I}$ 见 § 2.1 节定义 2.1.1，$\mathcal{L}_{\mathcal{R}}$ 见 § 3.1 节定义 3.1.1，$\mathcal{L}_{\mathcal{B}}$ 见 § 4.1 节定义 4.1.1。

② $\mathcal{L}_{I}^{+}$ 见 § 2.1 节定义 2.1.2，$\mathcal{L}_{\mathcal{R}}^{+}$ 见 § 3.1 节定义 3.1.2，$\mathcal{L}_{\mathcal{B}}^{+}$ 见 § 4.1 节定义 4.1.2。这些形式语言中的"结构"概念的定义方式同 $\mathcal{L}_{p}^{+}$。

定义 1.1.5：在带二元标点逗号的形式语言 $\mathcal{L}_{\varphi}^{+}$ 的基础之上，再添加下列公理、结构规则和联结词规则，即构成经典命题逻辑的结构推理系统 **PL**。

1. 公理（A 是任意的公式）

A ⊢A（同一公理）

2. 结构规则（X、Y、Z 是任意的非空结构，X′、Y′是任意的结构，A 是任意的公式）

① 结合规则：有两种形式，分别是由“X′,(X,(Y,Z)),Y′ ⊢A”为前提可推出“X′,((X,Y),Z),Y′ ⊢A”和由“X′,((X,Y),Z),Y′ ⊢A”为前提可推出“X′,(X,(Y,Z)),Y′ ⊢A”。规则可用推导图式（简称为“图式”）表示，其中的横线表示“推出”，横线上方的贯列（可以有一个或多个贯列）是推理的前提，横线下方的贯列是推理的结论。本规则的图式如下：

（形式 1）

$$\frac{X',(X,(Y,Z)),Y' \vdash A}{X',((X,Y),Z),Y' \vdash A}$$

（形式 2）

$$\frac{X',((X,Y),Z),Y' \vdash A}{X',(X,(Y,Z)),Y' \vdash A}$$

结合规则显示：推理与贯列前提的结合方式无关，不同的结合方式（例如将“X,(Y,Z)”换成“(X,Y),Z”），可以推出同样的结论（例如“A”）。

② 交换规则：

$$\frac{X',(X,Y),Y' \vdash A}{X',(Y,X),Y' \vdash A}$$

交换规则显示：推理与贯列前提的先后顺序无关，交换前提结构的先后顺序（例如将“X,Y”换成“Y,X”），可以推出同样的结论（例如“A”）。

③ 收缩规则：

$$\frac{X',(X,X),Y' \vdash A}{X',X,Y' \vdash A}$$

收缩规则显示：由多个同样的前提结构（例如“X,X”）可以推出的结论（例如“A”），用一个这样的前提结构（例如“X”）也可以推出来。

④ 弱化规则：

$$\frac{X', Y' \vdash A}{X', X, Y' \vdash A}$$

弱化规则显示了推理的“单调性”：由较少的前提结构（例如“X′,Y′”）可以推出的结论（例如“A”），（通过增加前提结构的方式）由较多的前提结构（例如“X′,X,Y′”）也可以推出来。

3. 联结词规则（X、Y 是任意的结构，A、B 是任意的公式）

① 蕴涵引入规则：

$$\frac{X, A \vdash B}{X \vdash A \to B}$$

② 蕴涵消去规则：

$$\frac{X \vdash A \to B \qquad Y \vdash A}{X, Y \vdash B}$$

③ 否定引入规则：

$$\frac{X, A \vdash \neg B \qquad Y \vdash B}{X, Y \vdash \neg A}$$

④ 双重否定消去规则：

$$\frac{X \vdash \neg\neg A}{X \vdash A}$$

定义 1.1.6：设 **SL** 是任意给定的一个结构推理系统，与系统 **SL** 中获得贯列 X ├A 的推导和推导图式有关的定义如下：

① 由单个同一公理“A ├A”构成的图式称为“一棵以 A ├A 为底的推导树”，并称推导的长度为 1。这棵推导树也是其自身唯一的分枝。

② 若贯列 X ⊢A 是由“同一公理”出发，运用系统 **SL** 中的推理规则（结构规则或联结词规则）推出的结论，则获得 X ⊢A 的推导图式称为“一棵以 X ⊢A 为底的推导树”。设贯列序列 $\alpha_1, \alpha_2, \cdots \alpha_n$（n>1）出现在推导树中，若其中 α_1 是推导树中作为推理出发点的“同一公理”，每一个 α_i 和 α_{i+1}（i=1，2，…n-1）都符合推导树中某条推理规则的前提和结论关系（依据推理规则，前者是后者的前提或前提之一），α_n 是推导树最下方的底 X ⊢A，即贯列序列有如下的形式：

α_1（同一公理）

α_2

⋮

α_n（=X ⊢A）

则称上述形式的贯列序列为“以 X ⊢A 为底的推导树中的一个分枝”，长度为 n。任何推导树只有有限个分枝。对于一棵推导树，其最长分枝的长度称为该推导树的长度，也是该推导的长度。

③ 若 Φ ⊢A 是由“同一公理”出发，运用系统 **SL** 中的推理规则推出的结论，则称 A 是系统 **SL** 的一个内定理，简记为“ ⊢A”或“ $\vdash_{SL}$A”，其推导称为一个证明，该推导（“以 ⊢A 为底推导树”）的长度称为证明的长度。

下面是系统 **PL** 中获得 A ⊢¬ ¬ A 的推导实例，任何推导都是从“同一公理”开始的，我们将省略推导过程中的“同一公理”的标注，仅指明推导中运用的结构规则和联结词规则的名称，例如这一实例中运用了否定引入规则，简记为“否定引入”。

例 1.1.1：A ⊢¬ ¬ A

推导：

¬ A ⊢¬ A　　A ⊢A

A ⊢¬ ¬ A（否定引入）

上述推导树有两个分枝：

$\neg A \vdash \neg A$　　　　$A \vdash A$

——————　和　——————

$A \vdash \neg\neg A$　　　　$A \vdash \neg\neg A$

这两个分枝的长度均为 2，所以推导树和推导的长度是 2。

下面证明系统 **PL** 中的几个内定理。在本书中，证得的内定理都记作“定理××”。与内定理不同，还有所谓“元定理”，它是对形式系统的某种特性的断定，如本章中的“切割规则”“演绎定理”“可靠性与完全性定理”等。在本书中，凡元定理都以“命题××”的方式给出。

定理 1.1.1：$\vdash_{PL} A\to(B\to A)$

证明：

$A \vdash A$

——————

$A, B \vdash A$（弱化）

——————

$A \vdash B\to A$（蕴涵引入）

——————

$\vdash A\to(B\to A)$（蕴涵引入）

定理 1.1.2：$\vdash_{PL} (A\to(B\to C))\to((A\to B)\to(A\to C))$

证明：

$A\to(B\to C) \vdash A\to(B\to C)$　　$A \vdash A$　　　　$A\to B \vdash A\to B$　　$A \vdash A$

——————————————　　——————————————

$A\to(B\to C), A \vdash B\to C$（蕴涵消去）　　　　$A\to B, A \vdash B$（蕴涵消去）

————————————————————————————

$A\to(B\to C), A, (A\to B, A) \vdash C$（蕴涵消去）

——————————

$A\to(B\to C), A\to B, (A, A) \vdash C$（多次结合与交换）

——————————

$$\frac{\dfrac{\dfrac{\dfrac{A\to(B\to C),A\to B,A\vdash C\text{(收缩)}}{A\to(B\to C),A\to B\vdash A\to C\text{(蕴涵引入)}}}{A\to(B\to C)\vdash(A\to B)\to(A\to C)\text{(蕴涵引入)}}}{\vdash(A\to(B\to C))\to((A\to B)\to(A\to C))\text{(蕴涵引入)}}}{}$$

这一证明采用了简化的形式，其中的“多次结合与交换”表示多次使用了结合规则与交换规则，省略了具体的推导步骤。

定理 1.1.3：$\vdash_{PL}(\neg A\to\neg B)\to(B\to A)$

证明：

$\neg A\to\neg B\vdash\neg A\to\neg B \qquad \neg A\vdash\neg A$

$\neg A\to\neg B,\neg A\vdash\neg B$(蕴涵消去) $\qquad B\vdash B$

$\neg A\to\neg B,B\vdash\neg\neg A$(否定引入)

$\neg A\to\neg B,B\vdash A$(双重否定消去)

$\neg A\to\neg B\vdash B\to A$(蕴涵引入)

$\vdash(\neg A\to\neg B)\to(B\to A)$(蕴涵引入)

上述推导树有三个分枝，长度分别为 6、6 和 5，所以该推导树和证明的长度为 6。

用定理 1.1.3 类似的证明方法，即可证明下面两个内定理(证明从略)。

定理 1.1.4：$\vdash_{PL}(\neg A\to B)\to(\neg B\to A)$

定理 1.1.5：$\vdash_{PL}(A\to\neg B)\to(B\to\neg A)$

定理 1.1.6：$\vdash_{PL}\neg A\to(A\to B)$

证明：

$\neg A \vdash \neg A$

$\neg A, \neg B \vdash \neg A$（弱化）　$A \vdash A$

$\neg A, A \vdash \neg\neg B$（否定引入）

$\neg A, A \vdash B$（双重否定消去）

$\neg A \vdash A \to B$（蕴涵引入）

$\vdash \neg A \to (A \to B)$（蕴涵引入）

显而易见，为了简化推导与证明，也可以从已推得的贯列（包括内定理）出发，构建新的推导与证明，请看下面的证明。

定理 1.1.7：$\vdash_{PL} (\neg A \to A) \to A$

证明：

$\vdash (\neg A \to (A \to \neg(\neg A \to A))) \to ((\neg A \to A) \to (\neg A \to \neg(\neg A \to A)))$（定理 1.1.2）　$\vdash \neg A \to (A \to \neg(\neg A \to A))$（定理 1.1.6）

$\vdash (\neg A \to A) \to (\neg A \to \neg(\neg A \to A))$（蕴涵消去）　$\neg A \to A \vdash \neg A \to A$

$\vdash (\neg A \to \neg(\neg A \to A)) \to ((\neg A \to A) \to A)$（定理 1.1.3）　$\neg A \to A \vdash \neg A \to \neg(\neg A \to A)$（蕴涵消去）

$\neg A \to A \vdash (\neg A \to A) \to A$（蕴涵消去）　$\neg A \to A \vdash \neg A \to A$

$\neg A \to A, \neg A \to A \vdash A$（蕴涵消去）

$$\frac{\neg A \to A \vdash A}{\vdash (\neg A \to A) \to A}$$

¬ A→A ⊢A（收缩）

⊢(¬ A→A)→A（蕴涵引入）

§1.2 切割规则与其他导出规则

下面证明系统 **PL** 的几个重要的导出规则，包括"切割(cut)规则"，否定消去规则，联结词∧、∨的引入规则和消去规则等。为表述"切割规则"，先给出如下的定义：

定义 1.2.1：设 **SL** 是任意给定的一个结构推理系统，对于系统 **SL** 中的任何结构 Y，若公式 A 作为 Y 的子结构在 Y 中有一次或多次出现，则 Y 可记作 Y(A)，用结构 X 取代 Y(A)中子结构 A 的一次或多次出现而获得的结构可记作 Y(X)。

例如，设结构 Y 为"X′，(A，A)，Y″"，其中公式 A 作为 Y 的子结构有多次出现，可记作 Y(A)；用结构 X 取代 Y(A)中子结构 A 的一次或多次出现而获得的结构均可记作 Y(X)，如结构"X′，(X，A)，Y″"、结构"X′，(A，X)，Y″"和结构"X′，(X，X)，Y″"。

命题 1.2.1（切割规则）：由 X ⊢A 和 Y(A) ⊢B 为前提可推出 Y(X) ⊢B，其中结构 Y(A)中有子结构 A 出现，Y(X)是用 X 取代 Y(A)中的子结构 Λ 的一次或多次出现而获得的结构。图式如下：

$$\frac{X \vdash A \qquad Y(A) \vdash B}{Y(X) \vdash B}$$

证明：

题设已推得 X ⊢A，对获得 Y(A) ⊢B 的推导的长度 n 进行归纳证明。

(1) $n=1$,则 $Y(A)\vdash B$ 是同一公理 $B\vdash B$,即 $A\vdash A$,此时 $Y(A)=A=B$,于是 $Y(X)\vdash B$ 是 $X\vdash A$,即题设,所以 $Y(X)\vdash B$ 成立。

(2) 设 $n<k(k>1)$ 时本命题成立,则当 $n=k$ 时,获得 $Y(A)\vdash B$ 的推导有下列八种情况。

情况 1：$Y(A)\vdash B$ 是由结合规则获得的,先考虑形式 1,即图式如下：

$$\frac{X_1,(X_2,(X_3,X_4)),X_5\vdash B}{X_1,((X_2,X_3),X_4),X_5\vdash B}$$

其中 X_2、X_3 和 X_4 都是非空的结构,且"$X_1,((X_2,X_3),X_4),X_5$"是 $Y(A)$。设"$X_1,(X_2,(X_3,X_4)),X_5$"是 $Z(A)$,由归纳假设知：由 $X\vdash A$ 和 $Z(A)\vdash B$ 可推出 $Z(X)\vdash B$,其中的 $Z(X)$ 与 $Y(X)$ 对于每一个 $X_i(i=1,2,\cdots 5)$ 的替换方式相同,即在获得 $Y(X)$ 时,若使用了 X 对 $Y(A)$ 中 X_i 的子结构 A 的某次出现作了替换,则在获得 $Z(X)$ 时,也需使用 X 对 $Z(A)$ 中 X_i 的子结构 A 的这次出现作同样的替换。若 $Z(X)=Y(X)$(注：当 $X=\Phi$ 时有这种可能性),则由 $Z(X)\vdash B$ 即知 $Y(X)\vdash B$ 成立；若 $Z(X)\neq Y(X)$,再对 $Z(X)\vdash B$ 运用结合规则即推出 $Y(X)\vdash B$。

用类似的方法,可证明结合规则形式 2 的情况。

情况 2：$Y(A)\vdash B$ 是由交换规则获得的,类似于情况 1 的证明,由归纳假设和运用交换规则可推出 $Y(X)\vdash B$。

情况 3：$Y(A)\vdash B$ 是由收缩规则获得的,类似于情况 1 的证明,由归纳假设和运用收缩规则可推出 $Y(X)\vdash B$。

情况 4：$Y(A)\vdash B$ 是由弱化规则获得的,即图式如下：

$$\frac{X_1,X_2\vdash B}{X_1,X',X_2\vdash B}$$

其中 X' 是非空的结构,且"X_1,X',X_2"是 $Y(A)$。这时 $Y(X)$ 的获得有两种可能：

〈i〉获得 $Y(X)$ 时,使用了 X 对 X_1 或 X_2 的子结构 A 的至少一次出现作过替换。类似于情况 1 的证明,由归纳假设和运用弱化规则可推出 Y(X) ⊢B。

〈ⅱ〉获得 Y(X)时，仅使用 X 取代了 X′的子结构 A 的一次或多次出现，并未对 X_1 和 X_2 作任何替换。若 Y(X)是“X_1,X_2”（注：当 X=Φ 时有这种可能性），则由 X_1,X_2 ⊢B 即知 Y(X) ⊢B 成立；若 Y(X)不是“X_1,X_2”，直接对“X_1,X_2 ⊢B”运用弱化规则即可推出 Y(X) ⊢B。

情况 5：Y(A) ⊢B 是由蕴涵引入规则获得的，即图式如下：

$$\frac{Y(A), C \vdash D}{Y(A) \vdash C \rightarrow D}$$

其中 C→D=B。由归纳假设知：由 X ⊢A 和“Y(A),C ⊢D”可推出“Y(X),C ⊢D”，再对“Y(X),C ⊢D”运用蕴涵引入规则即推出 Y(X) ⊢C→D，亦即 Y(X) ⊢B。

情况 6：Y(A) ⊢B 是由蕴涵消去规则获得的，即图式如下：

$$\frac{X_1 \vdash C \rightarrow B \qquad X_2 \vdash C}{X_1, X_2 \vdash B}$$

其中“X_1,X_2”是 Y(A)。这时 Y(X)的获得有三种可能：

〈ⅰ〉获得 Y(X)时，使用了 X 对 X_1 的子结构 A 和 X_2 的子结构 A 都作过替换。设 X_1 和 X_2 分别是 Z(A)和 U(A)，由归纳假设知：由 X ⊢A 和 Z(A) ⊢C→B 可推出 Z(X) ⊢C→B，由 X ⊢A 和 U(A) ⊢C 可推出 U(X) ⊢C，其中的 Z(X)与 Y(X)对于 X_1 的替换方式相同，U(X)与 Y(X)对于 X_2 的替换方式相同，再对 Z(X) ⊢C→B 和 U(X) ⊢C 运用蕴涵消去规则即推出Y(X) ⊢B。

〈ⅱ〉获得 Y(X)时，仅使用了 X 对 X_1 的子结构 A 的至少一次出现作过替换，但未对 X_2 作任何替换。设 X_1 是 Z(A)，由归纳假设知：由 X ⊢A 和Z(A) ⊢C→B 可推出 Z(X) ⊢C→B，其中的 Z(X)与 Y(X)对于 X_1 的替换方式相同，再对 Z(X) ⊢C→B 和 X_2 ⊢C 运用蕴涵消去规则即推出Y(X) ⊢B。

〈ⅲ〉获得Y(X)时，仅使用了X对 X_2 的子结构 A 的至少一次出现作过替换,但未对 X_1 作任何替换。设 X_2 是 U(A),由归纳假设知:由 X ├A 和 U(A) ├C 可推出 U(X) ├C,其中的 U(X)与 Y(X)对于 X_2 的替换方式相同,再对 X_1 ├C→B 和 U(X) ├C 运用蕴涵消去规则即推出 Y(X) ├B。

情况 7: Y(A) ├B 是由否定引入规则获得的,参照上述证明,由归纳假设和运用否定引入规则可推出 Y(X) ├B。

情况 8: Y(A) ├B 是由双重否定消去规则获得的,参照上述证明,由归纳假设和运用双重否定消去规则可推出 Y(X) ├B。

所以,切割规则成立。

当 Y(A)= A 时,切割规则的图式为:

$$\frac{X \vdash A \qquad A \vdash B}{X \vdash B}$$

它提示了推理方式的传递性: 若由 X 推出 A,由 A 又推出 B,则由 X 可推出 B。

切割规则是结构推理的有力工具,下面的某些导出规则的证明中使用了切割规则。

命题 1.2.2(否定消去规则):

$$\frac{X \vdash A \qquad Y \vdash \neg A}{X, Y \vdash B}$$

证明:

$$\frac{\dfrac{\dfrac{\vdash \neg A \to (A \to B)\text{(定理 1.1.6)} \qquad Y \vdash \neg A\text{(题设)}}{Y \vdash A \to B\text{(蕴涵消去)}} \qquad X \vdash A\text{(题设)}}{Y, X \vdash B\text{(蕴涵消去)}}}{X, Y \vdash B\text{(交换)}}$$

命题 1.2.3（合取引入规则）：

$X \vdash A \qquad X \vdash B$

$X \vdash A \wedge B$（即 $X \vdash \neg(A \to \neg B)$）

证明：

$A \to \neg B \vdash A \to \neg B \qquad A \vdash A$

$A \to \neg B, A \vdash \neg B$（蕴涵消去）

$A, A \to \neg B \vdash \neg B$（交换）

$\vdash ((A \to \neg B) \to \neg B) \to (B \to \neg(A \to \neg B))$（定理 1.1.5） $\qquad A \vdash (A \to \neg B) \to \neg B$（蕴涵引入）

$X \vdash A$（题设） $\qquad A \vdash B \to \neg(A \to \neg B)$（蕴涵消去）

$X \vdash B \to \neg(A \to \neg B)$（切割） $\qquad X \vdash B$（题设）

$X, X \vdash \neg(A \to \neg B)$（蕴涵消去）

$X \vdash \neg(A \to \neg B)$（即 $X \vdash A \wedge B$，收缩）

命题 1.2.4（弱化合取引入规则）：

$X \vdash A \qquad Y \vdash B$

$X, Y \vdash A \wedge B$

它是“弱化规则”和“合取引入规则”的组合，请看以下的证明。

证明：

$X \vdash A$（题设） $\qquad Y \vdash B$（题设）

$$\dfrac{\dfrac{}{X,Y\vdash A(\text{弱化})}\quad \dfrac{}{X,Y\vdash B(\text{弱化})}}{X,Y\vdash A\wedge B(\text{合取引入})}$$

命题 1.2.5(合取消去规则):有两种形式,图式分别如下:

(形式 1)　(形式 2)

$$\dfrac{X\vdash A\wedge B(\text{即 }X\vdash\neg(A\to\neg B))}{X\vdash A}\qquad \dfrac{X\vdash A\wedge B(\text{即 }X\vdash\neg(A\to\neg B))}{X\vdash B}$$

证明形式 1:

$$\dfrac{\dfrac{\vdash(\neg A\to(A\to\neg B))\to(\neg(A\to\neg B)\to A)\ (\text{定理 1.1.4})\quad \vdash\neg A\to(A\to\neg B)\ (\text{定理 1.1.6})}{\vdash\neg(A\to\neg B)\to A\ (\text{蕴涵消去})}\quad X\vdash\neg(A\to\neg B)\ (\text{题设,即 }X\vdash A\wedge B)}{X\vdash A(\text{蕴涵消去})}$$

类似地,运用 $\vdash(\neg B\to(A\to\neg B))\to(\neg(A\to\neg B)\to B)$(定理 1.1.4)和 $\vdash\neg B\to(A\to\neg B)$(定理 1.1.1),可证明形式 2。

命题 1.2.6(析取引入规则):有两种形式,图式分别如下:

(形式 1)　(形式 2)

$$\dfrac{X\vdash A}{X\vdash A\vee B(\text{即 }X\vdash\neg A\to B)}\qquad \dfrac{X\vdash B}{X\vdash A\vee B(\text{即 }X\vdash\neg A\to B)}$$

证明形式 1:

$$\dfrac{X\vdash A(\text{题设})\quad \neg A\vdash\neg A}{X,\neg A\vdash B(\text{否定消去})}$$

$$\frac{}{X \vdash \neg A \to B}$$（即 $X \vdash A \vee B$，蕴涵引入）

由 $\vdash B \to (\neg A \to B)$（定理 1.1.1）和 $X \vdash B$（题设）出发，运用蕴涵消去规则，即可证明形式 2。

命题 1.2.7（析取消去规则）：

$$\frac{X, A, Y \vdash C \qquad X, B, Y \vdash C \qquad Z \vdash A \vee B\ (\text{即 } Z \vdash \neg A \to B)}{X, Z, Y \vdash C}$$

证明：

先假设 $X \neq \Phi$ 且 $Y \neq \Phi$。

$$\frac{X, A, Y \vdash C\text{（题设）}}{X, Y, A \vdash C}$$（多次结合与交换）　　$C \vdash \neg\neg C$（例 1.1.1）

$$\frac{X, Y, A \vdash C \qquad C \vdash \neg\neg C}{X, Y, A \vdash \neg\neg C}$$（切割）　　$\neg C \vdash \neg C$

$$\frac{X, Y, A \vdash \neg\neg C \qquad \neg C \vdash \neg C}{X, Y, \neg C \vdash \neg A}$$（否定引入）

$$\frac{Z \vdash \neg A \to B\ (\text{即 } Z \vdash A \vee B\text{，题设}) \qquad X, Y, \neg C \vdash \neg A}{Z, (X, Y, \neg C) \vdash B}$$（蕴涵消去）　　$X, B, Y \vdash C$（题设）

$$\frac{Z, (X, Y, \neg C) \vdash B \qquad X, B, Y \vdash C}{X, (Z, (X, Y, \neg C)), Y \vdash C}$$（切割）

$$\frac{X, (Z, (X, Y, \neg C)), Y \vdash C}{X, Z, Y, \neg C \vdash C}$$（多次结合、交换和收缩）

$$\frac{X, Z, Y, \neg C \vdash C}{X, Z, Y \vdash \neg C \to C}$$（蕴涵引入）

$$\frac{\vdash (\neg C \to C) \to C\ (\text{定理 1.1.7}) \qquad X, Z, Y \vdash \neg C \to C}{X, Z, Y \vdash C}$$（蕴涵消去）

若 X=Φ 或 Y=Φ，可用类似的方法证明本规则，证明从略。

§1.3 系统 PL 与相应公理系统 P 的等价性

定义 1.3.1：在形式语言 L_{φ} 的基础之上，再添加下列公理和变形规则，即构成经典命题逻辑的公理系统 **P**①：

1. 公理（A、B、C 是任意的公式）

公理 1：$A\to(B\to A)$

公理 2：$(A\to(B\to C))\to((A\to B)\to(A\to C))$

公理 3：$(\neg A\to\neg B)\to(B\to A)$

2. 变形规则（A、B 是任意的公式）

分离规则：由 A 和 $A\to B$ 可推出 B。

定义 1.3.2：设 **S** 是一公理系统，称公式 A 是系统 **S** 的一个“内定理”，当且仅当存在系统 **S** 中的公式序列 $A_1, A_2, \cdots, A_n (n\geq1)$，使得 A_n 就是 A，并且每一个 $A_i (i=1,2,3\cdots,n)$ 都满足下列条件之一：

〈ⅰ〉A_i 是系统 **S** 的公理；

或 〈ⅱ〉A_i 是由序列中在前的一个或两个公式运用系统 **S** 的某个变形规则推得的。

用记号“$\vdash_S A$”表示公式 A 是公理系统 **S** 的一个内定理，并称公式序列 $A_1, A_2, \cdots, A_n$ 是内定理 A 的一个“长度为 n 的证明”。

我们约定：用Γ、Σ、Ω、Ξ、Γ′…表示任意的集合；对于任何给定的形式系统 **S**，用 Form(**S**) 表示系统 **S** 中的全体公式的集合。

定义 1.3.3：设 $\Gamma\subseteq$ Form(**P**)，A、B $\in$ Form(**P**)，若存在系统 **P** 中的公式序列 $A_1, A_2, \cdots, A_n (n\geq1)$，使得 A_n 就是 A，并且每一个 $A_i (i=1,2,3\cdots,n)$ 都满

---

① 引自[Hamilton,1978,p.28]。

足下列条件之一：

〈ⅰ〉$A_i \in \Gamma$；

或 〈ⅱ〉A_i 是系统 **P** 的公理；

或 〈ⅲ〉A_i 由序列中在前的某两个公式运用分离规则推得的公式；

则称在系统 **P** 中“Γ可推演 A”，记作“$\Gamma \vdash_P A$”，并称推演序列 $A_1, A_2, \cdots, A_n$ 的长度为 n。当$\Gamma = \{B\}$时，$\{B\} \vdash_P A$ 可简记为 $B \vdash_P A$。

根据定义 1.3.1—1.3.3，立即获得如下的结果：

命题 1.3.1：对任何 $A \in \mathrm{Form}(\mathbf{P})$，$\Phi \vdash_P A$ 当且仅当 $\vdash_P A$。

命题 1.3.2：设$\Gamma \subseteq \mathrm{Form}(\mathbf{P})$，$A \in \mathrm{Form}(\mathbf{P})$，若 $\vdash_P A$，则$\Gamma \vdash_P A$ 成立。

定义 1.3.4：设 **S** 是一形式系统，称系统 **S** 是“一致的”，当且仅当不存在系统 **S** 中的公式 A，使得 A 和$\neg A$ 都是系统 **S** 的内定理。“一致”也称为“相容”或“无矛盾”，一个形式系统是一致的，就意味着这个系统中推不出逻辑矛盾。

关于经典命题逻辑的公理系统 **P**，还有下列重要的元定理，证明从略①。

命题 1.3.3（演绎定理）：设 $\Gamma \subseteq \mathrm{Form}(\mathbf{P})$，A、B $\in \mathrm{Form}(\mathbf{P})$，则$\Gamma \cup \{A\} \vdash_P B$ 当且仅当$\Gamma \vdash_P A \to B$。

命题 1.3.4（可靠性与完全性定理）：对任何 $A \in \mathrm{Form}(\mathbf{P})$，$\vdash_P A$ 当且仅当 A 是重言式。

命题 1.3.5（一致性定理）：系统 **P** 是一致的，即不存在 $A \in \mathrm{Form}(\mathbf{P})$，使得 $\vdash_P A$ 且 $\vdash_P \neg A$。

以下的工作是证明结构推理系统 **PL** 和公理系统 **P** 的等价性。

定义 1.3.5：对于任意给定的一个形式系统 **S**，仍用记号“$\vdash_S A$”表示公式 A 是系统 **S** 的一个内定理，记 Th(**S**)为系统 **S** 中所有内定理的集合，即 $\mathrm{Th}(\mathbf{S}) = \{A: \vdash_S A\}$。对于任意给定的形式系统 **S** 和 **S′**，作如下的定义：

〈ⅰ〉若 $\mathrm{Th}(\mathbf{S}) = \mathrm{Th}(\mathbf{S'})$，则称系统 **S** 等价于系统 **S′**，亦称 **S** 和 **S′**是等价系统。

---

① 详细的证明可参看[Hamilton，1978，pp.31－43]。

〈ⅱ〉若 Th(**S**)⊆Th(**S′**),则称系统 **S′** 包含系统 **S**,亦称系统 **S′** 是系统 **S** 的一个扩充,系统 **S** 是系统 **S′** 的一个子系统,记作:**S⊆S′**。

〈ⅲ〉若 Th(**S**)⊂Th(**S′**),则称系统 **S′** 真包含系统 **S**,亦称系统 **S′** 是系统 **S** 的一个真扩充,系统 **S** 是系统 **S′** 的一个真子系统,记作:**S⊂S′**。并称系统 **S** 较弱,而系统 **S′** 较强。

命题 1.3.6:对任何 $A\in \mathrm{Form}(\mathbf{P})$,若 $\vdash_{P}A$,则 $\vdash_{PL}A$。

证明:

对 $\vdash_{P}A$ 的证明长度 n 进行归纳证明。

(1) n=1,则 A 是系统 **P** 的公理。由定理 1.1.1—1.1.3 知:$\vdash_{PL}A$ 成立。

(2) 设 n<k(k>1)时本命题成立,则当 n=k 时,有下列两种情况。

情况 1:A 是系统 **P** 的公理。由(1)已证 $\vdash_{PL}A$ 成立。

情况 2:A 是由证明序列中在前的两个公式 B→A 和 B 运用分离规则推得的。由归纳假设知 $\vdash_{PL}B\rightarrow A$ 和 $\vdash_{PL}B$ 成立,再运用蕴涵消去规则即获得 $\vdash_{PL}A$。

所以,若 $\vdash_{P}A$,必有 $\vdash_{PL}A$ 成立。

命题 1.3.6 表明:**P⊆PL**,即系统 **P** 是系统 **PL** 的子系统。

应用命题 1.3.4 和命题 1.3.6,可简化系统 **PL** 的内定理和导出规则的证明,请看下面的证明。

定理 1.3.1:$\vdash_{PL}A\wedge(B\vee C)\rightarrow(A\wedge B)\vee(A\wedge C)$

证明:

$A\wedge(B\vee C)\rightarrow(A\wedge B)\vee(A\wedge C)$ 是重言式,由命题 1.3.4 知 $\vdash_{P}A\wedge(B\vee C)\rightarrow(A\wedge B)\vee(A\wedge C)$,再根据命题 1.3.6 即推知 $\vdash_{PL}A\wedge(B\vee C)\rightarrow(A\wedge B)\vee(A\wedge C)$。

命题 1.3.7(分配规则):

$$\frac{X\vdash A\wedge(B\vee C)}{X\vdash(A\wedge B)\vee(A\wedge C)}$$

证明:

$$\frac{\vdash_{PL} A\wedge(B\vee C)\rightarrow(A\wedge B)\vee(A\wedge C)\ (定理1.3.1) \qquad X\vdash A\wedge(B\vee C)\ (题设)}{X\vdash(A\wedge B)\vee(A\wedge C)\ (蕴涵消去)}$$

定义 1.3.6：设 **SL** 是任意给定的一个结构推理系统，X、Y、Z 是系统 **SL** 中任意的结构，$A\in$ Form(**SL**)，用如下方式定义“X 的合取变换式 X^*”：

〈ⅰ〉若 $X=\Phi$，则 $X^*=\Phi$；

〈ⅱ〉若 $X=A$，则 $X^*=A$；

〈ⅲ〉若 $X=(Y,Z)$，则 $X^*=(Y,Z)^*=Y^*\wedge Z^*$。

命题 1.3.8：设 X 是系统 **PL** 中任意的结构，X^* 是 X 的合取变换式，$A\in$ Form(**PL**)，若系统 **PL** 中 $X\vdash A$ 成立，则系统 **P** 中 $X^*\vdash_P A$ 亦成立。

证明：

对系统 **PL** 中获得 $X\vdash A$ 的推导的长度 n 进行归纳证明。

(1) $n=1$，则 $X\vdash A$ 是同一公理 $A\vdash A$，于是 $X=X^*=A$，由于 $A\rightarrow A$ 是重言式，根据命题 1.3.4 知 $\vdash_P A\rightarrow A$，再运用演绎定理知 $A\vdash_P A$，即 $X^*\vdash_P A$ 成立。

(2) 设 $n<k(k>1)$ 时本命题成立，则当 $n=k$ 时，获得 $X\vdash A$ 的推导有下列八种情况。

情况 1：$X\vdash A$ 是由结合规则获得的，先考虑形式 1，即图式如下：

$$\frac{X_1,(X_2,(X_3,X_4)),X_5\vdash A}{X_1,((X_2,X_3),X_4),X_5\vdash A}$$

其中 X_2、X_3 和 X_4 都是非空的结构，且“$X_1,((X_2,X_3),X_4),X_5$”是 X。由归纳假设知：$(X_1,(X_2,(X_3,X_4)),X_5)^*\vdash_P A$，即 $X_1^*\wedge(X_2^*\wedge(X_3^*\wedge X_4^*))\wedge X_5^*\vdash_P A$，根据演绎定理知 $\vdash_P X_1^*\wedge(X_2^*\wedge(X_3^*\wedge X_4^*))\wedge X_5^*\rightarrow A$，运用命题 1.3.4 知 $X_1^*\wedge(X_2^*\wedge(X_3^*\wedge X_4^*))\wedge X_5^*\rightarrow A$ 是重言式，由真值表知 $X_1^*\wedge((X_2^*\wedge X_3^*)\wedge X_4^*)\wedge X_5^*\rightarrow A$ 也是重言式，即 $X^*\rightarrow A$ 是重言式，再根据命题 1.3.4 知 $\vdash_P X^*\rightarrow A$，进而运用演绎定理推知 $X^*\vdash_P A$ 成立。

用类似的方法,可证明结合规则形式 2 的情况。

情况 2: $X \vdash A$ 是由交换规则获得的,类似于情况 1 的证明,由归纳假设和运用演绎定理、命题 1.3.4 以及真值表,可推出 $X^* \vdash_P A$ 成立。

情况 3: $X \vdash A$ 是由收缩规则获得的,类似于情况 1 的证明,由归纳假设和运用演绎定理、命题 1.3.4 以及真值表,可推出 $X^* \vdash_P A$ 成立。

情况 4: $X \vdash A$ 是由弱化规则获得的,即图式如下:

$$\frac{X_1, X_2 \vdash A}{X_1, X_3, X_2 \vdash A}$$

其中 X_3 是非空的结构,且“X_1, X_3, X_2”是 X。这时有两种可能:

〈ⅰ〉$X_1 \neq \Phi$ 或 $X_2 \neq \Phi$。类似于情况 1 的证明,由归纳假设和运用演绎定理、命题 1.3.4 以及真值表,可推出 $X^* \vdash_P A$ 成立。

〈ⅱ〉$X_1 = X_2 = \Phi$。即图式为:

$$\frac{\vdash A}{X_3 \vdash A}$$

由归纳假设知: $\vdash_P A$,再运用命题 1.3.2 知 $X_3{}^* \vdash_P A$,即 $X^* \vdash_P A$ 成立。

情况 5: $X \vdash A$ 是由蕴涵引入规则获得的,即图式如下:

$$\frac{X, B \vdash C}{X \vdash B \to C}$$

其中 $B \to C = A$。这时有两种可能:

〈ⅰ〉$X \neq \Phi$。由归纳假设知 $(X, B)^* \vdash_P C$,即 $X^* \wedge B^* \vdash_P C$,根据演绎定理知 $\vdash_P X^* \wedge B^* \to C$,即 $\vdash_P X^* \wedge B \to C$,运用命题 1.3.4 知 $X^* \wedge B \to C$ 是重言式,由真值表知 $X^* \to (B \to C)$ 也是重言式,再根据命题 1.3.4 知 $\vdash_P X^* \to (B \to C)$,进而运用演绎定理推知 $X^* \vdash_P B \to C$,即 $X^* \vdash_P A$ 成立。

〈ⅱ〉$X = X^* = \Phi$。即图式为:

$B \vdash C$

———————

$\vdash B \to C$

由归纳假设知：$B^* \vdash_P C$，即 $B \vdash_P C$，再运用演绎定理知 $\vdash_P B \to C$，即 $\vdash_P A$，亦即 $X^* \vdash_P A$ 成立。

情况 6：$X \vdash A$ 是由蕴涵消去规则获得的，即图式如下：

$$\frac{X_1 \vdash B \to A \qquad X_2 \vdash B}{X_1, X_2 \vdash A}$$

其中"X_1, X_2"是 X。这时有四种可能：

〈ⅰ〉$X_1 \neq \Phi$ 且 $X_2 \neq \Phi$。由归纳假设知 $X_1{}^* \vdash_P B \to A$ 和 $X_2{}^* \vdash_P B$ 均成立，根据演绎定理知 $\vdash_P X_1{}^* \to (B \to A)$ 和 $\vdash_P X_2{}^* \to B$ 成立，由命题 1.3.4 知这两个公式都是重言式，运用真值表知 $X_1{}^* \wedge X_2{}^* \to A$ 也是重言式，即 $X^* \to A$ 是重言式，再根据命题 1.3.4 知 $\vdash_P X^* \to A$，进而运用演绎定理推知 $X^* \vdash_P A$ 成立。

〈ⅱ〉$X_1 \neq \Phi$，而 $X_2 = \Phi$。即图式为：

$$\frac{X_1 \vdash B \to A \qquad \vdash B}{X_1 \vdash A}$$

参照情况 6〈ⅰ〉的证明，将其中的 $X_2{}^* \to B$ 改为 B，即可推知 $X^* \vdash_P A$ 成立。

〈ⅲ〉$X_1 = \Phi$，而 $X_2 \neq \Phi$。即图式为：

$$\frac{\vdash B \to A \qquad X_2 \vdash B}{X_2 \vdash A}$$

参照情况 6〈ⅰ〉的证明，将其中的 $X_1{}^* \to (B \to A)$ 改为 $B \to A$，即可推知 $X^* \vdash_P A$ 成立。

〈ⅳ〉$X_1 = X_2 = X = X^* = \Phi$。即图式为：

$\vdash B \to A \qquad \vdash B$

———————

$\vdash A$

由归纳假设知 $\vdash_P B \to A$ 和 $\vdash_P B$ 成立，再运用分离规则推知 $\vdash_P A$，亦即 $X^* \vdash_P A$ 成立。

情况 7：$X \vdash A$ 是由否定引入规则获得的，参照上述证明，由归纳假设和运用演绎定理、命题 1.3.4 以及真值表，可推出 $X^* \vdash_P A$ 成立。

情况 8：$X \vdash A$ 是由双重否定消去规则获得的，参照上述证明，由归纳假设和运用演绎定理、命题 1.3.4 以及真值表，可推出 $X^* \vdash_P A$ 成立。

所以，本命题成立。

当命题 1.3.8 中的 $X = X^* = \Phi$ 时，立即获得如下的结果：

命题 1.3.9：对任何 $A \in \text{Form}(\mathbf{PL})$，若 $\vdash_{PL} A$，则 $\vdash_P A$ 成立。

命题 1.3.9 表明：$\mathbf{PL} \subseteq \mathbf{P}$，即系统 **PL** 也是系统 **P** 的子系统。由命题 1.3.4—1.3.6 和命题 1.3.9 即知：

命题 1.3.10：系统 **P** 等价于系统 **PL**。系统 **PL** 亦具有可靠性与完全性，即对任何 $A \in \text{Form}(\mathbf{PL})$，$\vdash_{PL} A$ 当且仅当 A 是重言式。系统 **PL** 也是一致的。

第二章　直觉主义命题逻辑的结构推理

§2.1　直觉主义命题逻辑的结构推理系统 IL

本章中的直觉主义命题逻辑的结构推理系统 **IL** 和公理系统 **IP** 都以形式语言 $\mathcal{L}_I$ 为基础,首先给出 $\mathcal{L}_I$ 的定义。

定义 2.1.1：形式语言 $\mathcal{L}_I$ 由以下几个部分组成：

1. 初始符号

〈ⅰ〉p_1、p_2、p_3…,它们可解释为可数个“命题变元”。

〈ⅱ〉¬、∧、∨、→,它们可分别解释为逻辑联结词“否定”“合取”“析取”和“蕴涵”。

〈ⅲ〉(、),它们是“左括号”和“右括号”。

2. 形成规则

〈ⅰ〉p_i 是公式(i=1,2,3…)。

〈ⅱ〉若 A 和 B 都是公式,则¬ A、(A∧B)、(A∨B)和(A→B)是公式。

3. 定义(A、B 是任意的公式)

$(A\leftrightarrow B)=_{df}((A\rightarrow B)\wedge(B\rightarrow A))$,↔可解释为逻辑联结词“等值”。

定义 2.1.2：在形式语言 $\mathcal{L}_I$ 的基础之上,再添加二元标点逗号“,”作为初始符号,并用定义 1.1.2 同样的方式定义“结构”概念,即构成“带二元标点

逗号的形式语言 $\mathcal{L}_I^+$”。

对于 $\mathcal{L}_I$ 中的公式和 $\mathcal{L}_I^+$中的结构，仍按§1.1 节中约定的方式来省略括号。

定义 2.1.3：在带二元标点逗号的形式语言 $\mathcal{L}_I^+$的基础之上，再添加下列公理、结构规则和联结词规则，即构成直觉主义命题逻辑的结构推理系统 **IL**：

1. 公理（A 是任意的公式）

A ⊢A（同一公理）

2. 结构规则

① 结合规则：形式同定义 1.1.5。

② 交换规则：形式同定义 1.1.5。

③ 收缩规则：形式同定义 1.1.5。

④ 弱化规则：形式同定义 1.1.5。

3. 联结词规则（X、Y、Z 是任意的结构，A、B、C 是任意的公式）

① 蕴涵引入规则：形式同定义 1.1.5。

② 蕴涵消去规则：形式同定义 1.1.5。

③ 否定引入规则：形式同定义 1.1.5。

④ 否定消去规则：

$$\frac{X \vdash A \qquad Y \vdash \neg A}{X, Y \vdash B}$$

⑤ 合取引入规则：

$$\frac{X \vdash A \qquad X \vdash B}{X \vdash A \wedge B}$$

⑥ 合取消去规则（有如下两种形式）：

（形式 1）　　　　（形式 2）

$$\frac{X \vdash A \wedge B}{\quad} \qquad \frac{X \vdash A \wedge B}{\quad}$$

$$X \vdash A \qquad\qquad\qquad\qquad X \vdash B$$

⑦ 析取引入规则(有如下两种形式)：

(形式 1) (形式 2)

$$\frac{X \vdash A}{X \vdash A \vee B} \qquad\qquad \frac{X \vdash B}{X \vdash A \vee B}$$

⑧ 析取消去规则：

$$\frac{X, A, Y \vdash C \qquad X, B, Y \vdash C \qquad Z \vdash A \vee B}{X, Z, Y \vdash C}$$

比较直觉主义命题逻辑的结构推理系统 **IL** 和经典命题逻辑的结构推理系统 **PL**,有以下几点说明：

(1) 系统 **IL** 中有四个初始联结词¬、∧、∨和→,之所以用这四个初始联结词,是因为对这些联结词作直觉主义解释时,它们是彼此独立的,不能相互定义。系统 **PL** 则不同,仅用两个初始联结词¬和→就可以了,因为在经典的真值表解释下,另两个联结词∧、∨可以借助真值表由¬和→来定义。

(2) 从形式上看,系统 **IL** 与系统 **PL** 的公理、结构规则和联结词规则①—③的表述方式相同,若对系统 **IL** 中的联结词¬、∧、∨和→作经典的真值表解释,则系统 **IL** 的联结词规则④—⑧亦在系统 **PL** 中成立(命题 1.2.2—1.2.3、命题 1.2.5—1.2.7),因而,在经典的真值表解释下,系统 **IL** 是系统 **PL** 的子系统,即 **IL**⊆**PL**。由命题 1.3.10 知：系统 **PL** 是一致的,因而系统 **IL** 也是一致的。

(3) "双重否定消去规则"是系统 **PL** 的初始规则,但不是系统 **IL** 的初始规则,事实上"双重否定消去规则"在系统 **IL** 中不成立。系统 **IL** 添加"双重否定消去规则"等价于系统 **PL**,可表示为"**IL**+双重否定消去规则=**PL**"。

直觉主义逻辑之所以拒斥"双重否定消去规则",是因为直觉主义坚持构造性的立场,不接受"间接证明"的方式。所谓"间接证明",即欲证一个肯定命题 A 为真,不是用构造性的方式直接证明,而是先假定 A 不真,即¬A

为真,然后推出逻辑矛盾,以此来证明命题 A 为真。这种证明方式是直觉主义不能接受的,因为由$\neg A$推出逻辑矛盾,只能说明并非"$\neg A$",即$\neg\neg A$,但并不意味着为 A 找到了一个构造性证明,由此可见,$\neg\neg A \rightarrow A$ 不是直觉主义有效的,拒斥"间接证明"就意味着拒斥"$\neg\neg A \rightarrow A$",而$\neg\neg A \rightarrow A$ 等价于"双重否定消去规则"。

先考察系统 **IL** 中的某些推导实例。

例 2.1.1:$A \vdash A \wedge A$

推导:

$$\frac{A \vdash A \qquad A \vdash A}{A \vdash A \wedge A} \text{(合取引入)}$$

例 2.1.2:$A \wedge B \vdash B \wedge A$

推导:

$$\frac{\dfrac{A \wedge B \vdash A \wedge B}{A \wedge B \vdash B}\text{(合取消去)} \qquad \dfrac{A \wedge B \vdash A \wedge B}{A \wedge B \vdash A}\text{(合取消去)}}{A \wedge B \vdash B \wedge A} \text{(合取引入)}$$

例 2.1.3:$A \wedge B \vdash A$

推导见例 2.1.2。

例 2.1.4:$A \wedge B \vdash B$

推导见例 2.1.2。

例 2.1.5:$A \vee A \vdash A$

推导:

$$\frac{A \vdash A \qquad A \vdash A \qquad A \vee A \vdash A \vee A}{A \vee A \vdash A} \text{(析取消去)}$$

例 2.1.6:$B \vee A \vdash A \vee B$

推导:

$$\cfrac{\cfrac{B \vdash B}{B \vdash A \vee B}\text{(析取引入)} \qquad \cfrac{A \vdash A}{A \vdash A \vee B}\text{(析取引入)} \qquad B \vee A \vdash B \vee A}{B \vee A \vdash A \vee B}\text{(析取消去)}$$

例 2.1.7：$A \vdash A \vee B$

推导见例 2.1.6。

例 2.1.8：$B \vdash A \vee B$

推导见例 2.1.6。

下面证明系统 **IL** 中的若干内定理和导出规则。

定理 2.1.1：$\vdash_{IL} A \to (B \to A)$

证明方法同定理 1.1.1。

定理 2.1.2：$\vdash_{IL} (A \to (B \to C)) \to ((A \to B) \to (A \to C))$

证明方法同定理 1.1.2。

命题 2.1.1（弱化合取引入规则）：

$$\cfrac{X \vdash A \qquad Y \vdash B}{X, Y \vdash A \wedge B}$$

证明方法同命题 1.2.4。

定理 2.1.3：$\vdash_{IL} A \to (B \to A \wedge B)$

证明：

$$\cfrac{\cfrac{\cfrac{A \vdash A \qquad B \vdash B}{A, B \vdash A \wedge B}\text{(弱化合取引入)}}{A \vdash B \to A \wedge B}\text{(蕴涵引入)}}{\vdash A \to (B \to A \wedge B)}\text{(蕴涵引入)}$$

定理 2.1.4：$\vdash_{IL} A \wedge B \rightarrow A$

从例 2.1.3 出发，采用蕴涵引入规则即推知本定理。

定理 2.1.5：$\vdash_{IL} A \wedge B \rightarrow B$

从例 2.1.4 出发，采用蕴涵引入规则即推知本定理。

定理 2.1.6：$\vdash_{IL} A \rightarrow A \vee B$

从例 2.1.7 出发，采用蕴涵引入规则即推知本定理。

定理 2.1.7：$\vdash_{IL} B \rightarrow A \vee B$

从例 2.1.8 出发，采用蕴涵引入规则即推知本定理。

定理 2.1.8：$\vdash_{IL} (A \rightarrow C) \rightarrow ((B \rightarrow C) \rightarrow (A \vee B \rightarrow C))$

证明：

$A \rightarrow C \vdash A \rightarrow C$　　$B \rightarrow C \vdash B \rightarrow C$　　$A \rightarrow C \vdash A \rightarrow C$　　$B \rightarrow C \vdash B \rightarrow C$

$A \rightarrow C, B \rightarrow C \vdash (A \rightarrow C) \wedge (B \rightarrow C)$（弱化合取引入）　　$A \rightarrow C, B \rightarrow C \vdash (A \rightarrow C) \wedge (B \rightarrow C)$（弱化合取引入）

$A \rightarrow C, B \rightarrow C \vdash A \rightarrow C$（合取消去）　　$A \vdash A$　　$A \rightarrow C, B \rightarrow C \vdash B \rightarrow C$（合取消去）　　$B \vdash B$

$A \rightarrow C, B \rightarrow C, A \vdash C$（蕴涵消去）　　$A \rightarrow C, B \rightarrow C, B \vdash C$（蕴涵消去）　　$A \vee B \vdash A \vee B$

$A \rightarrow C, B \rightarrow C, A \vee B \vdash C$（析取消去）

$A \rightarrow C, B \rightarrow C \vdash A \vee B \rightarrow C$（蕴涵引入）

$A \rightarrow C \vdash (B \rightarrow C) \rightarrow (A \vee B \rightarrow C)$（蕴涵引入）

$\vdash (A \rightarrow C) \rightarrow ((B \rightarrow C) \rightarrow (A \vee B \rightarrow C))$（蕴涵引入）

定理 2.1.9：$\vdash_{IL}(A\to\neg B)\to(B\to\neg A)$

证明：

$A\to\neg B\vdash A\to\neg B \qquad A\vdash A$

$A\to\neg B, A\vdash\neg B$（蕴涵消去） $\qquad B\vdash B$

$A\to\neg B, B\vdash\neg A$（否定引入）

$A\to\neg B\vdash B\to\neg A$（蕴涵引入）

$\vdash(A\to\neg B)\to(B\to\neg A)$（蕴涵引入）

定理 2.1.10：$\vdash_{IL}(A\to\neg A)\to\neg A$

证明：

$A\to\neg A\vdash A\to\neg A \qquad A\vdash A$

$A\to\neg A, A\vdash\neg A$（蕴涵消去）

$A, A\to\neg A\vdash\neg A$（交换）

$\vdash((A\to\neg A)\to\neg A)\to(A\to\neg(A\to\neg A)) \qquad A\vdash(A\to\neg A)\to\neg A$

（定理 2.1.9） （蕴涵引入）

$A\vdash A\to\neg(A\to\neg A)$（蕴涵消去） $\qquad A\vdash A$

$A, A\vdash\neg(A\to\neg A)$（蕴涵消去）

$A\vdash\neg(A\to\neg A)$（收缩）

$\vdash(A\to\neg(A\to\neg A))\to((A\to\neg A)\to\neg A)$（定理 2.1.9）　　$\vdash A\to\neg(A\to\neg A)$（蕴涵引入）

————————————————————

$\vdash(A\to\neg A)\to\neg A$（蕴涵消去）

定理 2.1.11：$\vdash_{IL}(A\to B)\to((A\to\neg B)\to\neg A)$

证明：

$A\to\neg B\vdash A\to\neg B$　　$A\vdash A$　　　$A\to B\vdash A\to B$　　$A\vdash A$

————————　　————————

$A\to\neg B,A\vdash\neg B$（蕴涵消去）　　$A\to B,A\vdash B$（蕴涵消去）

————————————————————

$A\to\neg B,(A\to B,A)\vdash\neg A$（否定引入）

————————————

$A\to B,A\to\neg B,A\vdash\neg A$（结合与交换）

————————————

$\vdash(A\to\neg A)\to\neg A$（定理 2.1.10）　$A\to B,A\to\neg B\vdash A\to\neg A$（蕴涵引入）

————————————————————

$A\to B,A\to\neg B\vdash\neg A$（蕴涵消去）

————————————

$A\to B\vdash(A\to\neg B)\to\neg A$（蕴涵引入）

————————————

$\vdash(A\to B)\to((A\to\neg B)\to\neg A)$（蕴涵引入）

定理 2.1.12：$\vdash_{IL}\neg A\to(A\to B)$

证明：

$A\vdash A$　　$\neg A\vdash\neg A$

————————

$A,\neg A\vdash B$（否定消去）

————————

$$\frac{\frac{\neg A, A \vdash B(\text{交换})}{\neg A \vdash A \to B(\text{蕴涵引入})}}{\vdash \neg A \to (A \to B)(\text{蕴涵引入})}$$

“切割规则”在系统 **IL** 中仍成立，证明方法与命题 1.2.1 类似，但需补充某些内容。

命题 2.1.2（切割规则）：由 X ⊢A 和 Y(A) ⊢B 为前提可推出 Y(X) ⊢B，其中结构 Y(A) 中有子结构 A 出现，Y(X) 是用 X 取代 Y(A) 中的子结构 A 的一次或多次出现而获得的结构。图式如下：

$$\frac{X \vdash A \qquad Y(A) \vdash B}{Y(X) \vdash B}$$

证明：

题设已推得 X ⊢A，对获得 Y(A) ⊢B 的推导的长度 n 进行归纳证明。

(1) n=1，则 Y(A) ⊢B 是同一公理 B ⊢B，即 A ⊢A，此时 Y(A)=A=B，于是 Y(X) ⊢B 是 X ⊢A，即题设，所以 Y(X) ⊢B 成立。

(2) 设 n<k(k>1) 时本命题成立，则当 n=k 时，获得 Y(A) ⊢B 的推导有下列十二种情况。

情况 1：Y(A) ⊢B 是由结合规则获得的，证明方法同命题 1.2.1 情况 1。

情况 2：Y(A) ⊢B 是由交换规则获得的，证明方法同命题 1.2.1 情况 2。

情况 3：Y(A) ⊢B 是由收缩规则获得的，证明方法同命题 1.2.1 情况 3。

情况 4：Y(A) ⊢B 是由弱化规则获得的，证明方法同命题 1.2.1 情况 4。

情况 5：Y(A) ⊢B 是由蕴涵引入规则获得的，证明方法同命题 1.2.1 情况 5。

情况 6：Y(A) ⊢B 是由蕴涵消去规则获得的，证明方法同命题 1.2.1 情况 6。

情况 7：Y(A) ⊢B 是由否定引入规则获得的，证明方法同命题 1.2.1 情况 7。

情况 8：Y(A) ⊢B 是由否定消去规则获得的，参照命题 1.2.1 情况 6 的证明，由归纳假设和运用否定消去规则可推出 Y(X) ⊢B。

情况 9：Y(A) ⊢B 是由合取引入规则获得的，参照上述证明，由归纳假设和运用合取引入规则即推出 Y(X) ⊢B。

情况 10：Y(A) ⊢B 是由合取消去规则获得的，参照上述证明，由归纳假设和运用合取消去规则可推出 Y(X) ⊢B。

情况 11：Y(A) ⊢B 是由析取引入规则获得的，参照上述证明，由归纳假设和运用析取引入规则可推出 Y(X) ⊢B。

情况 12：Y(A) ⊢B 是由析取消去规则获得的，即图式如下：

$$\frac{X_1, C, X_2 \vdash B \qquad X_1, D, X_2 \vdash B \qquad X' \vdash C \vee D}{X_1, X', X_2 \vdash B}$$

其中“X_1, X', X_2”是 Y(A)。这时 Y(X) 的获得有三种可能：

〈ⅰ〉获得 Y(X) 时，使用了 X 对 Y(A) 中的 X_1 或 X_2 的子结构 A 的至少一次出现作了替换，并对 X′的子结构 A 的至少一次出现作了替换。设结构“X_1, C, X_2”是 Z(A)，结构“X_1, D, X_2”是 U(A)，结构 X′是 X′(A)，由归纳假设知：由 X ⊢A 和 Z(A) ⊢B 可推出 Z(X) ⊢B，由 X ⊢A 和 U(A) ⊢B 可推出 U(X) ⊢B，由 X ⊢A 和 X′(A) ⊢C ∨ D 可推出 X′(X) ⊢C ∨ D，其中的 Z(X)、U(X) 与 Y(X) 对于每一个 X_i(i = 1,2) 的替换方式相同，Z(X) 的获得并未对 Z(A) 中的 C 作替换，U(X) 的获得亦并未对 U(A) 中的 D 作替换，而 X′(X) 与 Y(X) 对于 X′的替换方式相同。再对“Z(X) ⊢B”“U(X) ⊢B”“X′(X) ⊢C ∨ D”运用析取消去规则即推出 Y(X) ⊢B。

〈ⅱ〉获得 Y(X) 时，使用了 X 对 Y(A) 中的 X_1 或 X_2 的子结构 A 的至少一次出现作了替换，但未对 X′作任何替换。设结构“X_1, C, X_2”是 Z(A)，结构“X_1, D, X_2”是 U(A)，由归纳假设知：由 X ⊢A 和 Z(A) ⊢B 可推出Z(X) ⊢B，由 X ⊢A 和 U(A) ⊢B 可推出 U(X) ⊢B，其中的 Z(X)、U(X) 与Y(X) 对于每一个 X_i(i = 1,2) 的替换方式相同，Z(X) 的获得并未对 Z(A) 中的 C 作替换，U(X) 的获得亦并未对 U(A) 中的 D 作替换。再对“Z(X) ⊢B”“U(X) ⊢B”

“$X' \vdash C\vee D$”运用析取消去规则即推出 $Y(X)\vdash B$。

〈ⅲ〉获得 $Y(X)$时,使用了 X 对 $Y(A)$中的 X'的子结构 A 的至少一次出现作了替换,但未对 X_1 和 X_2 作任何替换。设 X'是 $X'(A)$,由归纳假设知:由 $X\vdash A$ 和 $X'(A)\vdash C\vee D$ 可推出 $X'(X)\vdash C\vee D$,其中的 $X'(X)$与 $Y(X)$ 对于 X'的替换方式相同。再对“$X_1, C, X_2\vdash B$”“$X_1, D, X_2\vdash B$”“$X'(X)\vdash C\vee D$”运用析取消去规则即推出 $Y(X)\vdash B$。

所以,切割规则成立。

系统 **IL** 中的下列实例在推导中使用了切割规则。

例 2.1.9:$(A\wedge B)\wedge C\vdash A\wedge(B\wedge C)$

推导:

$(A\wedge B)\wedge C\vdash A\wedge B$(例 2.1.3)
$A\wedge B\vdash B$(例 2.1.4)

$(A\wedge B)\wedge C\vdash A\wedge B$ (例 2.1.3)　$A\wedge B\vdash A$ (例 2.1.3)　$(A\wedge B)\wedge C\vdash B$ (切割)　$(A\wedge B)\wedge C\vdash C$ (例 2.1.4)

$(A\wedge B)\wedge C\vdash A$(切割)　$(A\wedge B)\wedge C\vdash B\wedge C$(合取引入)

$(A\wedge B)\wedge C\vdash A\wedge(B\wedge C)$(合取引入)

例 2.1.10:$A\wedge(B\wedge C)\vdash(A\wedge B)\wedge C$

推导方法参照例 2.1.9,从略。

例 2.1.11:$(A\vee B)\vee C\vdash A\vee(B\vee C)$

推导:(推导中使用了例 2.1.7 和例 2.1.8,“例 2.1.7”和“例 2.1.8”的标注从略)

$B\vdash B\vee C$　$B\vee C\vdash A\vee(B\vee C)$

$A\vdash A\vee(B\vee C)$　$B\vdash A\vee(B\vee C)$(切割)　$C\vdash B\vee C$
$A\vee B\vdash A\vee B$　$B\vee C\vdash A\vee(B\vee C)$

$$\frac{A\vee B\vdash A\vee(B\vee C)\quad(\text{析取消去})\qquad \dfrac{C\vdash A\vee(B\vee C)\quad(A\vee B)\vee C\vdash(A\vee B)\vee C}{}(\text{切割})}{(A\vee B)\vee C\vdash A\vee(B\vee C)}(\text{析取消去})$$

例 2.1.12：$A\vee(B\vee C)\vdash(A\vee B)\vee C$

推导方法参照例 2.1.11，从略。

§2.2　系统 IL 与相应公理系统 IP 的等价性

定义 2.2.1：在形式语言 L_I 的基础之上，再添加下列公理和变形规则，即构成直觉主义命题逻辑的公理系统 **IP**①。

1. 公理（A、B、C 是任意的公式）

公理 1：$A\rightarrow(B\rightarrow A)$

公理 2：$(A\rightarrow(B\rightarrow C))\rightarrow((A\rightarrow B)\rightarrow(A\rightarrow C))$

公理 3：$A\rightarrow(B\rightarrow A\wedge B)$

公理 4：$A\wedge B\rightarrow A$

公理 5：$A\wedge B\rightarrow B$

公理 6：$A\rightarrow A\vee B$

公理 7：$B\rightarrow A\vee B$

公理 8：$(A\rightarrow C)\rightarrow((B\rightarrow C)\rightarrow(A\vee B\rightarrow C))$

公理 9：$(A\rightarrow B)\rightarrow((A\rightarrow\neg B)\rightarrow\neg A)$

公理 10：$\neg A\rightarrow(A\rightarrow B)$

2. 变形规则（A、B 是任意的公式）

分离规则：由 A 和 $A\rightarrow B$ 可推出 B。

① 引自［冯棉，1989，pp.60－61］。直觉主义命题逻辑系统 **IP** 拒斥排中律"$A\vee\neg A$"和双重否定律"$\neg\neg A\rightarrow A$"，在系统 **IP** 的基础上添加公理"$A\vee\neg A$"或"$\neg\neg A\rightarrow A$"即获得经典命题逻辑。

在系统 **IP** 中“同一律”成立，请看下面的内定理。

定理 2.2.1：$\vdash_{IP} A \to A$（同一律）

证明：

[1] $\vdash_{IP}(A\to((A\to A)\to A))\to((A\to(A\to A))\to(A\to A))$ （公理 2）

[2] $\vdash_{IP} A\to((A\to A)\to A)$ （公理 1）

[3] $\vdash_{IP}(A\to(A\to A))\to(A\to A)$ （[1][2]分离）

[4] $\vdash_{IP} A\to(A\to A)$ （公理 1）

[5] $\vdash_{IP} A\to A$ （[3][4]分离）

上述证明中左边的[1]—[5]是证明序列中公式的编号，公式右方的标注表明了哪些公式是公理，哪些公式是由前面的哪两个公式运用分离规则获得的。例如，公式[1]和[2]分别是公理 2 和公理 1，公式[3]是由公式[1][2]运用分离规则获得的。

把定义 1.3.3 中的 **P** 改为 **IP**，即为系统 **IP** 中“Γ可推演 A”的定义，记作“$\Gamma \vdash_{IP} A$”，当$\Gamma=\{B\}$时，$\{B\}\vdash_{IP} A$ 可简记为 $B\vdash_{IP} A$。

根据定义 2.2.1、定义 1.3.2 和系统 **IP** 中“Γ可推演 A”的定义，立即获得如下的结果：

命题 2.2.1：对任何 $A\in \text{Form}(\mathbf{IP})$，$\Phi\vdash_{IP} A$ 当且仅当 $\vdash_{IP} A$。

命题 2.2.2：设$\Gamma\subseteq \text{Form}(\mathbf{IP})$，$A\in \text{Form}(\mathbf{IP})$，若 $\vdash_{IP} A$，则$\Gamma\vdash_{IP} A$ 成立。

定义 2.2.2：设 A、B、C、$A'\in \text{Form}(\mathbf{IP})$，称 A′是 A 的一个“子公式”，当且仅当满足下列条件之一：

〈ⅰ〉A′就是 A；

或 〈ⅱ〉A 是$\neg$ B，且 A′是 B 的子公式；

或 〈ⅲ〉A 是 $B\wedge C$ 或 $B\vee C$ 或 $B\to C$，且 A′是 B 的子公式或者 A′是 C 的子公式。

关于直觉主义命题逻辑的公理系统 **IP**，还有下列重要的元定理，证明从略[①]。

---

① 详细的证明可参看[冯棉，1989，pp.61 - 67]。

命题 2.2.3（演绎定理）：设$\Gamma \subseteq$ Form（**IP**），A、B $\in$ Form（**IP**），则$\Gamma \cup \{A\} \vdash_{IP} B$ 当且仅当$\Gamma \vdash_{IP} A \to B$。

命题 2.2.4（传递规则）：设$\Gamma \subseteq$ Form（**IP**），A、B、C $\in$ Form（**IP**），若$\Gamma \vdash_{IP} A \to B$ 且$\Gamma \vdash_{IP} B \to C$，则$\Gamma \vdash_{IP} A \to C$ 成立。

命题 2.2.5（置换定理）：设 A、C、D $\in$ Form（**IP**），$\vdash_{IP} C \leftrightarrow D$ 或 $\vdash_{IP} D \leftrightarrow C$，且 C 是 A 的子公式，用 D 取代 A 中 C 的一次或多次出现而得到的公式为 B，则有 $\vdash_{IP} A \leftrightarrow B$。若又有 $\vdash_{IP} A$，则 $\vdash_{IP} B$ 成立。

系统 **IP** 中还有下列内定理，证明从略①。

定理 2.2.2：$\vdash_{IP} A \wedge (B \wedge C) \leftrightarrow (A \wedge B) \wedge C$

定理 2.2.3：$\vdash_{IP} A \wedge B \leftrightarrow B \wedge A$

定理 2.2.4：$\vdash_{IP} A \wedge A \leftrightarrow A$

定理 2.2.5：$\vdash_{IP} A \wedge C \wedge B \to A \wedge B$

定理 2.2.6：$\vdash_{IP} (A \wedge B \to C) \to (A \to (B \to C))$

定理 2.2.7：$\vdash_{IP} (C \to (B \to A)) \to ((D \to B) \to (C \wedge D \to A))$

定理 2.2.8：$\vdash_{IP} (C \to (B \to A)) \to (B \to (C \to A))$

定理 2.2.9：$\vdash_{IP} (A \wedge B \to \neg C) \to ((D \to C) \to (A \wedge D \to \neg B))$

定理 2.2.10：$\vdash_{IP} (A \wedge B \to \neg C) \to (C \to (A \to \neg B))$

定理 2.2.11：$\vdash_{IP} (B \to \neg C) \to ((A \to C) \to (A \to \neg B))$

定理 2.2.12：$\vdash_{IP} (B \to \neg C) \to (C \to \neg B)$

定理 2.2.13：$\vdash_{IP} (C \to B) \to ((D \to \neg B) \to (C \wedge D \to A))$

定理 2.2.14：$\vdash_{IP} (C \to B) \to (\neg B \to (C \to A))$

定理 2.2.15：$\vdash_{IP} B \to ((C \to \neg B) \to (C \to A))$

定理 2.2.16：$\vdash_{IP} (A \to B) \to ((A \to C) \to (A \to B \wedge C))$

定理 2.2.17：$\vdash_{IP} (D \wedge B \wedge E \to A) \to ((D \wedge C \wedge E \to A) \to ((F \to B \vee C) \to (D \wedge F \wedge E \to A)))$

定理 2.2.18：$\vdash_{IP} (D \wedge B \to A) \to ((D \wedge C \to A) \to ((E \to B \vee C) \to (D \wedge$

① 系统 **IP** 是能行可判定的，也可以用语义图方法判定这些表达式都是系统 **IP** 的内定理。直觉主义命题逻辑的语义图方法可参见[冯棉，1989，pp.84－92]。

$E \to A)))$

定理 2.2.19：$\vdash_{IP}(B \wedge D \to A) \to ((C \wedge D \to A) \to ((E \to B \vee C) \to (E \wedge D \to A)))$

定理 2.2.20：$\vdash_{IP}(B \to A) \to ((C \to A) \to ((D \to B \vee C) \to (D \to A)))$

定理 2.2.21：$\vdash_{IP}(D \wedge B \wedge E \to A) \to ((D \wedge C \wedge E \to A) \to (B \vee C \to (D \wedge E \to A)))$

定理 2.2.22：$\vdash_{IP}(D \wedge B \to A) \to ((D \wedge C \to A) \to (B \vee C \to (D \to A)))$

定理 2.2.23：$\vdash_{IP}(B \wedge D \to A) \to ((C \wedge D \to A) \to (B \vee C \to (D \to A)))$

以下的工作是证明结构推理系统 **IL** 和公理系统 **IP** 的等价性。

命题 2.2.6：对任何 $A \in \text{Form}(\mathbf{IP})$，若 $\vdash_{IP}A$，则 $\vdash_{IL}A$。

证明：

对 $\vdash_{IP}A$ 的证明长度 n 进行归纳证明。

（1）$n=1$，则 A 是系统 **IP** 的公理。由定理 2.1.1—2.1.8 和定理 2.1.11—2.1.12 知：$\vdash_{IL}A$ 成立。

（2）设 $n<k(k>1)$ 时本命题成立，则当 $n=k$ 时，有下列两种情况。

情况 1：A 是系统 **IP** 的公理。由（1）已证 $\vdash_{IL}A$ 成立。

情况 2：A 是由证明序列中在前的两个公式 $B \to A$ 和 B 运用分离规则推得的。由归纳假设知 $\vdash_{IL}B \to A$ 和 $\vdash_{IL}B$ 成立，再运用蕴涵消去规则即获得 $\vdash_{IL}A$。

所以，若 $\vdash_{IP}A$，必有 $\vdash_{IL}A$ 成立。

命题 2.2.6 表明：$\mathbf{IP} \subseteq \mathbf{IL}$，即系统 **IP** 是系统 **IL** 的子系统。

命题 2.2.7：设 X 是系统 **IL** 中任意的结构，X^* 是 X 的合取变换式，$A \in \text{Form}(\mathbf{IL})$，若系统 **IL** 中 $X \vdash A$ 成立，则系统 **IP** 中 $X^* \vdash_{IP} A$ 亦成立。

证明：

对系统 **IL** 中获得 $X \vdash A$ 的推导的长度 n 进行归纳证明。

（1）$n=1$，则 $X \vdash A$ 是同一公理 $A \vdash A$，于是 $X=X^*=A$，由定理 2.2.1 知 $\vdash_{IP}A \to A$，再根据演绎定理知 $A \vdash_{IP} A$，即 $X^* \vdash_{IP} A$ 成立。

（2）设 $n<k(k>1)$ 时本命题成立，则当 $n=k$ 时，获得 $X \vdash A$ 的推导有下列十二种情况。

情况 1：$X \vdash A$ 是由结合规则获得的，先考虑形式 1，即图式如下：

$$\frac{X_1,(X_2,(X_3,X_4)),X_5 \vdash A}{X_1,((X_2,X_3),X_4),X_5 \vdash A}$$

其中 X_2、X_3 和 X_4 都是非空的结构，且“$X_1,((X_2,X_3),X_4),X_5$”是 X。由归纳假设知：$(X_1,(X_2,(X_3,X_4)),X_5)^* \vdash_{IP} A$，即 $X_1^* \wedge (X_2^* \wedge (X_3^* \wedge X_4^*)) \wedge X_5^* \vdash_{IP} A$，根据演绎定理知 $\vdash_{IP} X_1^* \wedge (X_2^* \wedge (X_3^* \wedge X_4^*)) \wedge X_5^* \to A$，由定理 2.2.2 知 $\vdash_{IP} X_2^* \wedge (X_3^* \wedge X_4^*) \leftrightarrow (X_2^* \wedge X_3^*) \wedge X_4^*$，再运用置换定理推知 $\vdash_{IP} X_1^* \wedge ((X_2^* \wedge X_3^*) \wedge X_4^*) \wedge X_5^* \to A$，即 $\vdash_{IP} X^* \to A$，进而由演绎定理知 $X^* \vdash_{IP} A$ 成立。

用类似的方法，可证明结合规则形式 2 的情况。

情况 2：$X \vdash A$ 是由交换规则获得的，类似于情况 1 的证明，由归纳假设和运用演绎定理、定理 2.2.3 和置换定理，可推出 $X^* \vdash_{IP} A$ 成立。

情况 3：$X \vdash A$ 是由收缩规则获得的，类似于情况 1 的证明，由归纳假设和运用演绎定理、定理 2.2.4 和置换定理，可推出 $X^* \vdash_{IP} A$ 成立。

情况 4：$X \vdash A$ 是由弱化规则获得的，即图式如下：

$$\frac{X_1,X_2 \vdash A}{X_1,X_3,X_2 \vdash A}$$

其中 X_3 是非空的结构，且“X_1,X_3,X_2”是 X。这时有四种可能：

〈ⅰ〉$X_1 \neq \Phi$ 且 $X_2 \neq \Phi$。由归纳假设知：$(X_1,X_2)^* \vdash_{IP} A$，即 $X_1^* \wedge X_2^* \vdash_{IP} A$，根据演绎定理知 $\vdash_{IP} X_1^* \wedge X_2^* \to A$，由定理 2.2.5 知 $\vdash_{IP} X_1^* \wedge X_3^* \wedge X_2^* \to X_1^* \wedge X_2^*$，运用传递规则推知 $\vdash_{IP} X_1^* \wedge X_3^* \wedge X_2^* \to A$，再根据演绎定理知 $X_1^* \wedge X_3^* \wedge X_2^* \vdash_{IP} A$，即 $X^* \vdash_{IP} A$ 成立。

〈ⅱ〉$X_1 \neq \Phi$，而 $X_2 = \Phi$。参照情况 4〈ⅰ〉的证明，由归纳假设、演绎定理、公理 4“$X_1^* \wedge X_3^* \to X_1^*$”和传递规则可推得 $X^* \vdash_{IP} A$ 成立。

〈ⅲ〉$X_1 = \Phi$，而 $X_2 \neq \Phi$。参照情况 4〈ⅰ〉的证明，由归纳假设、演绎定理、公理 5“$X_3^* \wedge X_2^* \to X_2^*$”和传递规则可推得 $X^* \vdash_{IP} A$ 成立。

〈ⅳ〉$X_1 = X_2 = \Phi$。由归纳假设知：$\vdash_{IP} A$，再运用命题 2.2.2 知 $X_3{}^* \vdash_{IP} A$，即 $X^* \vdash_{IP} A$ 成立。

情况 5：$X \vdash A$ 是由蕴涵引入规则获得的，即图式如下：

$$\frac{X, B \vdash C}{X \vdash B \to C}$$

其中 $B \to C = A$。这时有两种可能：

〈ⅰ〉$X \neq \Phi$。由归纳假设知 $(X, B)^* \vdash_{IP} C$，即 $X^* \wedge B^* \vdash_{IP} C$，根据演绎定理知 $\vdash_{IP} X^* \wedge B^* \to C$，即 $\vdash_{IP} X^* \wedge B \to C$，由定理 2.2.6 知 $\vdash_{IP} (X^* \wedge B \to C) \to (X^* \to (B \to C))$，运用分离规则推知 $\vdash_{IP} X^* \to (B \to C)$，进而运用演绎定理知 $X^* \vdash_{IP} B \to C$，即 $X^* \vdash_{IP} A$ 成立。

〈ⅱ〉$X = X^* = \Phi$。由归纳假设知：$B^* \vdash_{IP} C$，即 $B \vdash_{IP} C$，再运用演绎定理知 $\vdash_{IP} B \to C$，即 $\vdash_{IP} A$，亦即 $X^* \vdash_{IP} A$ 成立。

情况 6：$X \vdash A$ 是由蕴涵消去规则获得的，即图式如下：

$$\frac{X_1 \vdash B \to A \qquad X_2 \vdash B}{X_1, X_2 \vdash A}$$

其中“X_1, X_2”是 X。这时有四种可能：

〈ⅰ〉$X_1 \neq \Phi$ 且 $X_2 \neq \Phi$。由归纳假设知 $X_1{}^* \vdash_{IP} B \to A$ 和 $X_2{}^* \vdash_{IP} B$ 均成立，根据演绎定理知 $\vdash_{IP} X_1{}^* \to (B \to A)$ 和 $\vdash_{IP} X_2{}^* \to B$ 成立，由定理 2.2.7 知 $\vdash_{IP} (X_1{}^* \to (B \to A)) \to ((X_2{}^* \to B) \to (X_1{}^* \wedge X_2{}^* \to A))$，两次运用分离规则推得 $\vdash_{IP} X_1{}^* \wedge X_2{}^* \to A$，即 $\vdash_{IP} X^* \to A$，进而运用演绎定理推知 $X^* \vdash_{IP} A$ 成立。

〈ⅱ〉$X_1 \neq \Phi$，而 $X_2 = \Phi$。参照情况 6〈ⅰ〉的证明，由归纳假设、演绎定理、定理 2.2.8 $\vdash_{IP} (X_1{}^* \to (B \to A)) \to (B \to (X_1{}^* \to A))$ 和分离规则可推得 $X^* \vdash_{IP} A$ 成立。

〈ⅲ〉$X_1 = \Phi$，而 $X_2 \neq \Phi$。由归纳假设知 $\vdash_{IP} B \to A$ 和 $X_2{}^* \vdash_{IP} B$ 均成立，根据演绎定理知 $\vdash_{IP} X_2{}^* \to B$，由传递规则知 $\vdash_{IP} X_2{}^* \to A$，即 $\vdash_{IP} X^* \to A$，进而运用演绎定理推知 $X^* \vdash_{IP} A$ 成立。

〈ⅳ〉$X_1 = X_2 = X = X^* = \Phi$。由归纳假设知 $\vdash_{IP} B \to A$ 和 $\vdash_{IP} B$ 均成立，根据分离规则知 $\vdash_{IP} A$，即 $X^* \vdash_{IP} A$ 成立。

情况7：$X \vdash A$ 是由否定引入规则获得的，即图式如下：

$$\frac{X_1, B \vdash \neg C \qquad X_2 \vdash C}{X_1, X_2 \vdash \neg B}$$

其中 A 是 $\neg B$，且“X_1, X_2”是 X。这时有四种可能：

〈ⅰ〉$X_1 \neq \Phi$ 且 $X_2 \neq \Phi$。参照情况6〈ⅰ〉的证明，由归纳假设、演绎定理、定理2.2.9 $\vdash_{IP} (X_1^* \wedge B \to \neg C) \to ((X_2^* \to C) \to (X_1^* \wedge X_2^* \to \neg B))$ 和分离规则可推得 $X^* \vdash_{IP} A$ 成立。

〈ⅱ〉$X_1 \neq \Phi$，而 $X_2 = \Phi$。参照情况6〈ⅰ〉的证明，由归纳假设、演绎定理、定理2.2.10 $\vdash_{IP} (X_1^* \wedge B \to \neg C) \to (C \to (X_1^* \to \neg B))$ 和分离规则可推得 $X^* \vdash_{IP} A$ 成立。

〈ⅲ〉$X_1 = \Phi$，而 $X_2 \neq \Phi$。参照情况6〈ⅰ〉的证明，由归纳假设、演绎定理、定理2.2.11 $\vdash_{IP} (B \to \neg C) \to ((X_2^* \to C) \to (X_2^* \to \neg B))$ 和分离规则可推得 $X^* \vdash_{IP} A$ 成立。

〈ⅳ〉$X_1 = X_2 = X = X^* = \Phi$。参照情况6〈ⅰ〉的证明，由归纳假设、演绎定理、定理2.2.12 $\vdash_{IP} (B \to \neg C) \to (C \to \neg B)$ 和分离规则可推得 $X^* \vdash_{IP} A$ 成立。

情况8：$X \vdash A$ 是由否定消去规则获得的，即图式如下：

$$\frac{X_1 \vdash B \qquad X_2 \vdash \neg B}{X_1, X_2 \vdash A}$$

其中“X_1, X_2”是 X。这时有四种可能：

〈ⅰ〉$X_1 \neq \Phi$ 且 $X_2 \neq \Phi$。参照情况6〈ⅰ〉的证明，由归纳假设、演绎定理、定理2.2.13 $\vdash_{IP} (X_1^* \to B) \to ((X_2^* \to \neg B) \to (X_1^* \wedge X_2^* \to A))$ 和分离规则可推得 $X^* \vdash_{IP} A$ 成立。

〈ⅱ〉$X_1 \neq \Phi$，而 $X_2 = \Phi$。参照情况6〈ⅰ〉的证明，由归纳假设、演绎定理、定理2.2.14 $\vdash_{IP} (X_1^* \to B) \to (\neg B \to (X_1^* \to A))$ 和分离规则可推得

$X^* \vdash_{IP} A$成立。

〈ⅲ〉$X_1 = \Phi$,而$X_2 \neq \Phi$。参照情况6〈ⅰ〉的证明,由归纳假设、演绎定理、定理2.2.15 $\vdash_{IP} B \to ((X_2{}^* \to \neg B) \to (X_2{}^* \to A))$和分离规则可推得$X^* \vdash_{IP} A$成立。

〈ⅳ〉$X_1 = X_2 = X = X^* = \Phi$。由归纳假设、公理10"$\neg B \to (B \to A)$"和分离规则可推得$\vdash_{IP} A$,即$X^* \vdash_{IP} A$成立。

情况9:$X \vdash A$是由合取引入规则获得的,即图式如下:

$$\frac{X \vdash B \quad X \vdash C}{X \vdash B \wedge C}$$

其中的$B \wedge C = A$,这时有两种可能:

〈ⅰ〉$X \neq \Phi$。参照情况6〈ⅰ〉的证明,由归纳假设、演绎定理、定理2.2.16 $\vdash_{IP} (X^* \to B) \to ((X^* \to C) \to (X^* \to B \wedge C))$和分离规则可推得$X^* \vdash_{IP} A$成立。

〈ⅱ〉$X = X^* = \Phi$。由归纳假设、公理3"$B \to (C \to B \wedge C)$"和分离规则可推得$\vdash_{IP} B \wedge C$,即$\vdash_{IP} A$,亦即$X^* \vdash_{IP} A$成立。

情况10:$X \vdash A$是由合取消去规则获得的,即图式如下:

(形式1) (形式2)

$$\frac{X \vdash A \wedge B}{X \vdash A} \qquad \frac{X \vdash B \wedge A}{X \vdash A}$$

这时有两种可能:

〈ⅰ〉$X \neq \Phi$。先看形式1,由归纳假设知$X^* \vdash A \wedge B$,运用演绎定理推知$\vdash_{IP} X^* \to A \wedge B$,再由公理4"$A \wedge B \to A$"和传递规则可推知$\vdash_{IP} X^* \to A$,进而由演绎定理即推知$X^* \vdash_{IP} A$成立。类似地,对于形式2,由归纳假设、演绎定理、公理5"$B \wedge A \to A$"和传递规则亦可推得$X^* \vdash_{IP} A$成立。

〈ⅱ〉$X = X^* = \Phi$。由归纳假设、公理4(对于形式1)或公理5(对于形式2),并运用分离规则可推得$\vdash_{IP} A$,即$X^* \vdash_{IP} A$成立。

情况 11：$X \vdash A$ 是由析取引入规则获得的，即图式如下：

（形式 1）

$$\frac{X \vdash B}{X \vdash B \vee C}$$

（形式 2）

$$\frac{X \vdash C}{X \vdash B \vee C}$$

其中 $B \vee C = A$。这时有两种可能：

〈ⅰ〉$X \neq \Phi$。参照情况 10〈ⅰ〉的证明，由归纳假设、演绎定理、公理 6"$B \to B \vee C$"（对于形式 1）或公理 7"$C \to B \vee C$"（对于形式 2），并运用传递规则即可推知 $X^* \vdash_{IP} A$ 成立。

〈ⅱ〉$X = X^* = \Phi$。由归纳假设、公理 6（对于形式 1）或公理 7（对于形式 2），并运用分离规则可推得 $\vdash_{IP} A$，即 $X^* \vdash_{IP} A$ 成立。

情况 12：$X \vdash A$ 是由析取消去规则获得的，即图式如下：

$$\frac{X_1, B, X_2 \vdash A \qquad X_1, C, X_2 \vdash A \qquad X_3 \vdash B \vee C}{X_1, X_3, X_2 \vdash A}$$

其中的"X_1, X_3, X_2"是 X。这时有几种可能：

〈ⅰ〉$X_3 \neq \Phi$。参照情况 6〈ⅰ〉的证明，由归纳假设、演绎定理、定理 2.2.17 $\vdash_{IP}(X_1{}^* \wedge B^* \wedge X_2{}^* \to A) \to ((X_1{}^* \wedge C^* \wedge X_2{}^* \to A) \to ((X_3{}^* \to B \vee C) \to (X_1{}^* \wedge X_3{}^* \wedge X_2{}^* \to A)))$（若 $X_1 \neq \Phi$ 且 $X_2 \neq \Phi$）或定理 2.2.18 $\vdash_{IP} (X_1{}^* \wedge B^* \to A) \to ((X_1{}^* \wedge C^* \to A) \to ((X_3{}^* \to B \vee C) \to (X_1{}^* \wedge X_3{}^* \to A)))$（若 $X_1 \neq \Phi$ 而 $X_2 = \Phi$）或定理 2.2.19 $\vdash_{IP}(B^* \wedge X_2{}^* \to A) \to ((C^* \wedge X_2{}^* \to A) \to ((X_3{}^* \to B \vee C) \to (X_3{}^* \wedge X_2{}^* \to A)))$（若 $X_1 = \Phi$ 而 $X_2 \neq \Phi$）或定理 2.2.20 $\vdash_{IP}(B^* \to A) \to ((C^* \to A) \to ((X_3{}^* \to B \vee C) \to (X_3{}^* \to A)))$（若 $X_1 = \Phi$ 且 $X_2 = \Phi$），并运用分离规则可推得 $X^* \vdash_{IP} A$ 成立。

〈ⅱ〉$X_3 = \Phi$，且 $X_1 \neq \Phi$ 或 $X_2 \neq \Phi$。即图式为：

$$\frac{X_1, B, X_2 \vdash A \qquad X_1, C, X_2 \vdash A \qquad \vdash B \vee C}{X_1, X_2 \vdash A}$$

参照情况 6〈 i 〉的证明，由归纳假设、演绎定理、定理 2.2.21 $\vdash_{IP}(X_1{}^* \wedge B^* \wedge X_2{}^* \to A) \to ((X_1{}^* \wedge C^* \wedge X_2{}^* \to A) \to (B \vee C \to (X_1{}^* \wedge X_2{}^* \to A)))$（若 $X_1 \neq \Phi$ 且 $X_2 \neq \Phi$）或定理 2.2.22 $\vdash_{IP}(X_1{}^* \wedge B^* \to A) \to ((X_1{}^* \wedge C^* \to A) \to (B \vee C \to (X_1{}^* \to A)))$（若 $X_1 \neq \Phi$ 而 $X_2 = \Phi$）或定理 2.2.23 $\vdash_{IP}(B^* \wedge X_2{}^* \to A) \to ((C^* \wedge X_2{}^* \to A) \to (B \vee C \to (X_2{}^* \to A)))$（若 $X_1 = \Phi$ 而 $X_2 \neq \Phi$），并运用分离规则可推得 $X^* \vdash_{IP} A$ 成立。

〈iii〉 $X_1 = X_2 = X_3 = X^* = \Phi$。即图式为：

$$\frac{B \vdash A \qquad C \vdash A \qquad \vdash B \vee C}{\vdash A}$$

参照情况 6〈 i 〉的证明，由归纳假设、演绎定理、公理 8“$(B \to A) \to ((C \to A) \to (B \vee C \to A))$”和分离规则可推得 $\vdash_{IP} A$，即 $X^* \vdash_{IP} A$ 成立。

所以，本命题成立。

当命题 2.2.7 中的 $X = X^* = \Phi$ 时，立即获得如下的结果：

命题 2.2.8：对任何 $A \in \mathrm{Form}(\mathbf{IL})$，若 $\vdash_{IL} A$，则 $\vdash_{IP} A$ 成立。

命题 2.2.8 表明：$\mathbf{IL} \subseteq \mathbf{IP}$，即系统 **IL** 也是系统 **IP** 的子系统。由命题 2.2.6 和命题 2.2.8 即知：

命题 2.2.9：系统 **IP** 等价于系统 **IL**。

§2.3 二元关系语义

直觉主义逻辑的二元关系语义又称为“克里普克语义”，是克里普克（S. A.Kripke）于 1965 年建构的[①]。这种语义可以做直观的认识论解释，视作积累式的认识过程的一种简单化模拟。

---

① 参看［Kripke，1965］。

现在着手构建直觉主义命题逻辑的二元关系语义，先给出"**IL** 框架"的定义：

定义 2.3.1：一个"**IL** 框架"（记作 F_{IL}）是一个有序的二元组<K,J>，其中 K 是一个非空的集合，称为"结点集"，K 中的元素称为"结点"，我们用 a、b、c、d…表示 K 中任意的元素；J 是 K 上的一个二元关系，即 $J \subseteq K \times K$，对任何 a、$b \in K$，当 $\langle a,b \rangle \in J$ 时，就记作 aJb。J 满足以下两个特性：

〈ⅰ〉自反性：对任何 $a \in K$，都有 aJa 成立。鉴于 $K \neq \Phi$，由自反性即知 $J \neq \Phi$。

〈ⅱ〉传递性：对任何 a、b、$c \in K$，当 aJb 且 bJc 时，总有 aJc 成立。

上述定义可以做这样的直观解读：要讨论人的认识过程，总离不开一定的时间范围，结点集 K 就是表示时间范围的"时间集"，而"结点"即 K 中的"时刻"（或"时期"）。K 中的时刻（或时期）有时间的先后之分，二元关系 J 表示这种先后关系：对于任何时刻（或时期）a、$b \in K$，"aJb"意味着"a 在 b 之前或者 a=b"，即"a 先于或等于 b"。J 的自反性表明：任何时刻（或时期）先于或等于自身。J 的传递性则显示：对任何时刻（或时期）a、b、$c \in K$，若 a 先于或等于 b，且 b 先于或等于 c，则 a 先于或等于 c。

定义 2.3.2：设 F_{IL} = <K,J>是一个"**IL** 框架"，V 是从 Form(**IL**)×K 到 {1,0}（1、0 可分别解释为"（确认）真"和"假"）内的一个映射，称 V 是 F_{IL} 的一个赋值，当且仅当 V 满足以下五个条件：

〈ⅰ〉对任何 $a \in K$ 和任何命题变元 p_i，都有 $V(p_i,a)=1$ 或 $V(p_i,a)=0$，两者必居其一，且仅居其一。此外，当 $V(p_i,a)=1$ 时，对满足条件 aJb 的任何 $b \in K$，都有 $V(p_i,b)=1$ 成立。

〈ⅱ〉对任何 $a \in K$ 和任何 A、$B \in$ Form(**IL**)，$V(A \wedge B,a)=1$ 当且仅当 $V(A,a)=1$ 且 $V(B,a)=1$。换言之，$V(A \wedge B,a)=0$ 当且仅当 $V(A,a)=0$ 或 $V(B,a)=0$。

〈ⅲ〉对任何 $a \in K$ 和任何 A、$B \in$ Form(**IL**)，$V(A \vee B,a)=1$ 当且仅当 $V(A,a)=1$ 或 $V(B,a)=1$。换言之，$V(A \vee B,a)=0$ 当且仅当 $V(A,a)=0$ 且 $V(B,a)=0$。

〈ⅳ〉对任何 $a \in K$ 和任何 A、$B \in Form(\mathbf{IL})$，$V(A \to B, a) = 1$ 当且仅当对任何满足条件 aJb 的 $b \in K$，都有 $V(A, b) = 0$ 或者 $V(B, b) = 1$。(于是，当 $V(A \to B, a) = 1$ 且 aJb 且 $V(A, b) = 1$ 时，有 $V(B, b) = 1$ 成立。)换言之，$V(A \to B, a) = 0$ 当且仅当存在 $b \in K$，使得 aJb 且 $V(A, b) = 1$ 且 $V(B, b) = 0$。

〈ⅴ〉对任何 $a \in K$ 和任何 $A \in Form(\mathbf{IL})$，$V(\neg A, a) = 1$ 当且仅当对任何满足条件 aJb 的 $b \in K$，都有 $V(A, b) = 0$。换言之，$V(\neg A, a) = 0$ 当且仅当存在 $b \in K$，使得 aJb 且 $V(A, b) = 1$。

显而易见，若给定一个"**IL** 框架"$F_{IL} = \langle K, J \rangle$的一个赋值 V，则对任何 $a \in K$ 和任何 $A \in Form(\mathbf{IL})$，都有 $V(A, a) = 1$ 或 $V(A, a) = 0$，两者必居其一，且仅居其一。

可以做这样的直观解读：对任何 $a \in K$ 和任何 $A \in Form(\mathbf{IL})$，"$V(A, a) = 1$"意味着"在时刻(或时期)a 已确认 A 是一个真命题"；只要在时刻(或时期)a 未确认 A 是一个真命题，就不妨把 A 视为假命题，记作"$V(A, a) = 0$"。对于定义 2.3.2 中赋值 V 满足的五个条件，说明如下：

(1) 条件〈ⅰ〉显示：人们一旦在时刻(或时期)a 确认了 p_i 为真命题(即 $V(p_i, a) = 1$)，那么不仅在 a，而且在 a 之后的每一个时刻(或时期)，p_i 都将被确认为真命题，即当 aJb 时，都有 $V(p_i, b) = 1$。这表明认识过程是积累式的，真理一旦被确认，在以后的每一时刻(或时期)都应该是一个真命题。这在一定的时间范围内是合理的，它反映出人类知识的相对稳定性，随着时间的推移，人们将认识越来越多的真理。

(2) 条件〈ⅱ〉显示：对于复合命题"A 并且 B"，在时刻(或时期)a 确认它是一个真命题(即 $V(A \land B, a) = 1$)，就意味着在这一时刻(或时期)不仅确认命题 A 为真，而且也已确认命题 B 为真，即有 $V(A, a) = 1$ 和 $V(B, a) = 1$ 同时成立。

(3) 条件〈ⅲ〉显示：对于复合命题"A 或者 B"，在时刻(或时期)a 确认它是一个真命题(即 $V(A \lor B, a) = 1$)，就意味着在这一时刻(或时期)或者已确认 A 为真，或者已确认 B 为真，即有 $V(A, a) = 1$ 或 $V(B, a) = 1$ 成立。

(4) 条件〈ⅳ〉表明：对于复合命题"如果 A，那么 B"，在时刻(或时期)a 确认其为真(即 $V(A \to B, a) = 1$)，就意味着不仅在 a，而且在 a 以后的每一个时刻(或时期),不能有 A(确认)真而 B 假的情况同时发生,即当 aJb 时,都有 $V(A,b)=0$ 或者 $V(B,b)=1$ 成立,于是,从时刻(或时期)a 起,只要能确认 A 为真,就一定能确认 B 亦为真。

(5) 条件〈v〉表明:对于复合命题"并非 A",在时刻(或时期)a 确认其为真(即 $V(\neg A,a)=1$),就意味着不仅在 a,而且在 a 以后的每一个时刻(或时期),A 都应是一个假命题,即当 aJb 时,都有 $V(A,b)=0$ 成立。

命题 2.3.1:设 $F_{IL}=<K,J>$是一个"**IL** 框架",V 是 F_{IL}的一个赋值,$A\in$ Form(**IL**),$a\in K$,$V(A,a)=1$,则对满足条件 aJb 的任何 $b\in K$,都有 $V(A,b)=1$ 成立。

证明:

对公式 A 中的初始联结词出现的次数 n 进行归纳证明。

(1) $n=0$,这时 A 是一命题变元 p_i,$V(p_i,a)=1$,由定义 2.3.2〈i〉知:对满足条件 aJb 的任何 $b\in K$,都有 $V(p_i,b)=1$ 成立。

(2) 设 $n<k(k\geqslant 1)$时本命题成立,则当 $n=k$ 时有下列四种情况。

情况 1:A 是 $B\wedge C$,$V(B\wedge C,a)=1$。由定义 2.3.2〈ii〉知:$V(B,a)=1$ 且 $V(C,a)=1$,对满足条件 aJb 的任何 $b\in K$,由归纳假设知:$V(B,b)=1$ 且 $V(C,b)=1$,再根据定义 2.3.2〈ii〉即知 $V(B\wedge C,b)=1$ 成立。

情况 2:A 是 $B\vee C$,$V(B\vee C,a)=1$。由定义 2.3.2〈iii〉知:$V(B,a)=1$ 或 $V(C,a)=1$,对满足条件 aJb 的任何 $b\in K$,由归纳假设知:$V(B,b)=1$ 或 $V(C,b)=1$,再根据定义 2.3.2〈iii〉即知 $V(B\vee C,b)=1$ 成立。

情况 3:A 是 $B\rightarrow C$,$V(B\rightarrow C,a)=1$。设 $b\in K$ 且 aJb,用反证法。倘若 $V(B\rightarrow C,b)=0$,则由定义 2.3.2〈iv〉知:存在 $c\in K$,使得 bJc 且 $V(B,c)=1$ 且 $V(C,c)=0$。由 J 的传递性推得 aJc,进而根据定义 2.3.2〈iv〉推知 $V(B\rightarrow C,a)=0$,与题设 $V(B\rightarrow C,a)=1$ 矛盾。所以 $V(B\rightarrow C,b)=1$ 成立。

情况 4:A 是$\neg B$,$V(\neg B,a)=1$。设 $b\in K$ 且 aJb,用反证法。倘若 $V(\neg B,b)=0$,则由定义 2.3.2〈v〉知:存在 $c\in K$,使得 bJc 且 $V(B,c)=1$。由 J 的传递性推得 aJc,进而根据定义 2.3.2〈v〉推知 $V(\neg B,a)=0$,与题设 $V(\neg B,a)=1$ 矛盾。所以 $V(\neg B,b)=1$ 成立。

所以，本命题成立。

命题 2.3.1 是对定义 2.3.2 条件〈ⅰ〉的拓展，它表明：积累式的认识过程对于任何时刻（或时期）a 和任何命题 A 都成立。

需要指出的是，本节中的某些元定理（例如命题 2.3.1 和命题 2.3.2）的证明中使用了反证法（间接证明），是因为本书中的元逻辑采用的是含有自然语言的直观推理，即大家熟悉的数学研究中的逻辑论证方式，它容纳间接证明和排中律，并非直觉主义推理。

定义 2.3.3：设 $A \in \mathrm{Form}(\mathbf{IL})$，称公式 A 是"**IL** 有效的"（记作$\models_{IL} A$），当且仅当对任何"**IL** 框架" $F_{IL} = <K, J>$的任何赋值 V 和任何 $a \in K$，都有 $V(A, a) = 1$。换言之，$\models_{IL} A$ 不成立，当且仅当存在某个"**IL** 框架" $F_{IL} = <K, J>$ 的某个赋值 V 和某个 $a \in K$，使得 $V(A, a) = 0$。

定义 2.3.4：设 X 是系统 **IL** 中任意的非空结构，X^* 是 X 的合取变换式，$A \in \mathrm{Form}(\mathbf{IL})$。称系统 **IL** 中"非空结构 X 可有效地推导公式 A"（记作$X \models_{IL} A$），当且仅当对任何"**IL** 框架" $F_{IL} = <K, J>$的任何赋值 V 和任何 $a \in K$，都有 $V(X^*, a) = 0$ 或 $V(A, a) = 1$。换言之，$X \models_{IL} A$ 不成立，当且仅当存在某个"**IL** 框架" $F_{IL} = <K, J>$的某个赋值 V 和某个 $a \in K$，使得 $V(X^*, a) = 1$ 且 $V(A, a) = 0$。

命题 2.3.2（系统 **IL** 的可靠性定理）：设 X 是系统 **IL** 中任意的结构，X^* 是 X 的合取变换式，$A \in \mathrm{Form}(\mathbf{IL})$，系统 **IL** 中 $X \vdash A$ 成立，则有以下两个结论：

① 若 $X \neq \Phi$，则 $X \models_{IL} A$；

② 若 $X = \Phi$，则$\models_{IL} A$，即系统 **IL** 中的每一个内定理都是"**IL** 有效的"。

证明：

对系统 **IL** 中获得 $X \vdash A$ 的推导的长度 n 进行归纳证明。

（1）$n = 1$，这时 $X \vdash A$ 是同一公理 $A \vdash A$，于是 $X^* = X = A$。由定义 2.3.2 可推知：对任何"**IL** 框架" $F_{IL} = <K, J>$的任何赋值 V 和任何 $a \in K$，均有 $V(A, a) = 0$ 或 $V(A, a) = 1$，即 $V(X^*, a) = 0$ 或 $V(A, a) = 1$，再根据定义 2.3.4 知：$X \models_{IL} A$ 成立，即结论①成立。

（2）$n=2$，获得 $X\vdash A$ 的推导有下列九种情况。

情况 1：$X\vdash A$ 是由弱化规则获得的，即图式如下：

（形式 1）　　　　　（形式 2）

$$\frac{A\vdash A}{X_1,A\vdash A}\quad 或 \quad \frac{A\vdash A}{A,X_1\vdash A}$$

先看形式 1。其中 X_1 是非空的结构，“X_1,A”是 X，用反证法。倘若 $X\models_{IL}A$ 不成立，则由定义 2.3.4 知：存在某个“**IL** 框架”$F_{IL}=\langle K,J\rangle$的某个赋值 V 和某个 $a\in K$，使得 $V(X^*,a)=V(X_1{}^*\wedge A,a)=1$ 且 $V(A,a)=0$。再根据定义 2.3.2〈ii〉推知：$V(X_1{}^*,a)=1$ 且 $V(A,a)=1$，与 $V(A,a)=0$ 矛盾。所以 $X\models_{IL}A$，即结论①成立。

对于形式 2，证明方法类似，从略。

情况 2：$X\vdash A$ 是由蕴涵引入规则获得的，即图式如下：

$$\frac{B\vdash B}{\vdash B\to B}$$

这时 $X=\Phi$，而 $B\to B=A$，用反证法。倘若$\models_{IL}A$ 不成立，则由定义 2.3.3 知：存在某个“**IL** 框架”$F_{IL}=\langle K,J\rangle$的某个赋值 V 和某个 $a\in K$，使得 $V(B\to B,a)=0$。再根据定义 2.3.2〈iv〉知：存在 $b\in K$，使得 aJb 且 $V(B,b)=1$ 且 $V(B,b)=0$，但 $V(B,b)=1$ 与 $V(B,b)=0$ 矛盾。所以$\models_{IL}A$，即结论②成立。

情况 3：$X\vdash A$ 是由蕴涵消去规则获得的，即图式如下：

$$\frac{B\to A\vdash B\to A\qquad B\vdash B}{B\to A,B\vdash A}$$

其中“$B\to A,B$”是 X，用反证法。倘若 $X\models_{IL}A$ 不成立，则由定义 2.3.4 知：存在某个“**IL** 框架”$F_{IL}=\langle K,J\rangle$的某个赋值 V 和某个 $a\in K$，使得 $V(X^*,a)=V((B\to A)\wedge B,a)=1$ 且 $V(A,a)=0$。根据定义 2.3.2〈ii〉知：$V(B\to A,a)=1$ 且 $V(B,a)=1$，由 J 的自反性知 aJa，再根据定义 2.3.2〈iv〉推知：

V(A,a)= 1,与 V(A,a)= 0 矛盾。所以 $X \models_{IL} A$,即结论①成立。

情况 4：X ├A 是由否定引入规则获得的,即图式如下：

$$\frac{\neg B \vdash \neg B \qquad B \vdash B}{B \vdash \neg\neg B}$$

这时 $X^* = X = B$,而$\neg\neg B = A$,用反证法。倘若 $X \models_{IL} A$ 不成立,则由定义 2.3.4 知：存在某个"**IL** 框架"F_{IL} = <K,J>的某个赋值 V 和某个 $a \in K$,使得 V(B,a)= 1 且 V(¬¬B,a)= 0。根据定义 2.3.2〈 v 〉知：存在 $b \in K$,使得 aJb 且 V(¬B,b)= 1。由 J 的自反性知 bJb,再次使用定义 2.3.2〈 v 〉推知：V(B,b)= 0。又 V(B,a)= 1 且 aJb,于是由命题 2.3.1 知：V(B,b)= 1,与 V(B,b)= 0 矛盾。所以 $X \models_{IL} A$,即结论①成立。

情况 5：X ├A 是由否定消去规则获得的,即图式如下：

$$\frac{B \vdash B \qquad \neg B \vdash \neg B}{B, \neg B \vdash A}$$

其中"B,¬B"是 X,用反证法。倘若 $X \models_{IL} A$ 不成立,则由定义 2.3.4 知：存在某个"**IL** 框架"F_{IL} = <K,J>的某个赋值 V 和某个 $a \in K$,使得 $V(X^*,a)$= V(B∧¬B,a)= 1 且 V(A,a)= 0。根据定义 2.3.2〈 ii 〉知：V(B,a)= 1 且 V(¬B,a)= 1,由 J 的自反性知 aJa,再根据定义 2.3.2〈 v 〉推知：V(B,a)= 0,与 V(B,a)= 1 矛盾。所以 $X \models_{IL} A$,即结论①成立。

情况 6：X ├A 是由合取引入规则获得的,即图式如下：

$$\frac{B \vdash B \qquad B \vdash B}{B \vdash B \wedge B}$$

这时 $X^* = X = B$,而 B∧B = A,用反证法。倘若 $X \models_{IL} A$ 不成立,则由定义 2.3.4 知：存在某个"**IL** 框架"F_{IL} = <K,J>的某个赋值 V 和某个 $a \in K$,使得 V(B,a)= 1 且 V(B∧B,a)= 0。根据定义 2.3.2〈 ii 〉知：V(B,a)= 0,与 V(B,a)= 1 矛盾。所以 $X \models_{IL} A$,即结论①成立。

情况 7：X ├A 是由合取消去规则获得的,即图式如下：

（形式1）　　　　　　　　　（形式2）

$$\frac{A\wedge B\vdash A\wedge B}{A\wedge B\vdash A}\qquad\qquad\frac{B\wedge A\vdash B\wedge A}{B\wedge A\vdash A}$$

证明方法参照上述情况6，亦可推出结论①成立。

情况8：$X\vdash A$ 是由析取引入规则获得的，即图式如下：

（形式1）　　　　　　　　　（形式2）

$$\frac{B\vdash B}{B\vdash B\vee C}\qquad\qquad\frac{C\vdash C}{C\vdash B\vee C}$$

先看形式1。这时 $X^*=X=B$，而 $B\vee C=A$，用反证法。倘若 $X\models_{IL}A$ 不成立，则由定义2.3.4知：存在某个"**IL** 框架"$F_{IL}=<K,J>$的某个赋值V和某个 $a\in K$，使得 $V(B,a)=1$ 且 $V(B\vee C,a)=0$。根据定义2.3.2〈ⅲ〉推知：$V(B,a)=0$ 且 $V(C,a)=0$，与 $V(B,a)=1$ 矛盾。所以 $X\models_{IL}A$，即结论①成立。

对于形式2，证明方法类似，亦可推出结论①成立。

情况9：$X\vdash A$ 由析取消去规则获得的，即图式如下：

$$\frac{A\vdash A\qquad A\vdash A\qquad A\vee A\vdash A\vee A}{A\vee A\vdash A}$$

证明方法参照上述情况8，亦可推出结论①成立。

（3）设 $n<k(k>2)$ 时本命题成立，则当 $n=k$ 时，获得 $X\vdash A$ 的推导有下列十二种情况。

情况1：$X\vdash A$ 是由结合规则获得的，先考虑形式1，即图式如下：

$$\frac{X_1,(X_2,(X_3,X_4)),X_5\vdash A}{X_1,((X_2,X_3),X_4),X_5\vdash A}$$

其中 X_2、X_3 和 X_4 都是非空的结构，且"$X_1,((X_2,X_3),X_4),X_5$"是X。这时有两种可能：

〈ⅰ〉$X_1\neq\Phi$ 且 $X_5\neq\Phi$。设"$X_1,(X_2,(X_3,X_4)),X_5$"是Y，由归纳假设

知：$Y \models_{IL} A$，用反证法。倘若 $X \models_{IL} A$ 不成立，由定义 2.3.4 知：存在某个“**IL** 框架”$F_{IL}=<K,J>$的某个赋值 V 和某个 $a \in K$，使得 $V(X^*,a)=V(X_1^* \wedge ((X_2^* \wedge X_3^*) \wedge X_4^*) \wedge X_5^*,a)=1$ 且 $V(A,a)=0$。由定义 2.3.2〈ⅱ〉推知：$V(X_i^*,a)=1(i=1,\cdots,5)$，进而知 $V(Y^*,a)=V(X_1^* \wedge (X_2^* \wedge (X_3^* \wedge X_4^*)) \wedge X_5^*,a)=1$ 且 $V(A,a)=0$，这表明 $Y \models_{IL} A$ 不成立，与归纳假设 $Y \models_{IL} A$ 矛盾。所以 $X \models_{IL} A$，即结论①成立。

〈ⅱ〉$X_1=\Phi$ 或 $X_5=\Phi$。参照上述证明，从略。

对于结合规则形式 2，用类似的方法，亦可证明结论①成立。

情况 2：$X \vdash A$ 是由交换规则获得的，参照上述证明，可推出结论①成立。

情况 3：$X \vdash A$ 是由收缩规则获得的，参照上述证明，可推出结论①成立。

情况 4：$X \vdash A$ 是由弱化规则获得的，即图式如下：

$$\frac{X_1,X_2 \vdash A}{X_1,X_3,X_2 \vdash A}$$

其中 X_3 是非空的结构，且“X_1,X_3,X_2”是 X。这时有两种可能：

〈ⅰ〉$X_1 \neq \Phi$ 或 $X_2 \neq \Phi$。参照上述证明，可推出结论①成立。

〈ⅱ〉$X_1=\Phi$ 且 $X_2=\Phi$，这时 $X^*=X_3^*$。由归纳假设知：$\models_{IL} A$。由定义 2.3.3 知：对任何“**IL** 框架”$F_{IL}=<K,J>$的任何赋值 V 和任何 $a \in K$，都有 $V(A,a)=1$。再根据定义 2.3.4 推知：$X \models_{IL} A$，即结论①成立。

情况 5：$X \vdash A$ 是由蕴涵引入规则获得的，即图式如下：

$$\frac{X,B \vdash C}{X \vdash B \rightarrow C}$$

其中 $B \rightarrow C=A$。这时有两种可能：

〈ⅰ〉$X \neq \Phi$。设“X,B”是 Y，由归纳假设知：$Y \models_{IL} C$，用反证法。倘若 $X \models_{IL} A$ 不成立，由定义 2.3.4 知：存在某个“**IL** 框架”$F_{IL}=<K,J>$的某个赋值

V 和某个 $a \in K$,使得 $V(X^*,a)=1$ 且 $V(B \to C,a)=0$。由定义 2.3.2〈ⅳ〉知:存在 $b \in K$,使得 aJb 且 $V(B,b)=1$ 且 $V(C,b)=0$。又 $V(X^*,a)=1$ 且 aJb,于是由命题 2.3.1 知:$V(X^*,b)=1$,进而根据定义 2.3.2〈ⅱ〉推知:$V(Y^*,b)=V(X^* \wedge B,b)=1$。这表明 $Y \models_{IL} C$ 不成立,与归纳假设 $Y \models_{IL} C$ 矛盾。所以 $X \models_{IL} A$,即结论①成立。

〈ⅱ〉$X=\Phi$。由归纳假设知:$B \models_{IL} C$,用反证法。倘若 $\models_{IL} A$ 不成立,由定义 2.3.3 知:存在某个"**IL** 框架"$F_{IL}=\langle K,J\rangle$的某个赋值 V 和某个 $a \in K$,使得 $V(B \to C,a)=0$。由定义 2.3.2〈ⅳ〉知:存在 $b \in K$,使得 aJb 且 $V(B,b)=1$ 且 $V(C,b)=0$。这表明 $B \models_{IL} C$ 不成立,与归纳假设 $B \models_{IL} C$ 矛盾。所以 $\models_{IL} A$,即结论②成立。

情况 6:$X \vdash A$ 是由蕴涵消去规则获得的,即图式如下:

$$\frac{X_1 \vdash B \to A \qquad X_2 \vdash B}{X_1, X_2 \vdash A}$$

其中"X_1,X_2"是 X。这时有两种可能:

〈ⅰ〉$X_1 \neq \Phi$ 且 $X_2 \neq \Phi$。由归纳假设知:$X_1 \models_{IL} B \to A$ 和 $X_2 \models_{IL} B$,用反证法。倘若 $X \models_{IL} A$ 不成立,由定义 2.3.4 知:存在某个"**IL** 框架"$F_{IL}=\langle K,J\rangle$的某个赋值 V 和某个 $a \in K$,使得 $V(X^*,a)=V(X_1{}^* \wedge X_2{}^*,a)=1$ 且 $V(A,a)=0$。由定义 2.3.2〈ⅱ〉知:$V(X_1{}^*,a)=1$ 且 $V(X_2{}^*,a)=1$。又 $X_2 \models_{IL} B$,因而 $V(B,a)=1$。由 J 的自反性知 aJa,再根据定义 2.3.2〈ⅳ〉推知:$V(B \to A,a)=0$。这表明 $X_1 \models_{IL} B \to A$ 不成立,与归纳假设 $X_1 \models_{IL} B \to A$ 矛盾。所以 $X \models_{IL} A$,即结论①成立。

〈ⅱ〉$X_1=\Phi$ 或 $X_2=\Phi$。参照上述证明,可推出结论①(若 $X_1=\Phi$ 且 $X_2 \neq \Phi$,或者 $X_1 \neq \Phi$ 且 $X_2=\Phi$)或结论②(若 $X_1=X_2=\Phi$)成立。

情况 7:$X \vdash A$ 是由否定引入规则获得的,即图式如下:

$$\frac{X_1, B \vdash \neg C \qquad X_2 \vdash C}{X_1, X_2 \vdash \neg B}$$

其中 A 是 $\neg B$,且"X_1,X_2"是 X。这时有两种可能:

〈ⅰ〉$X_1 \neq \Phi$ 且 $X_2 \neq \Phi$。设“X_1, B”是 Y，由归纳假设知：$Y \models_{IL} \neg C$ 和 $X_2 \models_{IL} C$，用反证法。倘若 $X \models_{IL} A$ 不成立，由定义 2.3.4 知：存在某个“**IL** 框架”$F_{IL} = <K, J>$的某个赋值 V 和某个 $a \in K$，使得 $V(X^*, a) = V(X_1{}^* \wedge X_2{}^*, a) = 1$ 且 $V(\neg B, a) = 0$。由定义 2.3.2 知：$V(X_1{}^*, a) = V(X_2{}^*, a) = 1$，以及存在 $b \in K$，使得 aJb 且 $V(B, b) = 1$。根据命题 2.3.1 推知：$V(X_1{}^*, b) = V(X_2{}^*, b) = 1$，进而知 $V(Y^*, b) = V(X_1{}^* \wedge B, b) = 1$，又 $Y \models_{IL} \neg C$，于是 $V(\neg C, b) = 1$，由 J 的自反性知 bJb，因而 $V(C, b) = 0$。这表明 $X_2 \models_{IL} C$ 不成立，与归纳假设 $X_2 \models_{IL} C$ 矛盾。所以 $X \models_{IL} A$，即结论①成立。

〈ⅱ〉$X_1 = \Phi$ 或 $X_2 = \Phi$。参照上述证明，可推出结论①（若 $X_1 = \Phi$ 且 $X_2 \neq \Phi$，或者 $X_1 \neq \Phi$ 且 $X_2 = \Phi$）或结论②（若 $X_1 = X_2 = \Phi$）成立。

情况 8：$X \vdash A$ 是由否定消去规则获得的，参照上述证明，从略。

情况 9：$X \vdash A$ 是由合取引入规则获得的，参照上述证明，从略。

情况 10：$X \vdash A$ 是由合取消去规则获得的，参照上述证明，从略。

情况 11：$X \vdash A$ 是由析取引入规则获得的，参照上述证明，从略。

情况 12：$X \vdash A$ 由析取消去规则获得的，即图式如下：

$$\frac{X_1, B, X_2 \vdash A \qquad X_1, C, X_2 \vdash A \qquad X_3 \vdash B \vee C}{X_1, X_3, X_2 \vdash A}$$

其中的“X_1, X_3, X_2”是 X。这时有两种可能：

〈ⅰ〉$X_1 \neq \Phi$ 且 $X_2 \neq \Phi$ 且 $X_3 \neq \Phi$。设“X_1, B, X_2”是 Y，“X_1, C, X_2”是 Z，由归纳假设知：$Y \models_{IL} A$ 且 $Z \models_{IL} A$ 且 $X_3 \models_{IL} B \vee C$，用反证法。倘若 $X \models_{IL} A$ 不成立，由定义 2.3.4 知：存在某个“**IL** 框架”$F_{IL} = <K, J>$的某个赋值 V 和某个 $a \in K$，使得 $V(X^*, a) = V(X_1{}^* \wedge X_3{}^* \wedge X_2{}^*, a) = 1$ 且 $V(A, a) = 0$。由定义 2.3.2 知：$V(X_1{}^*, a) = V(X_2{}^*, a) = V(X_3{}^*, a) = 1$，又 $X_3 \models_{IL} B \vee C$，于是 $V(B \vee C, a) = 1$，推知 $V(B, a) = 1$ 或 $V(C, a) = 1$，进而推得 $V(Y^*, a) = V(X_1{}^* \wedge B \wedge X_2{}^*, a) = 1$ 或 $V(Z^*, a) = V(X_1{}^* \wedge C \wedge X_2{}^*, a) = 1$，又 $Y \models_{IL} A$ 且 $Z \models_{IL} A$，于是 $V(A, a) = 1$，与 $V(A, a) = 0$ 矛盾。所以 $X \models_{IL} A$，即结论①成立。

〈ⅱ〉$X_1=\Phi$ 或 $X_2=\Phi$ 或 $X_3=\Phi$。参照上述证明，可推出结论①（若 X_1、X_2、X_3 不都是空集）或结论②（若 $X_1=X_2=X_3=\Phi$）成立。

所以，本命题成立。

定义 2.3.5：设 $\Gamma\subseteq \text{Form}(\mathbf{IL})$，$A\in \text{Form}(\mathbf{IL})$，称系统 **IL** 中"$\Gamma$递推 A"（记作$\Gamma|\Rightarrow A$），当且仅当满足下列两个条件之一：

〈ⅰ〉$\Gamma=\Phi$ 且 $\vdash_{IL}A$；

或　〈ⅱ〉$\Gamma\neq\Phi$ 且存在 A_1、A_2、…、$A_n\in\Gamma(n\geqslant 1)$，使得系统 **IL** 中"$A_1,A_2,\cdots,A_n\vdash A$"成立。

命题 2.3.3：设$\Gamma\subseteq\Sigma\subseteq \text{Form}(\mathbf{IL})$，$A\in \text{Form}(\mathbf{IL})$，若$\Gamma|\Rightarrow A$，则$\Sigma|\Rightarrow A$ 亦成立。

证明：

(1) 若$\Gamma=\Sigma$，题设$\Gamma|\Rightarrow A$ 即$\Sigma|\Rightarrow A$。

(2) 若$\Gamma\subset\Sigma$，这时Γ有两种可能的情况。

情况 1：$\Gamma=\Phi$。题设$\Gamma|\Rightarrow A$，由定义 2.3.5〈ⅰ〉知：$\vdash_{IL}A$。又$\Gamma\subset\Sigma$，于是$\Sigma\neq\Phi$，因而存在 $B\in\Sigma$，再根据弱化规则推得 $B\vdash A$，进而由定义 2.3.5〈ⅱ〉知：$\Sigma|\Rightarrow A$ 成立。

情况 2：$\Gamma\neq\Phi$。题设$\Gamma|\Rightarrow A$，由定义 2.3.5〈ⅱ〉知：存在 A_1、A_2、…、$A_n\in\Gamma\subset\Sigma(n\geqslant1)$，使得系统 **IL** 中"$A_1,A_2,\cdots,A_n\vdash A$"。于是由定义 2.3.5〈ⅱ〉知：$\Sigma|\Rightarrow A$ 亦成立。

所以，本命题成立。

命题 2.3.4：设$\Gamma\subseteq \text{Form}(\mathbf{IL})$，若 $A\in \text{Th}(\mathbf{IL})$，则$\Gamma|\Rightarrow A$ 成立。

证明：

题设 $A\in \text{Th}(\mathbf{IL})$，即 $\vdash_{IL}A$，由定义 2.3.5〈ⅰ〉知：$\Phi|\Rightarrow A$ 成立。又$\Phi\subseteq\Gamma$，再根据命题 2.3.3 推知：$\Gamma|\Rightarrow A$ 成立。

命题 2.3.5：设$\Gamma\subseteq \text{Form}(\mathbf{IL})$，若 $A\in\Gamma$，则$\Gamma|\Rightarrow A$ 成立。换言之，若$\Gamma|\Rightarrow A$ 不成立，则 $A\notin\Gamma$。

证明：

题设 $A\in\Gamma$，系统 **IL** 中有同一公理 $A\vdash A$，再根据定义 2.3.5〈ⅱ〉即知：

$\Gamma |\Rightarrow A$ 成立。

命题 2.3.6：设非空集$\Gamma \subseteq \text{Form}(\mathbf{IL})$，$A \in \text{Form}(\mathbf{IL})$，若$\Gamma |\Rightarrow A$，则存在各不相同的 A_1、A_2、…、$A_n \in \Gamma(n \geqslant 1)$，使得系统 **IL** 中“$A_1, A_2, \cdots, A_n \vdash A$”成立。

证明：

题设$\Gamma |\Rightarrow A$ 且$\Gamma \neq \Phi$，由定义 2.3.5〈ii〉知：存在 A_1'、A_2'、…、$A_k' \in \Gamma$ $(k \geqslant 1)$，使得系统 **IL** 中“$A_1', A_2', \cdots, A_k' \vdash A$”成立。有两种可能的情况。

情况 1：A_1'、A_2'、…、A_k'各不相同，则本命题成立。

情况 2：A_1'、A_2'、…、A_k'并非各不相同，设其中各不相同的公式是 A_1、A_2、…、$A_n(1 \leqslant n < k)$，从“$A_1', A_2', \cdots, A_k' \vdash A$”出发，运用结合、交换和收缩规则可推得“$A_1, A_2, \cdots, A_n \vdash A$”，即本命题亦成立。

定义 2.3.6：设非空集$\Gamma \subseteq \text{Form}(\mathbf{IL})$，称$\Gamma$是系统 **IL** 中的一个“饱和集”当且仅当$\Gamma$满足下列三个特性：

〈i〉一致性：不存在 $A \in \text{Form}(\mathbf{IL})$，使得 $A \in \Gamma$且$\neg A \in \Gamma$。

〈ii〉素性：对任何 A、$B \in \text{Form}(\mathbf{IL})$，当 $A \vee B \in \Gamma$时，有 $A \in \Gamma$或 $B \in \Gamma$成立。

〈iii〉递推封闭性：对任何 $A \in \text{Form}(\mathbf{IL})$，当$\Gamma |\Rightarrow A$ 时，有 $A \in \Gamma$成立。

命题 2.3.7[①]：设$\Gamma \subseteq \text{Form}(\mathbf{IL})$，$A \in \text{Form}(\mathbf{IL})$，若$\Gamma |\Rightarrow A$ 不成立，则存在系统 **IL** 中的“饱和集”Σ，使得$\Gamma \subseteq \Sigma$，且$\Sigma |\Rightarrow A$ 亦不成立。

证明：

（一）注意到系统 **IL** 中共有可数个形式为 $B \vee C$ 的析取式，设以下是系统 **IL** 中全体析取式的一个排列：

（＊）$A_1 = B_1 \vee C_1, A_2 = B_2 \vee C_2, \cdots, A_n = B_n \vee C_n, \cdots$

现在着手构造公式集的无限序列：

（＊＊）$\Gamma_1, \Gamma_2, \cdots, \Gamma_n, \cdots$

① 采用命题 2.3.7—2.3.11 来证明系统 **IL** 的完全性的思路和方法，参照了［冯棉，1989，pp. 78-83］。

首先令$\Gamma_1=\Gamma$。

设$A_k=B_k \vee C_k$是上述(*)排列中第一个可以由Γ_1递推的公式,即$\Gamma_1 \mid\!\Rightarrow A_k$成立,但对每一个$A_i(i<k)$,$\Gamma_1 \mid\!\Rightarrow A_i$都不成立。若$\Gamma_1 \cup \{B_k\} \mid\!\Rightarrow A$不成立,就令$\Gamma_2=\Gamma_1 \cup \{B_k\}$;若$\Gamma_1 \cup \{B_k\} \mid\!\Rightarrow A$成立,则令$\Gamma_2=\Gamma_1 \cup \{C_k\}$。这时称公式$A_k$已被处理。请注意:这样的$A_k$一定存在。例如,当$\vdash_{IL} B_k$或$\vdash_{IL} C_k$时,由析取引入规则可推出$\vdash_{IL} B_k \vee C_k$,再根据命题2.3.4知:$\Gamma_1 \mid\!\Rightarrow B_k \vee C_k$,即$\Gamma_1 \mid\!\Rightarrow A_k$成立。

一般地,在构造了Γ_1、Γ_2、…、$\Gamma_m(m \geqslant 1)$之后,用以下的方法来构造Γ_{m+1}:

设$A_j=B_j \vee C_j$是上述(*)排列中第一个未被处理且可以由Γ_m递推的公式,即$\Gamma_m \mid\!\Rightarrow A_j$成立,同时对每一个$A_i(i<j)$,或者$A_i$已被处理,或者$\Gamma_m \mid\!\Rightarrow A_i$不成立。若$\Gamma_m \cup \{B_j\} \mid\!\Rightarrow A$不成立,就令$\Gamma_{m+1}=\Gamma_m \cup \{B_j\}$;若$\Gamma_m \cup \{B_j\} \mid\!\Rightarrow A$成立,则令$\Gamma_{m+1}=\Gamma_m \cup \{C_j\}$。这时称公式$A_j$已被处理。

由上述(**)序列的构造方式,即可获得以下两个结论:

① 对任何$i \geqslant 1$,都有$\Gamma_i \subseteq \Gamma_{i+1}$。

② 对任何$i>1$,都有$\Gamma_i \neq \Phi$。

(二) 以下作归纳证明:对于任何$i \geqslant 1$,都有$\Gamma_i \mid\!\Rightarrow A$不成立。

(1) $i=1$,则$\Gamma_1=\Gamma$,根据题设$\Gamma_1 \mid\!\Rightarrow A$不成立。

(2) 设$i \leqslant m(m \geqslant 1)$时,$\Gamma_i \mid\!\Rightarrow A$均不成立。则当$i=m+1$时,有下列两种情况。

情况1:$\Gamma_{m+1}=\Gamma_m \cup \{B_j\}$,这时$\Gamma_m \cup \{B_j\} \mid\!\Rightarrow A$不成立,即$\Gamma_{m+1} \mid\!\Rightarrow A$不成立。

情况2:$\Gamma_{m+1}=\Gamma_m \cup \{C_j\}$,这时$\Gamma_m \cup \{B_j\} \mid\!\Rightarrow A$成立。以下证即$\Gamma_m \cup \{C_j\} \mid\!\Rightarrow A$不成立,用反证法。倘若$\Gamma_m \cup \{C_j\} \mid\!\Rightarrow A$成立,则由命题2.3.6知:存在各不相同的$D_1$、$D_2$、…、$D_t \in \Gamma_m \cup \{C_j\}(t \geqslant 1)$,使得系统**IL**中"$D_1, D_2, \cdots, D_t \vdash A$"成立。又$\Gamma_m \cup \{B_j\} \mid\!\Rightarrow A$,由命题2.3.6知:存在各不相同的$E_1$、$E_2$、…、$E_s \in \Gamma_m \cup \{B_j\}(s \geqslant 1)$,使得系统IL中"$E_1, E_2, \cdots, E_s \vdash A$"成立。由归纳假设知:$\Gamma_m \mid\!\Rightarrow A$不成立,因而不能有$D_1$、$D_2$、…、$D_t$都在$\Gamma_m$中,即存在$D_u \notin \Gamma_m(1 \leqslant u \leqslant t)$,$D_u=C_j$;也不能有$E_1, E_2, \cdots, E_s$都在$\Gamma_m$中,即存在$E_v \notin \Gamma_m(1 \leqslant v \leqslant s)$,$E_v=B_j$。这时又有两种可能性:

可能性1：t>1且s>1。若$D_u=D_t$，令结构X为"$D_1,\cdots,D_{t-1}$"，于是"$D_1,D_2,\cdots,D_t\vdash A$"是"$X,C_j\vdash A$"；若$D_u=D_1$，令结构X为"$D_2,\cdots,D_t$"，若$D_u\neq D_1$且$D_u\neq D_t$，则令结构X为"$D_1,\cdots,D_{u-1},D_{u+1},\cdots,D_t$"，由"$D_1,D_2,\cdots,D_t\vdash A$"出发，运用交换和结合规则亦可推得"$X,C_j\vdash A$"。若$E_v=E_s$，令结构Y为"$E_1,\cdots,E_{s-1}$"，于是"$E_1,E_2,\cdots,E_s\vdash A$"是"$Y,B_j\vdash A$"；若$E_v=E_1$，令结构Y为"$E_2,\cdots,E_s$"，若$E_v\neq E_1$且$E_v\neq E_s$，则令结构Y为"$E_1,\cdots,E_{v-1},E_{v+1},\cdots,E_s$"，由"$E_1,E_2,\cdots,E_s\vdash A$"出发，运用交换和结合规则亦可推得"$Y,B_j\vdash A$"。再运用弱化和交换规则推得："$X,Y,B_j\vdash A$"和"$X,Y,C_j\vdash A$"。又$\Gamma_m\mid\!\Rrightarrow A_j$，即$\Gamma_m\mid\!\Rrightarrow B_j\vee C_j$成立，由定义2.3.5知：或者有$\vdash_{IL}B_j\vee C_j$（若$\Gamma_m=\Phi$，这时$\Gamma_m=\Gamma_1=\Gamma=\Phi$），或者存在$F_1$、$F_2$、…、$F_w\in\Gamma_m(w\geqslant 1)$，使得系统**IL**中$Z\vdash B_j\vee C_j$成立，其中的结构Z是"$F_1,F_2,\cdots,F_w$"。再运用析取消去规则推得"$X,Y\vdash A$"或"$X,Y,Z\vdash A$"，于是$\Gamma_m\mid\!\Rrightarrow A$成立，但由归纳假设知$\Gamma_m\mid\!\Rrightarrow A$不成立，矛盾。所以$\Gamma_m\cup\{C_j\}\mid\!\Rrightarrow A$不成立，即$\Gamma_{m+1}\mid\!\Rrightarrow A$不成立。

可能性2：t=1或s=1。证明方法参照上述可能性1，亦可推得$\Gamma_m\cup\{C_j\}\mid\!\Rrightarrow A$不成立，即$\Gamma_{m+1}\mid\!\Rrightarrow A$不成立。

上述(1)(2)证明了：对于任何$i\geqslant 1$，都有$\Gamma_i\mid\!\Rrightarrow A$不成立。

（三）令$\Sigma=\bigcup_{i=1}^{\infty}\Gamma_i$，显然有$\Gamma\subseteq\Sigma$且$\Sigma\neq\Phi$。以下证$\Sigma\mid\!\Rrightarrow A$不成立，用反证法。倘若$\Sigma\mid\!\Rrightarrow A$成立，则由定义2.3.5〈ii〉知：存在$G_1$、$G_2$、…、$G_r\in\Sigma(r\geqslant 1)$，使得系统**IL**中"$G_1,G_2,\cdots,G_r\vdash A$"成立。由上述（一）结论①知：对任何$i\geqslant 1$，都有$\Gamma_i\subseteq\Gamma_{i+1}\subseteq\Sigma$。于是存在某个$\Gamma_p\subseteq\Sigma$，使得$G_1$、$G_2$、…、$G_r\in\Gamma_p$，进而知$\Gamma_p\mid\!\Rrightarrow A$成立，但上述（二）已证明"对于任何$i\geqslant 1$，都有$\Gamma_i\mid\!\Rrightarrow A$不成立"，矛盾。所以，$\Sigma\mid\!\Rrightarrow A$不成立。

（四）以下证明：非空集Σ是系统**IL**中的"饱和集"，即满足定义2.3.6的三个条件。

〈i〉倘若Σ不一致，则存在$B\in Form(\mathbf{IL})$，使得$B\in\Sigma$且$\neg B\in\Sigma$。又由同一公理$B\vdash B$和$\neg B\vdash\neg B$出发，运用否定消去规则推得"$B,\neg B\vdash A$"，这表明$\Sigma\mid\!\Rrightarrow A$成立，但上述（三）已证明"$\Sigma\mid\!\Rrightarrow A$不成立"，矛盾。所以$\Sigma$具有一致性。

〈ⅱ〉对任何 B、C ∈ Form(**IL**)，当 B∨C ∈ Σ时，存在某个$\Gamma_q \subseteq \Sigma$，使得 B∨C ∈ Γ_q。又对任何 i ≥ q，都有$\Gamma_q \subseteq \Gamma_i$，因而 B∨C ∈ Γ_i，由命题 2.3.5 知：Γ_i|⇛B∨C 成立。由于 B∨C 是上述(∗)排列中的某个公式，因而存在某个自然数 n，使得 B∨C 恰在构造Γ_{n+1}时被处理。当$\Gamma_{n+1} = \Gamma_n \cup \{B\}$时，有 B ∈ $\Gamma_{n+1} \subseteq \Sigma$；当$\Gamma_{n+1} = \Gamma_n \cup \{C\}$时，有 C ∈ $\Gamma_{n+1} \subseteq \Sigma$。于是总有 B ∈ Σ或 C ∈ Σ成立，所以Σ具有素性。

〈ⅲ〉对任何 B ∈ Form(**IL**)，若Σ|⇛B，采用上述(三)的证明方法可知：存在某个$\Gamma_h \subseteq \Sigma$，存在 H_1、H_2、⋯、$H_d \in \Gamma_h$(d ≥ 1)，使得系统 **IL** 中"H_1，H_2，⋯，H_d ⊢B"成立。再运用析取引入规则推得"H_1，H_2，⋯，H_d ⊢B∨B"，即Γ_h|⇛B∨B 成立。注意到：对任何 i ≥ h，都有$\Gamma_h \subseteq \Gamma_i$，由命题 2.3.3 推知：$\Gamma_i$|⇛B∨B 成立。由于 B∨B 是上述(∗)排列中的某个公式，采用上述(四)〈ⅱ〉的证明方法即知：B ∈ Σ成立，所以Σ具有递推封闭性。

上述〈ⅰ〉—〈ⅲ〉证明了：非空集Σ是系统 **IL** 中的"饱和集"。

所以，本命题成立。

命题 2.3.8：设非空集Σ是系统 **IL** 中的一个"饱和集"，A、B ∈ Form(**IL**)，则以下四个结论成立：

① A∧B ∈ Σ，当且仅当 A ∈ Σ且 B ∈ Σ。

② A∨B ∈ Σ，当且仅当 A ∈ Σ或 B ∈ Σ。

③ A→B ∈ Σ，当且仅当对任何满足条件Σ⊆Σ′的"饱和集"Σ′，都有 A ∉ Σ′或 B ∈ Σ′；换言之，A→B ∉ Σ，当且仅当存在"饱和集"Σ′，使得Σ⊆Σ′且 A ∈ Σ′且 B ∉ Σ′。

④ ¬A ∈ Σ，当且仅当对任何满足条件Σ⊆Σ′的"饱和集"Σ′，都有 A ∉ Σ′；换言之，¬A ∉ Σ，当且仅当存在"饱和集"Σ′，使得Σ⊆Σ′且 A ∈ Σ′。

证明：

(1) 先设 A∧B ∈ Σ，由例 2.1.3 和例 2.1.4 知：A∧B ⊢A 和 A∧B ⊢B，再根据定义 2.3.5〈ⅱ〉知：Σ|⇛A 和Σ|⇛B。又Σ是"饱和集"，由定义 2.3.6〈ⅲ〉(递推封闭性)知：A ∈ Σ且 B ∈ Σ。

再设 A ∈ Σ且 B ∈ Σ，由同一公理 A ⊢A 和 B ⊢B 出发，运用弱化合取引入

规则推得“$A,B\vdash A\wedge B$”，这表明$\Sigma|\!\Rightarrow A\wedge B$。又$\Sigma$是“饱和集”，于是$A\wedge B\in\Sigma$。这就证明了结论①成立。

(2) 先设$A\vee B\in\Sigma$，由于Σ是“饱和集”，由定义 2.3.6〈ⅱ〉（素性）知：$A\in\Sigma$或$B\in\Sigma$。

再设$A\in\Sigma$或$B\in\Sigma$，由例 2.1.7 和例 2.1.8 知：$A\vdash A\vee B$和$B\vdash A\vee B$，这表明：总有$\Sigma|\!\Rightarrow A\vee B$成立。又$\Sigma$是“饱和集”，于是$A\vee B\in\Sigma$。这就证明了结论②成立。

(3) 先设$A\rightarrow B\in\Sigma$，对任何满足条件$\Sigma\subseteq\Sigma'$的“饱和集”Σ'，都有$A\rightarrow B\in\Sigma'$。若$A\in\Sigma'$，由同一公理$A\rightarrow B\vdash A\rightarrow B$和$A\vdash A$出发，运用蕴涵消去规则推得“$A\rightarrow B,A\vdash B$”，这表明$\Sigma'|\!\Rightarrow B$。又$\Sigma'$是“饱和集”，于是$B\in\Sigma'$。

再设$A\rightarrow B\notin\Sigma$，以下证$\Sigma\cup\{A\}|\!\Rightarrow B$不成立，用反证法。倘若$\Sigma\cup\{A\}|\!\Rightarrow B$成立，由命题 2.3.6 知：存在各不相同的$A_1$、$A_2$、…、$A_n\in\Sigma\cup\{A\}$ $(n\geqslant 1)$，使得系统 **IL** 中$X\vdash B$成立，其中结构X为“$A_1,A_2,\cdots,A_n$”。这时有三种可能性。

可能性 1：$n=1$且$A_1=A$。则$X\vdash B$是$A\vdash B$，运用蕴涵引入规则推得：$\vdash_{IL}A\rightarrow B$，再根据命题 2.3.4 知：$\Sigma|\!\Rightarrow A\rightarrow B$。

可能性 2：$n>1$且存在$A_i=A(1\leqslant i\leqslant n)$。若$A_i=A_1$，则令结构$Y$为“$A_2,\cdots,A_n$”；若$A_i=A_n$，则令结构$Y$为“$A_1,\cdots,A_{n-1}$”；若$A_i\neq A_1$且$A_i\neq A_n$，则令结构$Y$为“$A_1,\cdots,A_{i-1},A_{i+1},\cdots,A_n$”。从$X\vdash B$出发，运用交换、结合规则可推得“$Y,A\vdash B$”，再根据蕴涵引入规则推得：$Y\vdash A\rightarrow B$，这表明$\Sigma|\!\Rightarrow A\rightarrow B$成立。

可能性 3：任何$A_i\neq A(i=1,\cdots,n)$。由$X\vdash B$出发，运用弱化规则可推得“$X,A\vdash B$”，再根据蕴涵引入规则推得：$X\vdash A\rightarrow B$，注意到A_1、A_2、…、$A_n\in\Sigma$，于是$\Sigma|\!\Rightarrow A\rightarrow B$亦成立。

三种可能性均推得$\Sigma|\!\Rightarrow A\rightarrow B$，又$\Sigma$是“饱和集”，于是$A\rightarrow B\in\Sigma$，与题设$A\rightarrow B\notin\Sigma$矛盾。所以，$\Sigma\cup\{A\}|\!\Rightarrow B$不成立。再根据命题 2.3.7 知：存在“饱和集”Σ'，使得$\Sigma\cup\{A\}\subseteq\Sigma'$，且$\Sigma'|\!\Rightarrow B$亦不成立。于是$\Sigma\subseteq\Sigma'$且$A\in\Sigma'$，又由命题 2.3.5 知$B\notin\Sigma'$。这就证明了结论③成立。

(4) 先设$\neg A\in\Sigma$，对任何满足条件$\Sigma\subseteq\Sigma'$的“饱和集”Σ'，都有$\neg A\in\Sigma'$。

又Σ'是“饱和集”,由定义2.3.6〈 i 〉(一致性)知: $A\notin\Sigma'$。

再设$\neg A\notin\Sigma$,以下证$\Sigma\cup\{A\}\mid\!\Rightarrow\neg A$不成立,用反证法。倘若$\Sigma\cup\{A\}\mid\!\Rightarrow\neg A$成立,由命题2.3.6知:存在各不相同的$A_1$、$A_2$、…、$A_n\in\Sigma\cup\{A\}$ $(n\geqslant1)$,使得系统**IL**中$X\vdash\neg A$成立,其中结构X为“$A_1,A_2,\cdots,A_n$”。这时有三种可能性。

可能性1: $n=1$且$A_1=A$。则$X\vdash\neg A$是$A\vdash\neg A$,由蕴涵引入规则推得: $\vdash_{IL}A\rightarrow\neg A$。又由定理2.1.10知: $\vdash_{IL}(A\rightarrow\neg A)\rightarrow\neg A$,再根据蕴涵消去规则推得: $\vdash_{IL}\neg A$,进而由命题2.3.4知: $\Sigma\mid\!\Rightarrow\neg A$。

可能性2: $n>1$且存在$A_i=A(1\leqslant i\leqslant n)$。若$A_i=A_1$,则令结构Y为“$A_2,\cdots,A_n$”;若$A_i=A_n$,则令结构Y为“$A_1,\cdots,A_{n-1}$”;若$A_i\neq A_1$且$A_i\neq A_n$,则令结构Y为“$A_1,\cdots,A_{i-1},A_{i+1},\cdots,A_n$”。从$X\vdash\neg A$出发,运用交换、结合规则可推得“$Y,A\vdash\neg A$”,根据蕴涵引入规则推得: $Y\vdash A\rightarrow\neg A$,又$\vdash_{IL}(A\rightarrow\neg A)\rightarrow\neg A$,再由蕴涵消去规则推得: $Y\vdash_{IL}\neg A$,这表明$\Sigma\mid\!\Rightarrow\neg A$成立。

可能性3:任何$A_i\neq A(i=1,\cdots,n)$。由$X\vdash\neg A$出发,运用弱化规则可推得“$X,A\vdash\neg A$”,再根据蕴涵引入规则推得: $X\vdash A\rightarrow\neg A$,又$\vdash_{IL}(A\rightarrow\neg A)\rightarrow\neg A$,再由蕴涵消去规则推得: $X\vdash_{IL}\neg A$,于是$\Sigma\mid\!\Rightarrow\neg A$亦成立。

三种可能性均推得$\Sigma\mid\!\Rightarrow\neg A$,又$\Sigma$是“饱和集”,于是$\neg A\in\Sigma$,与题设$\neg A\notin\Sigma$矛盾。所以,$\Sigma\cup\{A\}\mid\!\Rightarrow A$不成立。再根据命题2.3.7知:存在“饱和集”$\Sigma'$,使得$\Sigma\cup\{A\}\subseteq\Sigma'$。于是$\Sigma\subseteq\Sigma'$且$A\in\Sigma'$。这就证明了结论④成立。

所以,本命题的四个结论都成立。

命题2.3.9:设非空集Σ是系统**IL**中的一个“饱和集”,令$K=\{a:\Sigma\subseteq a$且a是系统**IL**中的“饱和集”$\}$,二元关系“$\subseteq$”是K上的包含关系,则有序的二元组$<K,\subseteq>$是一个“**IL**框架”,称为“饱和集Σ导出的**IL**框架”,记作$F_{IL-\Sigma}$。

证明:

由题设Σ是“饱和集”且$\Sigma\subseteq\Sigma$即知$\Sigma\in K$,因而$K\neq\Phi$。

(1) 对任何$a\in K$,都有$a\subseteq a$成立,因而“$\subseteq$”满足自反性。

(2) 对任何a、b、$c\in K$,当$a\subseteq b$且$b\subseteq c$时,总有$a\subseteq c$成立,因而“$\subseteq$”还

满足传递性。

所以，$F_{IL-\Sigma}$满足定义 2.3.1 的要求，是一个“**IL** 框架”。

命题 2.3.10：设非空集Σ是系统 **IL** 中的一个“饱和集”，$F_{IL-\Sigma}=<K,\subseteq>$是“饱和集Σ导出的 **IL** 框架”，$V_\Sigma$ 是从 Form(**IL**)×K 到{1,0}内的一个映射，其定义为：对任何 $a\in K$ 和任何 $A\in$ Form(**IL**)，都有 $V_\Sigma(A,a)=1$ 当且仅当 $A\in a$。则 V_Σ 是 $F_{IL-\Sigma}$ 的一个赋值，即满足定义 2.3.2 的五个条件。称 V_Σ 为 $F_{IL-\Sigma}$的“典范赋值”。

证明：

（1）设 $a\in K$，由 V_Σ 的定义知：对任何命题变元 p_i，$V_\Sigma(p_i,a)=1$ 当且仅当 $p_i\in a$，换言之，$V_\Sigma(p_i,a)=0$ 当且仅当 $p_i\notin a$；因此有 $V_\Sigma(p_i,a)=1$ 或 $V_\Sigma(p_i,a)=0$，两者必居其一，且仅居其一。又若 $V_\Sigma(p_i,a)=1$，则 $p_i\in a$，对满足条件 $a\subseteq b$ 的任何 $b\in K$，有 $p_i\in b$，于是 $V(p_i,b)=1$ 成立。这就证明了 V_Σ 满足定义 2.3.2 的条件〈ⅰ〉。

（2）设 $a\in K$ 且 A、$B\in$ Form(**IL**)。若 $V(A\wedge B,a)=1$，由 V_Σ 的定义知：$A\wedge B\in a$；再根据命题 2.3.8 结论①知：$A\in a$ 且 $B\in a$，于是 $V(A,a)=1$ 且 $V(B,a)=1$ 成立。上述过程是可逆的，即当 $V(A,a)=1$ 且 $V(B,a)=1$ 时，亦可推知 $V(A\wedge B,a)=1$。这就证明了 V_Σ 满足定义 2.3.2 的条件〈ⅱ〉。

（3）对任何 $a\in K$ 和任何 A、$B\in$ Form(**IL**)，由 V_Σ 的定义和命题 2.3.8 结论②知：$V(A\vee B,a)=1$ 当且仅当 $A\vee B\in a$，当且仅当 $A\in a$ 或 $B\in a$，当且仅当 $V(A,a)=1$ 或 $V(B,a)=1$。这就证明了 V_Σ 满足定义 2.3.2 的条件〈ⅲ〉。

（4）对任何 $a\in K$ 和任何 A、$B\in$ Form(**IL**)，由 V_Σ 的定义和命题 2.3.8 结论③知：$V(A\to B,a)=1$ 当且仅当 $A\to B\in a$，当且仅当对任何满足条件 $a\subseteq b$ 的 $b\in K$，都有 $A\notin b$ 或 $B\in b$，当且仅当对任何满足条件 $a\subseteq b$ 的 $b\in K$，都有 $V(A,b)=0$ 或者 $V(B,b)=1$。这就证明了 V_Σ 满足定义 2.3.2 的条件〈ⅳ〉。

（5）对任何 $a\in K$ 和任何 $A\in$ Form(**IL**)，由 V_Σ 的定义和命题 2.3.8 结论④知：$V(\neg A,a)=1$ 当且仅当 $\neg A\in a$，当且仅当对任何满足条件 $a\subseteq b$ 的 $b\in K$，都有 $A\notin b$，当且仅当对任何满足条件 $a\subseteq b$ 的 $b\in K$，都有 $V(A,b)=0$。这就证明了 V_Σ 满足定义 2.3.2 的条件〈ⅴ〉。

所以 V_Σ 满足定义 2.3.2 的五个条件，是 $F_{IL-\Sigma}$ 的一个赋值。

命题 2.3.11（系统 **IL** 的完全性定理）：设 $A \in Form(\mathbf{IL})$，若 $\models_{IL} A$，则 $\vdash_{IL} A$ 成立，即每一个"**IL** 有效的"公式都是系统 **IL** 中的内定理。

证明：

设 $\models_{IL} A$，用反证法。倘若 $\vdash_{IL} A$ 不成立，由定义 2.3.5〈 i 〉知：$\Phi |\!\Rightarrow A$ 不成立，根据命题 2.3.7 推得：存在系统 **IL** 中的"饱和集"Σ，使得 $\Sigma |\!\Rightarrow A$ 亦不成立，再由命题 2.3.5 知：$A \notin \Sigma$。又根据命题 2.3.9 和命题 2.3.10 知：存在"饱和集 Σ 导出的 **IL** 框架"$F_{IL-\Sigma} = <K, \subseteq>$ 的典范赋值 V_Σ，使得 $V_\Sigma(A, \Sigma) = 0$。进而由定义 2.3.3 知：$\models_{IL} A$ 不成立，而题设 $\models_{IL} A$ 成立，矛盾。所以，若 $\models_{IL} A$，则 $\vdash_{IL} A$ 成立。

将命题 2.3.2 结论②和命题 2.3.11 合并起来，即为如下的命题：

命题 2.3.12：设 $A \in Form(\mathbf{IL})$，则有：$\vdash_{IL} A$ 当且仅当 $\models_{IL} A$。

第三章 相干命题逻辑及其线性片段的结构推理

§3.1 相干命题逻辑的结构推理系统 RL 及其线性片段 BCL

本章中的相干命题逻辑的结构推理系统 **RL** 及其线性片段(即系统 **BCL**)和它们对应的公理系统都以形式语言 $\mathcal{L}_{\mathcal{R}}$ 为基础,首先给出 $\mathcal{L}_{\mathcal{R}}$ 的定义。

定义 3.1.1:形式语言 $\mathcal{L}_{\mathcal{R}}$ 由以下几个部分组成:

1. 初始符号

〈ⅰ〉p_1、p_2、p_3…,它们可解释为可数个“命题变元”。

〈ⅱ〉¬、∧、→,它们可分别解释为逻辑联结词“否定”“合取”和“蕴涵”。

〈ⅲ〉(、),它们是“左括号”和“右括号”。

2. 形成规则

〈ⅰ〉p_i 是公式(i=1,2,3…)。

〈ⅱ〉若 A 和 B 都是公式,则¬ A、(A∧B)和(A→B)是公式。

3. 定义(A、B 是任意的公式)

定义 1:(A∨B)$=_{df}$¬(¬ A∧¬ B),∨可解释为逻辑联结词“析取”。

定义 2:(A↔B)$=_{df}$((A→B)∧(B→A)),↔可解释为逻辑联结词

“等值”。

定义 3：$(A \cdot B) =_{df} \neg(A \to \neg B)$，· 可解释为逻辑联结词“内涵合取”(fusion，亦称“合成”)。

定义 4：$(A \dagger B) =_{df} (\neg A \to B)$，† 可解释为逻辑联结词“内涵析取”。

定义 3.1.2：在形式语言 $\mathcal{L}_{\mathcal{R}}$ 的基础之上，再添加二元标点逗号“，”作为初始符号，并用定义 1.1.2 同样的方式定义“结构”概念，即构成“带二元标点逗号的形式语言 $\mathcal{L}_{\mathcal{R}}^{+}$”。

对于 $\mathcal{L}_{\mathcal{R}}$ 中的公式和 $\mathcal{L}_{\mathcal{R}}^{+}$ 中的结构，仍按 § 1.1 节中约定的方式来省略括号。此外，为进一步省略括号，再补充以下几条规定：

① 联结词的结合能力的强弱次序为：¬ 最强，∧和∨其次，· 和†再其次，→和↔最弱。例如，公式 $(((\neg p \wedge r) \to (p \dagger q)) \leftrightarrow ((p \cdot (r \vee q)) \to (q \vee r)))$ 可简写为 $(\neg p \wedge r \to p \dagger q) \leftrightarrow (p \cdot r \vee q \to q \vee r)$。

② 公式 $(A_1 \cdot A_2) \cdot A_3$ 可简写为 $A_1 \cdot A_2 \cdot A_3$，一般地，公式 $(A_1 \cdot A_2 \cdot \cdots \cdot A_{n-1}) \cdot A_n (n \geqslant 3)$ 可简写为 $A_1 \cdot A_2 \cdot \cdots \cdot A_{n-1} \cdot A_n$。

③ 公式 $(A_1 \dagger A_2) \dagger A_3$ 可简写为 $A_1 \dagger A_2 \dagger A_3$，一般地，公式 $(A_1 \dagger A_2 \dagger \cdots \dagger A_{n-1}) \dagger A_n (n \geqslant 3)$ 可简写为 $A_1 \dagger A_2 \dagger \cdots \dagger A_{n-1} \dagger A_n$。

定义 3.1.3：在带二元标点逗号的形式语言 $\mathcal{L}_{\mathcal{R}}^{+}$ 的基础之上，再添加下列公理、结构规则和联结词规则，即构成相干命题逻辑的结构推理系统 **RL**：

1. 公理（A 是任意的公式）

$A \vdash A$（同一公理）

2. 结构规则

① 结合规则：形式同定义 1.1.5。

② 交换规则：形式同定义 1.1.5。

③ 收缩规则：形式同定义 1.1.5。

3. 联结词规则（X、Y 是任意的结构，A、B、C 是任意的公式）

① 蕴涵引入规则：形式同定义 1.1.5。

② 蕴涵消去规则：形式同定义 1.1.5。

③ 否定引入规则：形式同定义 1.1.5。

④ 双重否定消去规则:形式同定义 1.1.5。

⑤ 合取引入规则:形式同定义 2.1.3。

⑥ 合取消去规则:形式同定义 2.1.3。

⑦ 分配规则:

$$\frac{X \vdash A \wedge (B \vee C)\ (\text{即}\ X \vdash A \wedge \neg(\neg B \wedge \neg C))}{X \vdash (A \wedge B) \vee (A \wedge C)\ (\text{即}\ X \vdash \neg(\neg(A \wedge B) \wedge \neg(A \wedge C)))}$$

比较相干命题逻辑的结构推理系统 **RL** 和经典命题逻辑的结构推理系统 **PL**,有以下几点说明:

(1) 系统 **RL** 中有三个初始联结词¬、∧和→,之所以用这三个初始联结词,是因为对这些联结词作相干解释时,它们是彼此独立的,不能相互定义。系统 **RL** 中的¬称为"德摩根否定",是因为德摩根定律"$\neg(A \wedge B) \leftrightarrow (\neg A \vee \neg B)$"和"$\neg(A \vee B) \leftrightarrow (\neg A \wedge \neg B)$"在系统 **RL** 中均成立。

(2) 从形式上看,系统 **RL** 与系统 **PL** 的公理、结构规则①—③和联结词规则①—④的表述方式相同,若对系统 **RL** 中的联结词¬、∧和→作经典的真值表解释,则系统 **RL** 的联结词规则⑤—⑦亦在系统 **PL** 中成立(命题 1.2.3、命题 1.2.5、命题 1.3.7),因而,在经典的真值表解释下,系统 **RL** 是系统 **PL** 的子系统,即 **RL**⊆**PL**。系统 **PL** 是一致的,因而系统 **RL** 也是一致的。

(3) "弱化规则"是系统 **PL** 的初始规则,但不是系统 **RL** 的初始规则,事实上"弱化规则"在系统 **RL** 中不成立。系统 **RL** 添加"弱化规则"等价于系统 **PL**,可表示为"**RL**+弱化规则=**PL**"。

相干逻辑坚持"结论的推导必须实际使用全部前提的推理方式",以保证前提与结论之间的相干性(即内容上的联系),从而避免形形色色的"蕴涵怪论"。在相干系统 **RL** 中获得贯列 $X \vdash A$,意味着:以结构 X 为前提可推出结论 A,这种推理的前提与结论是相干的,推导结论 A 必须实际使用 X 中的全部前提公式。相干推理拒斥"弱化规则",是因为按照"弱化规则",当 $Y \neq \Phi$ 时,由"$X \vdash A$"为前提,可推出"$X, Y \vdash A$"和"$Y, X \vdash A$";这意味着:由较少的前提结构(例如"X")可以推出的结论(例如"A"),(通过增加前提结构的方式）由较多的前提结构（例如“X，Y”或“Y，X”）也可以推出来，这违背了推理的相干性（因为增加的前提结构 Y 可能与结论 A 没有内容上的联系），会导致“蕴涵怪论”。请看经典系统 **PL** 和直觉主义系统 **IL** 中“蕴涵怪论”p→(q→p)（定理 1.1.1、定理 2.1.1 的实例）的证明：

$$\dfrac{\dfrac{\dfrac{p \vdash p}{p,q \vdash p}\text{（弱化）}}{p \vdash q\to p}\text{（蕴涵引入）}}{\vdash p\to(q\to p)}\text{（蕴涵引入）}$$

证明的第一步是同一公理“p ⊢p”，前提与结论均为 p，内容相同，两者是相干的；第二步用了“弱化规则”得到“p，q ⊢p”，这违背了推理的相干性，因为贯列“p，q ⊢p”的前提（“p，q”）中的 q 与结论 p 不相干，由此导致“蕴涵怪论”p→(q→p)。

“弱化规则”显示了推理的“单调性”，接受“弱化规则”的经典逻辑和直觉主义逻辑采用的都是单调推理；而相干逻辑拒斥“弱化规则”，采用的是非单调推理。

在结构推理的研究中，“结合规则”“交换规则”“收缩规则”和“弱化规则”可分别简记为 *B*、*C*、*W* 和 *K*[①]，进而用这些简记字母的组合来命名一类逻辑，即根据这些结构规则组合情况的不同对逻辑进行分类。例如，经典系统 **PL** 和直觉主义系统 **IL** 容纳 4 条结构规则，都属于“*BCWK* 逻辑”；相干系统 **RL** 容纳结构规则 *B*、*C*、*W* 且拒斥 *K*，属于“*BCW* 逻辑”；容纳结构规则 *B*、*C*、*K* 且拒斥 *W* 的一类逻辑统称为“*BCK* 逻辑”[②]；容纳结构规则 *B*、*C* 且拒斥 *W*、*K*

---

① 本书中的 *B*、*C*、*W*、*K* 相当于［Restall，2000，p.26］的 $B+B^C$（结合规则+逆结合规则）、*CI*（弱交换规则）、*WI*（弱收缩规则）、*K*+*K*′（弱化规则+交换的弱化规则）。

② *BCK* 逻辑的简要概述可参看［Schroeder-Heister & Došen，1993，pp.13－16］。［冯棉，2011］考察了直觉主义命题逻辑的 *BCK* 片断。

的“BC 逻辑”又称为“线性逻辑”[①]。

我们从相干系统 **RL** 出发，选择它的线性片段构成如下的线性逻辑系统：

定义 3.1.4：以相干结构推理系统 **RL** 为基础（见定义 3.1.3），删去“收缩规则”，构成的线性逻辑的结构推理系统称为“系统 **BCL**”。可表示为“**BCL**＝**RL**－收缩规则”。

比较系统 **BCL** 和系统 **RL**，有以下几点说明：

（1）**BCL**⊆**RL**。系统 **RL** 是一致的，因而系统 **BCL** 也是一致的。

（2）系统 **RL** 容纳了“收缩规则”，接受“前提可收缩的推理方式”。反之，系统 **BCL** 拒斥“收缩规则”，采用了“前提不可收缩的推理方式”，这意味着：当 $X \neq \Phi$ 时，由“X，X ⊢A”为前提，不能推出“X ⊢A”；可以这样解读：“X，X ⊢A”意为“使用 X 两次可推得 A”，而“X ⊢A”则表示“仅使用 X 一次就可推得 A”，两者是不同的推理行为；换言之，贯列中的每一前提公式都仅使用一次，不可重复使用。

（3）系统 **BCL** 和系统 **RL** 都拒斥“弱化规则”，都采用（相干的）非单调推理。

下面推导和证明系统 **BCL** 中的若干推导实例（例 3.1.1—3.1.20）、内定理（定理 3.1.1—3.1.16）和导出规则（命题 3.1.1—3.1.10），它们也是系统 **RL** 的推导实例、内定理和导出规则。

采用例 2.1.1—2.1.4 的推导方法，可获得下列推导实例：

例 3.1.1：A ⊢A∧A

例 3.1.2：A∧B ⊢B∧A

例 3.1.3：A∧B ⊢A

例 3.1.4：A∧B ⊢B

定理 3.1.1：$\vdash_{BCL}$A→A

由同一公理 A ⊢A 出发，运用蕴涵引入规则即证明本定理。

---

① 参看［Schroeder-Heister & Došen，1993，pp.16－17］。

定理 3.1.2：$\vdash_{BCL}(A\to B)\to((C\to A)\to(C\to B))$

证明：

$$\frac{\dfrac{A\to B\vdash A\to B \qquad \dfrac{C\to A\vdash C\to A \qquad C\vdash C}{C\to A,C\vdash A}\text{(蕴涵消去)}}{A\to B,(C\to A,C)\vdash B}\text{(蕴涵消去)}}{(A\to B,C\to A),C\vdash B}\text{(结合形式 1)}$$

$$\frac{\dfrac{(A\to B,C\to A),C\vdash B}{A\to B,C\to A\vdash C\to B}\text{(蕴涵引入)}}{A\to B\vdash(C\to A)\to(C\to B)}\text{(蕴涵引入)}$$

$$\frac{A\to B\vdash(C\to A)\to(C\to B)}{\vdash(A\to B)\to((C\to A)\to(C\to B))}\text{(蕴涵引入)}$$

命题 3.1.1（转身结合规则）：其中 X、Y、Z 是任意的非空结构，X′、Y′是任意的结构，A 是任意的公式，图式如下：

$$\frac{X',(X,(Y,Z)),Y'\vdash A}{X',((Y,X),Z),Y'\vdash A}$$

这一导出规则是结合规则和交换规则的组合。

证明：

先假设 $X'\neq\Phi$ 且 $Y'\neq\Phi$，证明如下（其中的“多次结合”表示多次使用“结合规则”获得的结果，省略了具体的推导步骤）：

$$\frac{X',(X,(Y,Z)),Y'\vdash A\text{(题设)}}{X',(X,Y),(Z,Y')\vdash A\text{(多次结合)}}$$

$$\frac{X',(Y,X),(Z,Y') \vdash A\text{(交换)}}{X',((Y,X),Z),Y' \vdash A\text{(多次结合)}}$$

若 X′=Φ 或 Y′=Φ,可用类似的方法证明本规则。

定理 3.1.3：$\vdash_{BCL}(A\to B)\to((B\to C)\to(A\to C))$

证明：

$$\frac{B\to C \vdash B\to C \qquad \dfrac{A\to B \vdash A\to B \qquad A \vdash A}{A\to B,A \vdash B\text{(蕴涵消去)}}}{\dfrac{B\to C,(A\to B,A) \vdash C\text{(蕴涵消去)}}{\dfrac{A\to B,B\to C,A \vdash C\text{(转身结合)}}{\dfrac{A\to B,B\to C \vdash A\to C\text{(蕴涵引入)}}{\dfrac{A\to B \vdash (B\to C)\to(A\to C)\text{(蕴涵引入)}}{\vdash (A\to B)\to((B\to C)\to(A\to C))\text{(蕴涵引入)}}}}}}$$

定理 3.1.4：$\vdash_{BCL}A\to((A\to B)\to B)$

证明：

$$\frac{A\to B \vdash A\to B \qquad A \vdash A}{\dfrac{A\to B,A \vdash B\text{(蕴涵消去)}}{\dfrac{A,A\to B \vdash B\text{(交换)}}{A \vdash (A\to B)\to B\text{(蕴涵引入)}}}}$$

$$\vdash A\rightarrow((A\rightarrow B)\rightarrow B)\text{（蕴涵引入）}$$

定理 3.1.5：$\vdash_{BCL} A\wedge B\rightarrow A$

证明方法同定理 2.1.4。

定理 3.1.6：$\vdash_{BCL} A\wedge B\rightarrow B$

证明方法同定理 2.1.5。

定理 3.1.7：$\vdash_{BCL}(A\rightarrow B)\wedge(A\rightarrow C)\rightarrow(A\rightarrow B\wedge C)$

证明：

$$\dfrac{\dfrac{(A\rightarrow B)\wedge(A\rightarrow C)\vdash A\rightarrow B\text{（例 3.1.3）}\quad A\vdash A}{(A\rightarrow B)\wedge(A\rightarrow C),A\vdash B\text{（蕴涵消去）}}\quad\dfrac{(A\rightarrow B)\wedge(A\rightarrow C)\vdash A\rightarrow C\text{（例 3.1.4）}\quad A\vdash A}{(A\rightarrow B)\wedge(A\rightarrow C),A\vdash C\text{（蕴涵消去）}}}{(A\rightarrow B)\wedge(A\rightarrow C),A\vdash B\wedge C\text{（合取引入）}}$$

$$\dfrac{(A\rightarrow B)\wedge(A\rightarrow C),A\vdash B\wedge C}{(A\rightarrow B)\wedge(A\rightarrow C)\vdash A\rightarrow B\wedge C\text{（蕴涵引入）}}$$

$$\dfrac{(A\rightarrow B)\wedge(A\rightarrow C)\vdash A\rightarrow B\wedge C}{\vdash(A\rightarrow B)\wedge(A\rightarrow C)\rightarrow(A\rightarrow B\wedge C)\text{（蕴涵引入）}}$$

定理 3.1.8：$\vdash_{BCL} A\wedge(B\vee C)\rightarrow(A\wedge B)\vee(A\wedge C)$

证明：

$$\dfrac{\dfrac{A\wedge(B\vee C)\vdash A\wedge(B\vee C)}{A\wedge(B\vee C)\vdash(A\wedge B)\vee(A\wedge C)\text{（分配）}}}{\vdash A\wedge(B\vee C)\rightarrow(A\wedge B)\vee(A\wedge C)\text{（蕴涵引入）}}$$

定理 3.1.9：$\vdash_{BCL}(A\rightarrow\neg B)\rightarrow(B\rightarrow\neg A)$

证明方法同定理 2.1.9。

定理 3.1.10：$\vdash_{BCL}\neg\neg A\rightarrow A$

证明：

$\neg\neg A\vdash\neg\neg A$

$\neg\neg A\vdash A$（双重否定消去）

$\vdash\neg\neg A\rightarrow A$（蕴涵引入）

例 3.1.5：$\neg\neg A\vdash A$

推导见定理 3.1.10。

例 3.1.6：$A\vdash\neg\neg A$

推导方法同例 1.1.1。

定理 3.1.11：$\vdash_{BCL}A\rightarrow A\vee B$（即 $\vdash_{BCL}A\rightarrow\neg(\neg A\wedge\neg B)$）

证明：

$\vdash(\neg A\wedge\neg B\rightarrow\neg A)\rightarrow(A\rightarrow\neg(\neg A\wedge\neg B))$（定理 3.1.9）　　$\vdash\neg A\wedge\neg B\rightarrow\neg A$（定理 3.1.5）

$\vdash A\rightarrow\neg(\neg A\wedge\neg B)$（即 $\vdash A\rightarrow A\vee B$，蕴涵消去）

定理 3.1.12：$\vdash_{BCL}B\rightarrow A\vee B$（即 $\vdash_{BCL}B\rightarrow\neg(\neg A\wedge\neg B)$）

证明方法类似于定理 3.1.11，由 $\vdash_{BCL}\neg A\wedge\neg B\rightarrow\neg B$（定理 3.1.6）和 $\vdash_{BCL}(\neg A\wedge\neg B\rightarrow\neg B)\rightarrow(B\rightarrow\neg(\neg A\wedge\neg B))$（定理 3.1.9）出发，运用蕴涵消去规则，即推知本定理成立。

命题 3.1.2（析取引入规则）：有两种形式，图式分别如下：

（形式 1）

$X\vdash A$

$X\vdash A\vee B$（即 $X\vdash\neg(\neg A\wedge\neg B)$）

（形式 2）

$X\vdash B$

$X\vdash A\vee B$（即 $X\vdash\neg(\neg A\wedge\neg B)$）

证明形式 1：

$\vdash A \to A \vee B$（定理 3.1.11）　　$X \vdash A$（题设）

$X \vdash A \vee B$　　（蕴涵消去）

类似地，运用 $\vdash B \to A \vee B$（定理 3.1.12），可证明形式 2。

定理 3.1.13：$\vdash_{BCL}(\neg A \to \neg B) \to (B \to A)$

证明方法同定理 1.1.3。

定理 3.1.14：$\vdash_{BCL}(A \to B) \to (\neg B \to \neg A)$

证明方法类似于定理 1.1.3，从略。

定理 3.1.15：$\vdash_{BCL}(\neg A \to B) \to (\neg B \to A)$

证明方法类似于定理 1.1.3，从略。

定理 3.1.16：$\vdash_{BCL}(A \to C) \wedge (B \to C) \to (A \vee B \to C)$（即 $\vdash_{BCL}(A \to C) \wedge (B \to C) \to (\neg(\neg A \wedge \neg B) \to C)$）

证明：

$(A \to C) \wedge (B \to C) \vdash A \to C$（例 3.1.3）　　$(A \to C) \wedge (B \to C) \vdash B \to C$（例 3.1.4）

$\vdash (A \to C) \to (\neg C \to \neg A)$（定理 3.1.14）　　$\vdash (B \to C) \to (\neg C \to \neg B)$（定理 3.1.14）

$(A \to C) \wedge (B \to C) \vdash \neg C \to \neg A$（蕴涵消去）　　$(A \to C) \wedge (B \to C) \vdash \neg C \to \neg B$（蕴涵消去）

$(A \to C) \wedge (B \to C) \vdash (\neg C \to \neg A) \wedge (\neg C \to \neg B)$（合取引入）

$\vdash (\neg C \to \neg A) \wedge (\neg C \to \neg B) \to (\neg C \to \neg A \wedge \neg B)$（定理 3.1.7）

$(A \to C) \wedge (B \to C) \vdash \neg C \to \neg A \wedge \neg B$（蕴涵消去）

$\vdash (\neg C \to \neg A \wedge \neg B) \to (\neg(\neg A \wedge \neg B) \to C)$（定理 3.1.15）

$(A \to C) \wedge (B \to C) \vdash \neg(\neg A \wedge \neg B) \to C$（蕴涵消去）

———————————————

├(A→C)∧(B→C)→(¬(¬A∧¬B)→C)(蕴涵引入)

(即├(A→C)∧(B→C)→(A∨B→C))

命题 3.1.3(析取消去规则)：

X,A,Y├C　　X,B,Y├C　Z├A∨B(即 Z├¬(¬A∧¬B))

———————————————

X,Z,Y├C

证明：

先假设 X≠Φ 且 Y≠Φ。

X,A,Y├C(题设)　　　　X,B,Y├C(题设)

———————　　　　———————

X,Y,A├C(多次结合与交换)　X,Y,B├C(多次结合与交换)

———————　　　　———————

X,Y├A→C(蕴涵引入)　　X,Y├B→C(蕴涵引入)

———————————————

├(A→C)∧(B→C)→(A∨B→C)　X,Y├(A→C)∧(B→C)

(定理 3.1.16)　　　　(合取引入)

———————————————

X,Y├A∨B→C(蕴涵消去)　　Z├A∨B(题设)

———————————————

X,Y,Z├C(蕴涵消去)

———————

X,Z,Y├C(多次结合与交换)

若 X=Φ 或 Y=Φ,可用类似的方法证明本规则。

命题 3.1.4(切割规则)：由 X├A 和 Y(A)├B 为前提可推出 Y(X)├B,其中结构 Y(A)中有子结构 A 出现,Y(X)是用 X 取代 Y(A)中的子结构 A 的一次或多次出现而获得的结构。图式如下：

$$\frac{X \vdash A \qquad Y(A) \vdash B}{Y(X) \vdash B}$$

证明方法参照命题 1.2.1 和命题 2.1.2,从略。

采用例 2.1.5—2.1.12 的推导方法,可获得下列推导实例:

例 3.1.7: $A \vee A \vdash A$

例 3.1.8: $B \vee A \vdash A \vee B$

例 3.1.9: $A \vdash A \vee B$

例 3.1.10: $B \vdash A \vee B$

例 3.1.11: $(A \wedge B) \wedge C \vdash A \wedge (B \wedge C)$

例 3.1.12: $A \wedge (B \wedge C) \vdash (A \wedge B) \wedge C$

例 3.1.13: $(A \vee B) \vee C \vdash A \vee (B \vee C)$

例 3.1.14: $A \vee (B \vee C) \vdash (A \vee B) \vee C$

命题 3.1.5:

$$\frac{A \vdash C \qquad B \vdash D}{A \wedge B \vdash C \wedge D}$$

证明:

$$\cfrac{\cfrac{\underset{(例\ 3.1.3)}{A \wedge B \vdash A} \qquad \underset{(题设)}{A \vdash C}}{A \wedge B \vdash C(切割)} \qquad \cfrac{\underset{(例\ 3.1.4)}{A \wedge B \vdash B} \qquad \underset{(题设)}{B \vdash D}}{A \wedge B \vdash D(切割)}}{A \wedge B \vdash C \wedge D(合取引入)}$$

命题 3.1.6: 有两种形式,图式分别如下:

（形式 1）　　　　　　（形式 2）

$$\frac{A \vdash B}{A \wedge C \vdash B \wedge C} \qquad \frac{A \vdash B}{C \wedge A \vdash C \wedge B}$$

由题设和同一公理 C ├C 出发,运用命题 3.1.5 即可证明本命题。

命题 3.1.7:

$$\frac{A \vdash C \qquad B \vdash D}{A \vee B \vdash C \vee D}$$

证明:

$$\cfrac{\cfrac{\underset{(题设)}{A \vdash C} \qquad \underset{(例 3.1.9)}{C \vdash C \vee D}}{A \vdash C \vee D(切割)} \qquad \cfrac{\underset{(题设)}{B \vdash D} \qquad \underset{(例 3.1.10)}{D \vdash C \vee D}}{B \vdash C \vee D(切割)} \qquad A \vee B \vdash A \vee B}{A \vee B \vdash C \vee D(析取消去)}$$

命题 3.1.8: 有两种形式,图式分别如下:

（形式 1）　　　　　　（形式 2）

$$\frac{A \vdash B}{A \vee C \vdash B \vee C} \qquad \frac{A \vdash B}{C \vee A \vdash C \vee B}$$

由题设和同一公理 C ├C 出发,运用命题 3.1.7 即可证明本命题。

命题 3.1.9: 有两种形式,图式分别如下:

（形式 1）　　　　　　（形式 2）

$$\frac{A \vdash B}{C \to A \vdash C \to B} \qquad \frac{A \vdash B}{B \to C \vdash A \to C}$$

由题设、同一公理、定理 3.1.2(对于形式 1)或定理 3.1.3(对于形式 2)出发，运用蕴涵引入和蕴涵消去规则即可证明本命题。

命题 3.1.10：

$$\frac{A \vdash B}{\neg B \vdash \neg A}$$

由题设、B ⊢¬ ¬ B（例 3.1.6）和同一公理出发，运用切割和否定引入规则即可证明本命题。

例 3.1.15：(A→C) ∧ (B→D) ⊢A ∧ B→C ∧ D

从例 3.1.3—3.1.4 出发推导（标注从略）：

(A→C) ∧ (B→D) ⊢A→C　　A ∧ B ⊢A
———————————————
(A→C) ∧ (B→D)，A ∧ B ⊢C（蕴涵消去）

(A→C) ∧ (B→D) ⊢B→D　　A ∧ B ⊢B
———————————————
(A→C) ∧ (B→D)，A ∧ B ⊢D（蕴涵消去）

———————————————
(A→C) ∧ (B→D)，A ∧ B ⊢C ∧ D（合取引入）
———————————————
(A→C) ∧ (B→D) ⊢A ∧ B→C ∧ D（蕴涵引入）

例 3.1.16：(A→C) ∧ (B→D) ⊢A ∨ B→C ∨ D

从例 3.1.3—3.1.4 和例 3.1.9—3.1.10 出发推导（标注从略）：

(A→C) ∧ (B→D) ⊢A→C　　A ⊢A
———————————————
(A→C) ∧ (B→D)，A ⊢C（蕴涵消去）　　C ⊢C ∨ D
———————————————
(A→C) ∧ (B→D)，A ⊢C ∨ D（切割）

(A→C) ∧ (B→D) ⊢B→D　　B ⊢B
———————————————
A→C) ∧ (B→D)，B ⊢D（蕴涵消去）　　D ⊢C ∨ D
———————————————
(A→C) ∧ (B→D)，B ⊢C ∨ D（切割）　　A ∨ B ⊢A ∨ B

$$\frac{(A\to C)\wedge(B\to D), A\vee B\vdash C\vee D}{(A\to C)\wedge(B\to D)\vdash A\vee B\to C\vee D}$$（析取消去）（蕴涵引入）

例 3.1.17：$(A\to C)\vee(B\to D)\vdash A\wedge B\to C\vee D$

从例 3.1.3—3.1.4 和例 3.1.9—3.1.10 出发推导（标注从略）：

$A\to C\vdash A\to C \quad A\wedge B\vdash A \qquad B\to D\vdash B\to D \quad A\wedge B\vdash B$

$A\to C, A\wedge B\vdash C \quad C\vdash C\vee D \qquad B\to D, A\wedge B\vdash D \quad D\vdash C\vee D$

（蕴涵消去）　　（蕴涵消去）

$A\to C, A\wedge B\vdash C\vee D$（切割）　　$B\to D, A\wedge B\vdash C\vee D$（切割）

$A\to C\vdash A\wedge B\to C\vee D$（蕴涵引入）　　$B\to D\vdash A\wedge B\to C\vee D$（蕴涵引入）

$(A\to C)\vee(B\to D)\vdash(A\to C)\vee(B\to D)$

$(A\to C)\vee(B\to D)\vdash A\wedge B\to C\vee D$（析取消去）

例 3.1.18：$(A\wedge B)\vee(A\wedge C)\vdash A\wedge(B\vee C)$

推导：

$B\vdash B\vee C$（例 3.1.9）　　$C\vdash B\vee C$（例 3.1.10）

$A\wedge B\vdash A\wedge(B\vee C)$（命题 3.1.6）　　$A\wedge C\vdash A\wedge(B\vee C)$（命题 3.1.6）

$(A\wedge B)\vee(A\wedge C)\vdash(A\wedge B)\vee(A\wedge C)$

$(A\wedge B)\vee(A\wedge C)\vdash A\wedge(B\vee C)$（析取消去）

例 3.1.19：$A\wedge(B\vee C)\vdash(A\wedge B)\vee(A\wedge C)$

推导见定理 3.1.8。

例 3.1.20：$A\vee(B\wedge C)\vdash(A\vee B)\wedge(A\vee C)$

推导：

$B \wedge C \vdash B$(例 3.1.3)　　　　$B \wedge C \vdash C$(例 3.1.4)

$A \vee (B \wedge C) \vdash A \vee B$(命题 3.1.8)　　$A \vee (B \wedge C) \vdash A \vee C$(命题 3.1.8)

$A \vee (B \wedge C) \vdash (A \vee B) \wedge (A \vee C)$(合取引入)

下面证明系统 **RL** 中的内定理和导出规则。

定理 3.1.17：$\vdash_{RL} (A \rightarrow B) \wedge A \rightarrow B$

证明：

$(A \rightarrow B) \wedge A \vdash A \rightarrow B$(例 3.1.3)　　$(A \rightarrow B) \wedge A \vdash A$(例 3.1.4)

$(A \rightarrow B) \wedge A, (A \rightarrow B) \wedge A \vdash B$(蕴涵消去)

$(A \rightarrow B) \wedge A \vdash B$(收缩)

$\vdash (A \rightarrow B) \wedge A \rightarrow B$(蕴涵引入)

命题 3.1.11(强收缩规则)：在系统 **RL** 中，设 X 是任意的非空结构，X'、Y'、Z'是任意的结构，A 是任意的公式，有如下图式的导出规则：

$X', ((Z', X), X), Y' \vdash A$

$X', (Z', X), Y' \vdash A$

它是“结合规则”和“收缩规则”的组合。显而易见，“收缩规则”是“强收缩规则”在 $Z' = \Phi$ 时的特例。

证明：

当 $Z' = \Phi$ 时，“强收缩规则”即为“收缩规则”。因而，只需考虑 $Z' \neq \Phi$ 的情况。

先假设 $X' \neq \Phi$ 且 $Y' \neq \Phi$ 且 $Z' \neq \Phi$，证明如下：

$X', ((Z', X), X), Y' \vdash A$(题设)

$$\frac{\frac{\frac{(X',Z'),(X,X),Y'\vdash A\text{(多次结合)}}{(X',Z'),X,Y'\vdash A\text{(收缩)}}}{X',(Z',X),Y'\vdash A\text{(结合)}}}{}$$

若 $X'=\Phi$ 或 $Y'=\Phi$，并且 $Z'\neq\Phi$，可用类似的方法证明本规则。

定理 3.1.18：$\vdash_{RL}(A\to(A\to B))\to(A\to B)$

证明：

$$\frac{\frac{\frac{\frac{A\to(A\to B)\vdash A\to(A\to B)\quad A\vdash A}{A\to(A\to B),A\vdash A\to B\text{(蕴涵消去)}\quad A\vdash A}}{(A\to(A\to B),A),A\vdash B\text{(蕴涵消去)}}}{A\to(A\to B),A\vdash B\text{(强收缩)}}}{\frac{A\to(A\to B)\vdash A\to B\text{(蕴涵引入)}}{\vdash(A\to(A\to B))\to(A\to B)\text{(蕴涵引入)}}}$$

§3.2 系统 RL、BCL 与相应公理系统 R、BC 的等价性

定义 3.2.1：在形式语言 $\mathcal{L}_{\mathcal{R}}$ 的基础之上，再添加下列公理和变形规则，即构成线性逻辑的公理系统 **BC**[①]。

① 等价于[Brady，2003，pp.192－193]的系统 **RW**。

1. 公理(A、B、C 是任意的公式)

公理1：$A\to A$

公理2：$(A\to B)\to((C\to A)\to(C\to B))$

公理3：$(A\to B)\to((B\to C)\to(A\to C))$

公理4：$A\to((A\to B)\to B)$

公理5：$A\wedge B\to A$

公理6：$A\wedge B\to B$

公理7：$(A\to B)\wedge(A\to C)\to(A\to B\wedge C)$

公理8：$A\wedge(B\vee C)\to(A\wedge B)\vee(A\wedge C)$

公理9：$(A\to\neg B)\to(B\to\neg A)$

公理10：$\neg\neg A\to A$

2. 变形规则(A、B 是任意的公式)

① 分离规则：由 A 和 $A\to B$ 可推出 B。

② 附加规则：由 A 和 B 可推出 $A\wedge B$。

定义 3.2.2：在系统 **BC** 的基础之上，再添加如下的公理 11，即构成相干命题逻辑的公理系统 **R**①，可表示为“**R**=**BC**+公理 11”。

公理11：$(A\to(A\to B))\to(A\to B)$

我们约定：用 **BCSL** 表示 **BCL**、**RL** 之中任意给定的一个结构推理系统，用 **BCS** 表示 **BCSL** 对应的公理系统(**BC**、**R** 分别对应于 **BCL**、**RL**)。

定义 3.2.3：设非空集$\Gamma\subseteq$ Form(**BCS**)，A、B $\in$ Form(**BCS**)，若存在系统 **BCS** 中的公式序列 $A_1, A_2, \cdots, A_n(n\geqslant 1)$，使得 A_n 就是 A，并且每一个 $A_i(i=1,2,3\cdots,n)$都满足下列条件之一：

〈ⅰ〉 $A_i\in\Gamma$；

或 〈ⅱ〉A_i 是由序列中在前的某两个公式运用附加规则推得的；

或 〈ⅲ〉序列中存在某一个公式 $A_k(k<i)$，使得 $\vdash_{BCS}A_k\to A_i$；

则称在系统 **BCS** 中“Γ可推演 A”，记作“$\Gamma\vdash_{BCS}A$”，并称推演序列 $A_1, A_2, \cdots$,

① 等价于[Anderson and Belnap, 1975, pp.339－341]和[Brady, 2003, pp.192－193]的系统 **R**。

A_n 的长度为 n。当$\Gamma=\{B\}$时，$\{B\}\vdash_{BCS}A$ 可简记为 $B\vdash_{BCS}A$。

定义 3.2.4：设 A、B、C、$A'\in$ Form（**BCS**），称 A'是 A 的一个"子公式"，当且仅当满足下列条件之一：

〈ⅰ〉A'就是 A；

或 〈ⅱ〉A 是$\neg B$，且 A'是 B 的子公式；

或 〈ⅲ〉A 是 $B\wedge C$ 或 $B\rightarrow C$，且 A'是 B 的子公式或者 A'是 C 的子公式。

关于公理系统 **BCS**，有下列重要的元定理，证明从略[①]。

命题 3.2.1（传递规则）：设 A、B、$C\in$ Form（**BCS**），若 $\vdash_{BCS}A\rightarrow B$ 且 $\vdash_{BCS}B\rightarrow C$，则 $\vdash_{BCS}A\rightarrow C$ 成立。

命题 3.2.2（置换定理）：设 A、C、$D\in$ Form（**BCS**），若 $\vdash_{BCS}C\leftrightarrow D$ 或 $\vdash_{BCS}D\leftrightarrow C$，且 C 是 A 的子公式，用 D 取代 A 中 C 的一次或多次出现而得到的公式为 B，则有 $\vdash_{BCS}A\leftrightarrow B$。若又有 $\vdash_{BCS}A$，则 $\vdash_{BCS}B$ 成立。

命题 3.2.3（演绎定理）：设非空集$\Gamma\subseteq$ Form（**BCS**），A、$B\in$ Form（**BCS**），则有：$\Gamma\vdash_{BCS}A$，当且仅当存在 B_1、B_2、…、$B_m\in\Gamma(m\geqslant 1)$，使得 $\vdash_{BCS}B_1\wedge B_2\wedge\cdots\wedge B_m\rightarrow A$。特别当$\Gamma=\{B\}$时，有：$B\vdash_{BCS}A$ 当且仅当 $\vdash_{BCS}B\rightarrow A$。

系统 **BC** 中有下列重要的内定理，它们也是系统 **R** 的内定理，证明从略[②]。

定理 3.2.1：$\vdash_{BC}A\rightarrow\neg\neg A$

定理 3.2.2：$\vdash_{BC}A\rightarrow A\wedge A$

定理 3.2.3：$\vdash_{BC}(A\rightarrow B)\leftrightarrow(\neg B\rightarrow\neg A)$

定理 3.2.4：$\vdash_{BC}(\neg A\rightarrow B)\leftrightarrow(\neg B\rightarrow A)$

定理 3.2.5：$\vdash_{BC}(A\rightarrow\neg B)\leftrightarrow(B\rightarrow\neg A)$

定理 3.2.6：$\vdash_{BC}(A\rightarrow(B\rightarrow C))\rightarrow(B\rightarrow(A\rightarrow C))$

定理 3.2.7：$\vdash_{BC}(B\rightarrow\neg C)\rightarrow((A\rightarrow C)\rightarrow(A\rightarrow\neg B))$

---

① 鉴于系统 **BC**、**R** 都强于相干命题逻辑的极小系统 **Min**，对于系统 **Min** 及其扩充成立的元定理对于系统 **BC**、**R** 均成立，有关系统 **Min** 的构造和命题 3.2.1—3.2.3 的详细证明可参看[冯棉，2010，pp.12－26，pp.39－47]。

② 定理 3.2.1、定理 3.2.3—3.2.6 在[冯棉，2010，p.15，p.18，p.21]已提及或证明。

以下的工作是证明结构推理系统 **BCSL** 和公理系统 **BCS** 的等价性。

命题 3.2.4：对任何 $A \in Form(\mathbf{BCS})$，若 $\vdash_{BCS} A$，则 $\vdash_{BCSL} A$。

证明：

对 $\vdash_{BCS} A$ 的证明长度 n 进行归纳证明。

(1) n=1，则 A 是系统 **BCS** 的公理。由定理 3.1.1—3.1.10 和定理 3.1.18 知：$\vdash_{BCSL} A$ 成立。

(2) 设 n<k(k>1)时本命题成立，则当 n=k 时，有下列三种情况。

情况 1：A 是系统 **BCS** 的公理。由(1)已证 $\vdash_{BCSL} A$ 成立。

情况 2：A 是由证明序列中在前的两个公式 $B \to A$ 和 B 运用分离规则推得的。由归纳假设知 $\vdash_{BCSL} B \to A$ 和 $\vdash_{BCSL} B$ 成立，再运用蕴涵消去规则即获得 $\vdash_{BCSL} A$。

情况 3：$A = B \wedge C$，是由证明序列中在前的两个公式 B 和 C 运用附加规则推得的。由归纳假设知 $\vdash_{BCSL} B$ 和 $\vdash_{BCSL} C$ 成立，再运用合取引入规则即获得 $\vdash_{BCSL} B \wedge C$，即 $\vdash_{BCSL} A$ 成立。

所以，若 $\vdash_{BCS} A$，必有 $\vdash_{BCSL} A$ 成立。

命题 3.2.4 表明：**BCS**⊆**BCSL**，即系统 **BC**、**R** 分别是系统 **BCL**、**RL** 的子系统。

下面的系统 **BCS** 的元定理与内涵合取有关。

命题 3.2.5：设 $A、B、C \in Form(\mathbf{BCS})$，若 $\vdash_{BCS} A \to B$，则有以下两个结论成立：

① $\vdash_{BCS} A \cdot C \to B \cdot C$ （即 $\vdash_{BCS} \neg(A \to \neg C) \to \neg(B \to \neg C)$）

和 ② $\vdash_{BCS} C \cdot A \to C \cdot B$ （即 $\vdash_{BCS} \neg(C \to \neg A) \to \neg(C \to \neg B)$）

先证明结论①：

[1] $\vdash_{BCS} A \to B$(题设)

[2] $\vdash_{BCS} (A \to B) \to ((B \to \neg C) \to (A \to \neg C))$(公理 3)

[3] $\vdash_{BCS} (B \to \neg C) \to (A \to \neg C)$([1][2]分离)

[4] $\vdash_{BCS} ((B \to \neg C) \to (A \to \neg C)) \leftrightarrow (\neg(A \to \neg C) \to \neg(B \to \neg C))$ (定理 3.2.3)

[5] $\vdash_{BCS}\neg(A\to\neg C)\to\neg(B\to\neg C)$（即$\vdash_{BCS}A\cdot C\to B\cdot C$，[3][4]置换）

用类似的方法，也可证明结论②成立。

系统 **BC** 和系统 **R** 中分别有下列与内涵合取有关的内定理，证明从略①。

定理 3.2.8：$\vdash_{BC}A\cdot(B\cdot C)\leftrightarrow(A\cdot B)\cdot C$（它对应于结合规则）

定理 3.2.9：$\vdash_{BC}A\cdot B\leftrightarrow B\cdot A$（它对应于交换规则）

定理 3.2.10：$\vdash_{BC}(A\cdot B\to C)\leftrightarrow(A\to(B\to C))$

定理 3.2.11：$\vdash_{BC}(C\to(B\to A))\to((D\to B)\to(C\cdot D\to A))$

定理 3.2.12：$\vdash_{BC}(A\cdot B\to\neg C)\to((D\to C)\to(A\cdot D\to\neg B))$

定理 3.2.13：$\vdash_{BC}(A\cdot B\to\neg C)\to(C\to(A\to\neg B))$

定理 3.2.14：$\vdash_{R}A\to A\cdot A$（它对应于收缩规则）

定义 3.2.5：设 **SL** 是一个结构推理系统，且系统 **SL** 中有内涵合取符号"·"，X、Y、Z 是系统 **SL** 中任意的非空结构，$A\in$ Form（**SL**），用如下方式定义"X 的内涵合取变换式 $X^{\#}$"（$Y^{\#}$、$Z^{\#}$分别是 Y、Z 的内涵合取变换式）：

〈ⅰ〉若 $X=A$，则 $X^{\#}=A$。

〈ⅱ〉若 $X=(Y,Z)$，则 $X^{\#}=(Y,Z)^{\#}=Y^{\#}\cdot Z^{\#}$。

命题 3.2.6：设 X 是系统 **BCSL** 中任意的结构，$A\in$ Form（**BCSL**），若系统 **BCSL** 中 $X\vdash A$ 成立，则有以下两个结论：

① 若 $X\neq\Phi$，则 $X^{\#}\vdash_{BCS}A$，其中的 $X^{\#}$是 X 的内涵合取变换式。

② 若 $X=\Phi$，即$\vdash_{BCSL}A$，则$\vdash_{BCS}A$。

证明：

对系统 **BCSL** 中获得 $X\vdash A$ 的推导的长度 n 进行归纳证明。

(1) $n=1$，则 $X\vdash A$ 是同一公理 $A\vdash A$，于是 $X=X^{\#}=A$，由$\vdash_{BCS}A\to A$（公理 1）出发，根据演绎定理推知 $A\vdash_{BCS}A$，即 $X^{\#}\vdash_{BCS}A$，所以结论①成立。

(2) $n=2$，获得 $X\vdash A$ 的推导有下列情况。

情况 1：$X\vdash A$ 是由蕴涵引入规则获得的，即图式如下：

---

① 其中的定理 3.2.8—3.2.10、定理 3.2.14 在[冯棉，2010，pp.26－28]已提及或证明。

$$\frac{B \vdash B}{\vdash B \to B}$$

这时 $X = \Phi$,而 $A = B \to B$。由公理 1 知 $\vdash_{BCS} B \to B$,即 $\vdash_{BCS} A$,所以结论②成立。

情况 2:$X \vdash A$ 是由蕴涵消去规则获得的,即图式如下:

$$\frac{B \to A \vdash B \to A \qquad B \vdash B}{B \to A, B \vdash A}$$

这时 X 是"$B \to A, B$",而 $X^{\#}$ 是"$(B \to A) \cdot B$"。由 $\vdash_{BCS} (B \to A) \to (B \to A)$(公理 1)和 $\vdash_{BCS} ((B \to A) \cdot B \to A) \leftrightarrow ((B \to A) \to (B \to A))$(定理 3.2.10)出发,运用置换定理推得 $\vdash_{BCS} (B \to A) \cdot B \to A$,再根据演绎定理知:$(B \to A) \cdot B \vdash_{BCS} A$,即 $X^{\#} \vdash_{BCS} A$,所以结论①成立。

情况 3:$X \vdash A$ 是由否定引入规则获得的,即图式如下:

$$\frac{\neg B \vdash \neg B \qquad B \vdash B}{B \vdash \neg \neg B}$$

这时 $X = X^{\#} = B$,而 $A = \neg \neg B$。由 $\vdash_{BCS} B \to \neg \neg B$(定理 3.2.1)出发,根据演绎定理推知 $B \vdash_{BCS} \neg \neg B$,即 $X^{\#} \vdash_{BCS} A$,所以结论①成立。

情况 4:$X \vdash A$ 是由双重否定消去规则获得的,即图式如下:

$$\frac{\neg \neg A \vdash \neg \neg A}{\neg \neg A \vdash A}$$

这时 $X = X^{\#} = \neg \neg A$。由 $\vdash_{BCS} \neg \neg A \to A$(公理 10)出发,根据演绎定理推知 $\neg \neg A \vdash_{BCS} A$,即 $X^{\#} \vdash_{BCS} A$,所以结论①成立。

情况 5:$X \vdash A$ 是由合取引入规则获得的,即图式如下:

$$\frac{B \vdash B \quad B \vdash B}{B \vdash B \wedge B}$$

这时 $X=X^{\#}=B$，而 $A=B\wedge B$。由 $\vdash_{BCS} B \to B\wedge B$（定理3.2.2）出发，根据演绎定理推知 $B \vdash_{BCS} B\wedge B$，即 $X^{\#} \vdash_{BCS} A$，所以结论①成立。

情况6：$X \vdash A$ 是由合取消去规则获得的，即图式如下：

（形式1）

$$\frac{A\wedge B \vdash A\wedge B}{A\wedge B \vdash A}$$

（形式2）

$$\frac{B\wedge A \vdash B\wedge A}{B\wedge A \vdash A}$$

这时 $X=X^{\#}=A\wedge B$（形式1）或 $X=X^{\#}=B\wedge A$（形式2）。对于形式1，由 $\vdash_{BCS} A\wedge B \to A$（公理5）出发，根据演绎定理推知 $A\wedge B \vdash_{BCS} A$，即 $X^{\#} \vdash_{BCS} A$，所以结论①成立。对于形式2，由 $\vdash_{BCS} B\wedge A \to A$（公理6）出发，根据演绎定理推知 $B\wedge A \vdash_{BCS} A$，即 $X^{\#} \vdash_{BCS} A$，所以结论①亦成立。

情况7：$X \vdash A$ 是由分配规则获得的，即图式如下：

$$\frac{B\wedge(C\vee D) \vdash B\wedge(C\vee D)}{B\wedge(C\vee D) \vdash (B\wedge C)\vee(B\wedge D)}$$

这时 $X=X^{\#}=B\wedge(C\vee D)$，而 $A=(B\wedge C)\vee(B\wedge D)$。由 $\vdash_{BCS} B\wedge(C\vee D)\to(B\wedge C)\vee(B\wedge D)$（公理8）出发，根据演绎定理推知 $B\wedge(C\vee D) \vdash_{BCS} (B\wedge C)\vee(B\wedge D)$，即 $X^{\#} \vdash_{BCS} A$，所以结论①成立。

（3）设 $n<k(k>2)$ 时本命题成立，则当 $n=k$ 时，先考虑系统 **BCSL** 中获得 $X \vdash A$ 的推导的下列九种情况。

情况1：$X \vdash A$ 是由结合规则获得的，先考虑形式1，即图式如下：

$$\frac{X_1,(X_2,(X_3,X_4)),X_5 \vdash A}{X_1,((X_2,X_3),X_4),X_5 \vdash A}$$

这时 X 是“$X_1,((X_2,X_3),X_4),X_5$”，且 X_2、X_3 和 X_4 都是非空的结构。有几种可能：

〈ⅰ〉$X_1 \neq \Phi$ 且 $X_5 \neq \Phi$。由归纳假设知：$(X_1,(X_2,(X_3,X_4)),X_5)^{\#} \vdash_{BCS} A$，即 $X_1^{\#} \cdot (X_2^{\#} \cdot (X_3^{\#} \cdot X_4^{\#})) \cdot X_5^{\#} \vdash_{BCS} A$，根据演绎定理知 $\vdash_{BCS} X_1^{\#} \cdot (X_2^{\#} \cdot (X_3^{\#} \cdot X_4^{\#})) \cdot X_5^{\#} \to A$，又 $\vdash_{BCS} X_2^{\#} \cdot (X_3^{\#} \cdot X_4^{\#}) \leftrightarrow (X_2^{\#} \cdot X_3^{\#}) \cdot X_4^{\#}$（定理 3.2.8），运用置换定理推知 $\vdash_{BCS} X_1^{\#} \cdot ((X_2^{\#} \cdot X_3^{\#}) \cdot X_4^{\#}) \cdot X_5^{\#} \to A$，即 $\vdash_{BCS} X^{\#} \to A$，再由演绎定理知 $X^{\#} \vdash_{BCS} A$，所以结论①成立。

〈ⅱ〉$X_1 = \Phi$ 或 $X_5 = \Phi$。证明方法参照上述〈ⅰ〉，亦可推知 $X^{\#} \vdash_{BCS} A$，所以结论①成立。

用类似的方法，可证明结合规则形式 2 的情况。

情况 2：$X \vdash A$ 是由交换规则获得的，即图式如下：

$$\frac{X_1,(X_2,X_3),X_4 \vdash A}{X_1,(X_3,X_2),X_4 \vdash A}$$

这时 X 是“$X_1,(X_3,X_2),X_4$”，且 X_2 和 X_3 都是非空的结构。有几种可能：

〈ⅰ〉$X_1 \neq \Phi$ 且 $X_4 \neq \Phi$。由归纳假设知：$(X_1,(X_2,X_3),X_4)^{\#} \vdash_{BCS} A$，即 $X_1^{\#} \cdot (X_2^{\#} \cdot X_3^{\#}) \cdot X_4^{\#} \vdash_{BCS} A$，根据演绎定理知 $\vdash_{BCS} X_1^{\#} \cdot (X_2^{\#} \cdot X_3^{\#}) \cdot X_4^{\#} \to A$，又 $\vdash_{BCS} X_2^{\#} \cdot X_3^{\#} \leftrightarrow X_3^{\#} \cdot X_2^{\#}$（定理 3.2.9），运用置换定理推知 $\vdash_{BCS} X_1^{\#} \cdot (X_3^{\#} \cdot X_2^{\#}) \cdot X_4^{\#} \to A$，即 $\vdash_{BCS} X^{\#} \to A$，再根据演绎定理知 $X^{\#} \vdash_{BCS} A$，所以结论①成立。

〈ⅱ〉$X_1 = \Phi$ 或 $X_4 = \Phi$。证明方法参照上述〈ⅰ〉，亦可推知 $X^{\#} \vdash_{BCS} A$，所以结论①成立。

情况 3：$X \vdash A$ 是由蕴涵引入规则获得的，即图式如下：

$$\frac{X,B \vdash C}{X \vdash B \to C}$$

这时 $A = B \to C$。有两种可能：

〈ⅰ〉$X \neq \Phi$。由归纳假设知 $(X,B)^{\#} \vdash_{BCS} C$，即 $X^{\#} \cdot B \vdash_{BCS} C$，根据演绎

定理知 $\vdash_{BCS} X^{\#} \cdot B \rightarrow C$，又 $\vdash_{BCS} (X^{\#} \cdot B \rightarrow C) \leftrightarrow (X^{\#} \rightarrow (B \rightarrow C))$（定理 3.2.10），运用置换定理推知 $\vdash_{BCS} X^{\#} \rightarrow (B \rightarrow C)$，再由演绎定理知 $X^{\#} \vdash_{BCS} B \rightarrow C$，即 $X^{\#} \vdash_{BCS} A$，所以结论①成立。

〈ii〉$X = \Phi$。由归纳假设知 $B \vdash_{BCS} C$，再根据演绎定理推知 $\vdash_{BCS} B \rightarrow C$，即 $\vdash_{BCS} A$，所以结论②成立。

情况 4：$X \vdash A$ 是由蕴涵消去规则获得的，即图式如下：

$$\frac{X_1 \vdash B \rightarrow A \qquad X_2 \vdash B}{X_1, X_2 \vdash A}$$

这时 X 是"X_1, X_2"。有四种可能：

〈i〉$X_1 \neq \Phi$ 且 $X_2 \neq \Phi$。由归纳假设知 $X_1^{\#} \vdash_{BCS} B \rightarrow A$ 和 $X_2^{\#} \vdash_{BCS} B$，根据演绎定理知 $\vdash_{BCS} X_1^{\#} \rightarrow (B \rightarrow A)$ 和 $\vdash_{BCS} X_2^{\#} \rightarrow B$，又 $\vdash_{BCS} (X_1^{\#} \rightarrow (B \rightarrow A)) \rightarrow ((X_2^{\#} \rightarrow B) \rightarrow (X_1^{\#} \cdot X_2^{\#} \rightarrow A))$（定理 3.2.11），两次运用分离规则推得 $\vdash_{BCS} X_1^{\#} \cdot X_2^{\#} \rightarrow A$，即 $\vdash_{BCS} X^{\#} \rightarrow A$，再由演绎定理推知 $X^{\#} \vdash_{BCS} A$，所以结论①成立。

〈ii〉$X_1 \neq \Phi$，而 $X_2 = \Phi$。由归纳假设知 $X_1^{\#} \vdash_{BCS} B \rightarrow A$ 和 $\vdash_{BCS} B$，根据演绎定理知 $\vdash_{BCS} X_1^{\#} \rightarrow (B \rightarrow A)$，又 $\vdash_{BCS} (X_1^{\#} \rightarrow (B \rightarrow A)) \rightarrow (B \rightarrow (X_1^{\#} \rightarrow A))$（定理 3.2.6），两次运用分离规则推得 $\vdash_{BCS} X_1^{\#} \rightarrow A$，即 $\vdash_{BCS} X^{\#} \rightarrow A$，再由演绎定理推知 $X^{\#} \vdash_{BCS} A$，所以结论①成立。

〈iii〉$X_1 = \Phi$，而 $X_2 \neq \Phi$。由归纳假设知 $\vdash_{BCS} B \rightarrow A$ 和 $X_2^{\#} \vdash_{BCS} B$，根据演绎定理知 $\vdash_{BCS} X_2^{\#} \rightarrow B$，运用传递规则推得 $\vdash_{BCS} X_2^{\#} \rightarrow A$，即 $\vdash_{BCS} X^{\#} \rightarrow A$，再由演绎定理推知 $X^{\#} \vdash_{BCS} A$，所以结论①成立。

〈iv〉$X_1 = X_2 = \Phi$。由归纳假设知 $\vdash_{BCS} B \rightarrow A$ 和 $\vdash_{BCS} B$，再运用分离规则推知 $\vdash_{BCS} A$，所以结论②成立。

情况 5：$X \vdash A$ 是由否定引入规则获得的，即图式如下：

$$\frac{X_1, B \vdash \neg C \qquad X_2 \vdash C}{X_1, X_2 \vdash \neg B}$$

这时 X 是"X_1, X_2"，而 $A = \neg B$。有四种可能：

〈ⅰ〉$X_1 \neq \Phi$ 且 $X_2 \neq \Phi$。由归纳假设知 $X_1^{\#} \cdot B \vdash_{BCS} \neg C$ 和 $X_2^{\#} \vdash_{BCS} C$，根据演绎定理知 $\vdash_{BCS} X_1^{\#} \cdot B \to \neg C$ 和 $\vdash_{BCS} X_2^{\#} \to C$，又 $\vdash_{BCS} (X_1^{\#} \cdot B \to \neg C) \to ((X_2^{\#} \to C) \to (X_1^{\#} \cdot X_2^{\#} \to \neg B))$（定理 3.2.12），两次运用分离规则可推得 $\vdash_{BCS} X_1^{\#} \cdot X_2^{\#} \to \neg B$，即 $\vdash_{BCS} X^{\#} \to A$，再由演绎定理推知 $X^{\#} \vdash_{BCS} A$，所以结论①成立。

〈ⅱ〉$X_1 \neq \Phi$，而 $X_2 = \Phi$。由归纳假设知 $X_1^{\#} \cdot B \vdash_{BCS} \neg C$ 和 $\vdash_{BCS} C$，根据演绎定理知 $\vdash_{BCS} X_1^{\#} \cdot B \to \neg C$，又 $\vdash_{BCS} (X_1^{\#} \cdot B \to \neg C) \to (C \to (X_1^{\#} \to \neg B))$（定理 3.2.13），两次运用分离规则可推得 $\vdash_{BCS} X_1^{\#} \to \neg B$，即 $\vdash_{BCS} X^{\#} \to A$，再由演绎定理推知 $X^{\#} \vdash_{BCS} A$，所以结论①成立。

〈ⅲ〉$X_1 = \Phi$，而 $X_2 \neq \Phi$。由归纳假设知 $B \vdash_{BCS} \neg C$ 和 $X_2^{\#} \vdash_{BCS} C$，根据演绎定理知 $\vdash_{BCS} B \to \neg C$ 和 $\vdash_{BCS} X_2^{\#} \to C$，又 $\vdash_{BCS} (B \to \neg C) \to ((X_2^{\#} \to C) \to (X_2^{\#} \to \neg B))$（定理 3.2.7），两次运用分离规则可推得 $\vdash_{BCS} X_2^{\#} \to \neg B$，即 $\vdash_{BCS} X^{\#} \to A$，再由演绎定理推知 $X^{\#} \vdash_{BCS} A$，所以结论①成立。

〈ⅳ〉$X_1 = X_2 = \Phi$。由归纳假设知 $B \vdash_{BCS} \neg C$ 和 $\vdash_{BCS} C$，根据演绎定理知 $\vdash_{BCS} B \to \neg C$，又 $\vdash_{BCS} (B \to \neg C) \to (C \to \neg B)$（公理 9），两次运用分离规则可推得 $\vdash_{BCS} \neg B$，即 $\vdash_{BCS} A$，所以结论②成立。

情况 6：$X \vdash A$ 是由双重否定消去规则获得的，即图式如下：

$$\frac{X \vdash \neg\neg A}{X \vdash A}$$

这时有两种可能：

〈ⅰ〉$X \neq \Phi$。由归纳假设知 $X^{\#} \vdash_{BCS} \neg\neg A$，运用演绎定理推知 $\vdash_{BCS} X^{\#} \to \neg\neg A$，又 $\vdash_{BCS} \neg\neg A \to A$（公理 10），运用传递规则推知 $\vdash_{BCS} X^{\#} \to A$，再根据演绎定理知 $X^{\#} \vdash_{BCS} A$，所以结论①成立。

〈ⅱ〉$X = \Phi$。由归纳假设知 $\vdash_{BCS} \neg\neg A$，又 $\vdash_{BCS} \neg\neg A \to A$（公理 10），由分离规则推得 $\vdash_{BCS} A$，所以结论②成立。

情况 7：$X \vdash A$ 是由合取引入规则获得的，即图式如下：

$X \vdash B \qquad X \vdash C$

$$\frac{}{X \vdash B \wedge C}$$

这时 $A=B\wedge C$。有两种可能：

〈ⅰ〉$X\neq\Phi$。由归纳假设知 $X^{\#}\vdash_{BCS}B$ 和 $X^{\#}\vdash_{BCS}C$，根据演绎定理推知 $\vdash_{BCS}X^{\#}\rightarrow B$ 和 $\vdash_{BCS}X^{\#}\rightarrow C$，由附加规则知 $\vdash_{BCS}(X^{\#}\rightarrow B)\wedge(X^{\#}\rightarrow C)$，又 $\vdash_{BCS}(X^{\#}\rightarrow B)\wedge(X^{\#}\rightarrow C)\rightarrow(X^{\#}\rightarrow B\wedge C)$（公理 7），运用分离规则推得 $\vdash_{BCS}X^{\#}\rightarrow B\wedge C$，即 $\vdash_{BCS}X^{\#}\rightarrow A$，再根据演绎定理推知 $X^{\#}\vdash_{BCS}A$，所以结论①成立。

〈ⅱ〉$X=\Phi$。由归纳假设知 $\vdash_{BCS}B$ 和 $\vdash_{BCS}C$，再运用附加规则可推得 $\vdash_{BCS}B\wedge C$，即 $\vdash_{BCS}A$，所以结论②成立。

情况 8：$X\vdash A$ 是由合取消去规则获得的，即图式如下：

（形式 1）

$$\frac{X \vdash A \wedge B}{X \vdash A}$$

（形式 2）

$$\frac{X \vdash B \wedge A}{X \vdash A}$$

这时有两种可能：

〈ⅰ〉$X\neq\Phi$。对于形式 1，由归纳假设知 $X^{\#}\vdash_{BCS}A\wedge B$，根据演绎定理推知 $\vdash_{BCS}X^{\#}\rightarrow A\wedge B$，又 $\vdash_{BCS}A\wedge B\rightarrow A$（公理 5），运用传递规则推知 $\vdash_{BCS}X^{\#}\rightarrow A$，再根据演绎定理推知 $X^{\#}\vdash_{BCS}A$，所以结论①成立。类似地，对于形式 2，由归纳假设、演绎定理、公理 6“$B\wedge A\rightarrow A$”和传递规则可推知 $X^{\#}\vdash_{BCS}A$，所以结论①亦成立。

〈ⅱ〉$X=\Phi$。由归纳假设、公理 5（对于形式 1）或公理 6（对于形式 2），并运用分离规则可推得 $\vdash_{BCS}A$，所以结论②成立。

情况 9：$X\vdash A$ 是由分配规则获得的，即图式如下：

$$\frac{X \vdash B \wedge (C \vee D)}{X \vdash (B \wedge C) \vee (B \wedge D)}$$

这时 $A=(B\wedge C)\vee(B\wedge D)$。有两种可能：

〈ⅰ〉$X\neq\Phi$。由归纳假设知 $X^{\#}\vdash_{BCS}B\wedge(C\vee D)$，根据演绎定理推知

$\vdash_{BCS} X^{\#} \to B \wedge (C \vee D)$，又 $\vdash_{BCS} B \wedge (C \vee D) \to (B \wedge C) \vee (B \wedge D)$（公理 8），运用传递规则推知 $\vdash_{BCS} X^{\#} \to (B \wedge C) \vee (B \wedge D)$，即 $\vdash_{BCS} X^{\#} \to A$，再根据演绎定理推知 $X^{\#} \vdash_{BCS} A$，所以结论①成立。

〈ⅱ〉$X = \Phi$。由归纳假设、公理 8 和分离规则可推得 $\vdash_{BCS} A$，所以结论②成立。

对于系统 **BCL** 中获得 $X \vdash A$ 的推导，只有上述九种情况。

对于系统 **RL** 中获得 $X \vdash A$ 的推导，除了情况 1—情况 9 之外，还需补充以下的情况 10。

情况 10：$X \vdash A$ 是由收缩规则获得的，即图式如下：

$$\frac{X_1, (X_2, X_2), X_3 \vdash A}{X_1, X_2, X_3 \vdash A}$$

这时 X 是“X_1, X_2, X_3”，且 X_2 是非空的结构。有几种可能：

〈ⅰ〉$X_1 \neq \Phi$ 且 $X_3 \neq \Phi$。由归纳假设知：$(X_1, (X_2, X_2), X_3)^{\#} \vdash_R A$，即 $X_1^{\#} \cdot (X_2^{\#} \cdot X_2^{\#}) \cdot X_3^{\#} \vdash_R A$，根据演绎定理知 $\vdash_R X_1^{\#} \cdot (X_2^{\#} \cdot X_2^{\#}) \cdot X_3^{\#} \to A$，又 $\vdash_R X_2^{\#} \to X_2^{\#} \cdot X_2^{\#}$（定理 3.2.14），两次运用命题 3.2.5 推知 $\vdash_R X_1^{\#} \cdot X_2^{\#} \cdot X_3^{\#} \to X_1^{\#} \cdot (X_2^{\#} \cdot X_2^{\#}) \cdot X_3^{\#}$，再由传递规则知 $\vdash_R X_1^{\#} \cdot X_2^{\#} \cdot X_3^{\#} \to A$，即 $\vdash_R X^{\#} \to A$，进而由演绎定理知 $X^{\#} \vdash_R A$，所以结论①成立。

〈ⅱ〉$X_1 = \Phi$ 或 $X_3 = \Phi$。证明方法参照上述〈ⅰ〉，亦可推知 $X^{\#} \vdash_R A$（若 $X_1 = \Phi$ 且 $X_3 = \Phi$，则无须使用命题 3.2.5），即结论①成立。

所以，本命题成立。

命题 3.2.6②表明：**BCSL**$\subseteq$**BCS**，即系统 **BCL**、**RL** 也分别是系统 **BC**、**R** 的子系统。由命题 3.2.4 和命题 3.2.6②即知：

命题 3.2.7：系统 **BCS** 等价于系统 **BCSL**，即公理系统 **BC**、**R** 分别等价于结构推理系统 **BCL**、**RL**。

定义 3.2.6：设 **SL** 是任意给定的一个结构推理系统，A、$B \in$ Form(**SL**)，若在系统 **SL** 中 $A \vdash B$ 和 $B \vdash A$ 均成立，则称系统 **SL** 中 A 和 B 可互推。

在系统 **BCSL** 中，已获得如下的可互推结果：

命题 3.2.8（∧收缩）：A 与 A∧A 可互推。

由例 3.1.1 和例 3.1.3 知。

命题 3.2.9（∨收缩）：A 与 A∨A 可互推。

由例 3.1.7 和例 3.1.9 知。

命题 3.2.10（∧交换）：A∧B 与 B∧A 可互推。

由例 3.1.2 知。

命题 3.2.11（∨交换）：A∨B 与 B∨A 可互推。

由例 3.1.8 知。

命题 3.2.12（∧结合）：(A∧B)∧C 与 A∧(B∧C)可互推。

由例 3.1.11 和例 3.1.12 知。

命题 3.2.13（∨结合）：(A∨B)∨C 与 A∨(B∨C)可互推。

由例 3.1.13 和例 3.1.14 知。

命题 3.2.14（¬¬增减）：A 与¬¬A 可互推。

由例 3.1.5 和例 3.1.6 知。

命题 3.2.15（∧对∨分配）：A∧(B∨C)与(A∧B)∨(A∧C)可互推。

由例 3.1.18 和例 3.1.19 知。

命题 3.2.16（替换定理）：设 A、B、C、D∈Form(**BCSL**)，系统 **BCSL** 中 C 和 D 可互推，C 是 A 的子公式，用 D 取代 A 中 C 的一次或多次出现而得到的公式为 A′，则以下两个结论成立：

①（左替换）若 A ⊢B，则 A′ ⊢B。

②（右替换）若 B ⊢A，则 B ⊢A′。

证明：

设系统 **BCSL** 中 C ⊢D 且 D ⊢C，由蕴涵引入规则知：$\vdash_{BCSL}$C→D 且 $\vdash_{BCSL}$D→C，再由合取引入规则知 $\vdash_{BCSL}$(C→D)∧(D→C)，即 $\vdash_{BCSL}$C↔D，根据命题 3.2.7 知：$\vdash_{BCS}$C↔D，进而由置换定理推得 $\vdash_{BCS}$A↔A′，于是有 $\vdash_{BCSL}$A↔A′，即 $\vdash_{BCSL}$(A→A′)∧(A′→A)，使用合取消去规则推知 $\vdash_{BCSL}$A→A′和

$\vdash_{BCSL} A'\to A$，又 $A\vdash A$ 和 $A'\vdash A'$，由蕴涵消去规则知 $A\vdash A'$ 和 $A'\vdash A$。若 $A\vdash B$，由切割规则推得 $A'\vdash B$，即结论①成立；若 $B\vdash A$，由切割规则推得 $B\vdash A'$，即结论②成立。

以下是系统 **BCSL** 的推导实例和导出规则，它们的推导和证明使用了替换定理。

例 3.2.1：$(A\vee B)\wedge(A\vee C)\vdash A\vee(B\wedge C)$

设 $(A\vee B)\wedge(A\vee C)$ 为 E，从同一公理 $E\vdash E$ 出发做推导：

$E\vdash(A\vee B)\wedge(A\vee C)$，即 $E\vdash E$

———————————————

$E\vdash((A\vee B)\wedge A)\vee((A\vee B)\wedge C)$（$\wedge$ 对 $\vee$ 分配，右替换）

———————————————

$E\vdash(A\wedge(A\vee B))\vee(C\wedge(A\vee B))$（$\wedge$ 交换，右替换）

———————————————

$E\vdash(A\wedge A)\vee(A\wedge B)\vee(C\wedge A)\vee(C\wedge B)$（$\wedge$ 对 $\vee$ 分配，$\vee$ 结合，右替换）　　$A\wedge B\vdash A$（例 3.1.3）

———————————————　　———————————————

$E\vdash A\vee(A\wedge B)\vee(C\wedge A)\vee(C\wedge B)$（$\wedge$ 收缩，右替换）　　$A\vee(A\wedge B)\vee(C\wedge A)\vee(C\wedge B)\vdash A\vee A\vee(C\wedge A)\vee(C\wedge B)$（多次使用命题 3.1.8）

———————————————

$E\vdash A\vee A\vee(C\wedge A)\vee(C\wedge B)$（切割）　　$C\wedge A\vdash A$（例 3.1.4）

———————————————　　———————————————

$E\vdash A\vee(C\wedge A)\vee(C\wedge B)$（$\vee$ 收缩，右替换）　　$A\vee(C\wedge A)\vee(C\wedge B)\vdash A\vee A\vee(C\wedge B)$（多次使用命题 3.1.8）

———————————————

$E\vdash A\vee A\vee(C\wedge B)$（切割）

———————————————

$E\vdash A\vee(B\wedge C)$，即 $(A\vee B)\wedge(A\vee C)\vdash A\vee(B\wedge C)$

（∨收缩，∧交换，右替换）

命题 3.2.17（∨对∧分配）：$A\vee(B\wedge C)$ 与 $(A\vee B)\wedge(A\vee C)$ 可互推。

由例 3.1.20 和例 3.2.1 知。

命题 3.2.18：

$$\dfrac{A\wedge B\vdash C \qquad A\vdash C\vee B}{A\vdash C}$$

证明：

$$\dfrac{\dfrac{\dfrac{A\vdash C\vee A\ (\text{例 3.1.10}) \qquad A\vdash C\vee B\ (\text{题设})}{A\vdash (C\vee A)\wedge(C\vee B)\ (\text{合取引入})} \qquad \dfrac{\dfrac{\dfrac{A\wedge B\vdash C\ (\text{题设})}{C\vee(A\wedge B)\vdash C\vee C\ (\text{命题 3.1.8})}}{C\vee(A\wedge B)\vdash C\ (\vee\text{收缩，右替换})}}{(C\vee A)\wedge(C\vee B)\vdash C\ (\vee\text{对}\wedge\text{分配，左替换})}}{A\vdash C\ (\text{切割})}$$

§3.3 三元关系语义

本节考察相干命题逻辑及其线性片段（系统 **RL**、**BCL**）的三元关系语义，先给出“命题逻辑三元关系语义的基础框架”的定义。

定义 3.3.1[①]：一个“命题逻辑三元关系语义的基础框架”(记作 F_0)是一个有序的四元组<O,K,R,J>,其中 K 是一个非空的集合,称为“结点集”,K 中的元素称为“结点”,我们用 a、b、c、d、e、x、y、z…表示 K 中任意的元素;O 是 K 的非空子集,称为“正规结点集”,O 中的元素称为“正规结点”;R 是 K 上的一个三元关系,即 $R\subseteq K\times K\times K$,对任何 $a、b、c\in K$,当 $<a,b,c>\in R$ 时,就记作 Rabc;J 是 K 上的一个二元关系,即 $J\subseteq K\times K$,对任何 $a、b\in K$,当 $<a,b>\in J$ 时,就记作 aJb。在 F_0 中采用以下的定义:

定义 1:对任何 $a、b\in K$,定义“$a\leqslant b$”为:存在 $x\in O$,使得 Rxab 成立。

定义 2:对任何 $a、b、c、d\in K$,定义“R^2abcd”为:存在 $x\in K$,使得 Rabx 且 Rxcd 成立。

定义 3:对任何 $a、b、c、d\in K$,定义“$R^2a(bc)d$”为:存在 $x\in K$,使得 Raxd 且 Rbcx 成立。

定义 4:对任何 $a、b、c\in K$,定义“Rab(Jc)”为:存在 $x\in K$,使得 Rabx 且 xJc 成立。

定义 3.3.2:一个“**BCL** 框架”(记作 F_{BCL})首先是一个“命题逻辑三元关系语义的基础框架”,并要求<O,K,R,J>满足以下的特性:

特性 P1:对任何 $a\in K$,都有 $a\leqslant a$,即存在 $x\in O$,使得 Rxaa 成立。鉴于 $O\subseteq K$ 且 $O\neq\Phi$,由特性 P1 即知 $R\neq\Phi$。

特性 P2:对任何 $a、b、c、d\in K$,当 $a\leqslant b$ 且 Rbcd 时,有 Racd 成立。

特性 P3:对任何 $a、b、c\in K$,当 $a\leqslant b$ 且 bJc 时,有 aJc 成立。

特性 P4:对任何 $a、b\in K$,当 aJb 时,有 bJa 成立。

特性 P5:对任何 $a、b、c、d\in K$,当 R^2abcd 时,有 $R^2b(ac)d$ 成立。

特性 P6:对任何 $a、b、c\in K$,当 Rabc 时,有 Rbac 成立。

特性 P7:对任何 $a、b、c\in K$,当 Rab(Jc)时,有 Rac(Jb)成立。

特性 P8:对任何 $a\in K$,存在 $b\in K$,使得 aJb 且对任何 $c\in K$,当 bJc 时,有 $c\leqslant a$ 成立。鉴于 $K\neq\Phi$,由特性 P8 即知 $J\neq\Phi$。

---

① 定义 3.3.1—3.3.6 的构造方式参照了[Routley et al.,1982,pp.298 - 302]和[Restall, 2000, pp.238 - 251,p.260]。

定义 3.3.3：一个"**RL** 框架"（记作 F_{RL}）首先是一个"**BCL** 框架"，还要求<O,K,R,J>满足以下的特性：

特性 P9：对任何 a、b∈K，当 a≤b 时，有 Raab 成立。

"**RL** 框架"是在"**BCL** 框架"的基础上通过添加特性 P9 获得的，可记作"$F_{RL}=F_{BCL}$+特性 P9"。

上述框架无疑是存在的，请看实例：

例 3.3.1：构造有序的四元组<O,K,R,J>，其中 K={a}，是由一个元素 a 组成的单元素集，O=K，R={<a,a,a>}，即 Raaa，J={<a,a>}，即 aJa。易见，<O,K,R,J>是一个"命题逻辑三元关系语义的基础框架"，并且满足定义 3.3.2—3.3.3 中的特性 P1－P9，因而也是一个"**BCL** 框架"和"**RL** 框架"。

仍用 **BCSL** 表示 **BCL**、**RL** 之中任意给定的一个结构推理系统，用 F_{BCSL} 表示任意一个"**BCSL** 框架"。

定义 3.3.4：设 F_{BCSL}=<O,K,R,J>是一个"**BCSL** 框架"，V 是从 Form（**BCSL**）×K 到{1,0}（1、0 可分别解释为"真"和"假"）内的一个映射，称 V 是"F_{BCSL}的一个赋值"，当且仅当 V 满足以下四个条件：

〈ⅰ〉对任何 a∈K 和任何命题变元 p_i，都有 V(p_i，a)=1 或 V(p_i，a)=0，两者必居其一，且仅居其一。此外，当 V(p_i，a)=1 时，对满足条件 a≤b 的任何 b∈K，都有 V(p_i，b)=1 成立。

〈ⅱ〉对任何 a∈K 和任何 A、B∈Form（**BCSL**），都有 V(A∧B，a)=1 当且仅当 V(A，a)=1 且 V(B，a)=1。换言之，V(A∧B，a)=0 当且仅当 V(A，a)=0 或 V(B，a)=0。

〈ⅲ〉对任何 a∈K 和任何 A、B∈Form（**BCSL**），V(A→B，a)=1 当且仅当对任何 b、c∈K，都有"Rabc 不成立，或者 V(A，b)=0，或者 V(B，c)=1"。（于是，当 V(A→B，a)=1 且 Rabc 且 V(A，b)=1 时，有 V(B，c)=1 成立。）换言之，V(A→B，a)=0 当且仅当存在 b、c∈K，使得 Rabc 且 V(A，b)=1 且 V(B，c)=0。

〈ⅳ〉对任何 a∈K 和任何 A∈Form（**BCSL**），V(¬A，a)=1 当且仅当对满足条件 aJb 的任何 b∈K，都有 V(A，b)=0。换言之，V(¬A，a)=0 当且仅

当存在 $b \in K$,使得 aJb 且 $V(A,b)=1$ 成立。

显而易见,若给定一个“**BCSL** 框架”$F_{BCSL}=<O,K,R,J>$的一个赋值 V,则对任何 $a \in K$ 和任何 $A \in Form($**BCSL**$)$,都有 $V(A,a)=1$ 或 $V(A,a)=0$,两者必居其一,且仅居其一。

定义 3.3.5: 设 $F_{BCSL}=<O,K,R,J>$是一个“**BCSL** 框架”,$a \in K$,V 是 F_{BCSL} 的一个赋值。

〈ⅰ〉若对任何 $A \in Form($**BCSL**$)$,都有 $V(A,a)=1$ 或 $V(\neg A,a)=1$,则称 a“在赋值 V 中具有完备性”,亦称 a 是一个“赋值 V 中的完备结点”。

〈ⅱ〉若不存在任何 $A \in Form($**BCSL**$)$,使得 $V(A,a)=1$ 且 $V(\neg A,a)=1$ 同时成立,则称 a“在赋值 V 中具有一致性”,亦称 a 是一个“赋值 V 中的一致结点”。

〈ⅲ〉若 a 既“在赋值 V 中具有完备性”,又“在赋值 V 中具有一致性”,则称 a 是一个“赋值 V 中的完备一致结点”。

对于“**BCSL** 框架”$F_{BCSL}=<O,K,R,J>$及其赋值 V 的直观背景,可以作如下的信息论解释①:

将 K 中的一个个“结点”看作储存信息的一个个“信息库”(information base),亦称一个“信息库”为一种“状态”(state),于是 K 是一个非空的“信息库集”(或“状态集”);系统 **BCSL** 中的一个个公式,则视为一条条“信息”,通过 F_{BCSL}的赋值 V 揭示出 K 中的各个信息库的信息储存情况。对于 F_{BCSL} 的任意给定的赋值 V 和系统 **BCSL** 中的任何公式 A,若 $V(A,a)=1$,就意味着“信息库 a 容纳了信息 A”;若 $V(A,a)=0$,则意味着“信息库 a 没有容纳信息 A”。F_{BCSL}中的“正规结点集”O 是 K 的非空子集,O 中的一个个“正规结点”是储存信息的一个个“正规信息库”(或“正规状态”),正规信息库(或正规状态)的一个重要特性是:容纳了系统 **BCSL** 中的每一个内定理(即该系统所断定的逻辑规律)。

对于 F_{BCSL}的任意给定的赋值 V,定义 3.3.5 实际上给出了一个信息库

① 借鉴了[Mares, 1997],它对相干命题逻辑正片段的三元关系语义作了“情景论”(situation theory)解释;同时参照了[Restall, 2000, pp.238-239, pp.341-344]。

(或状态)具有完备性和一致性的定义:对于任何信息 A,"完备的信息库"(或"完备状态")都将容纳 A 或容纳¬ A,"一致的信息库"(或"一致状态")不能同时容纳 A 和¬ A,"完备一致的信息库"(或"完备一致状态")则恰好容纳 A 和¬ A 中的一条信息。"完备一致的信息库"(或"完备一致状态")类似于一个"极大的一致集"或一个"可能世界"。

然而,完备性和一致性并不是一个信息库必须具有的。一个信息库 a 可以是不完备的,即对于有的信息 A,信息库 a 既没有容纳 A 也没有容纳¬ A;一个信息库 a 也可以是不一致的,这意味着信息库 a 容纳了彼此矛盾的信息,这在获得信息和传递信息时是可能发生的。由此可见,"信息库"(或"状态")的概念是"可能世界"概念的拓展,放宽了"可能世界"的完备性和一致性的要求。

由于各个信息库储存的信息量的多寡不同,有必要考察信息库之间的包含关系,"命题逻辑三元关系语义的基础框架"中定义的"≤"关系正是为此设计的。下节中的命题 3.4.14 通过"**BCSL** 典范框架"$FC_{BCSL}=<O'_{BCSL}, K'_{BCSL}, R'_{BCSL}, J'_{BCSL}>$清楚地显示:对任何 $a、b \in K'_{BCSL}$,有 $a \leq b$ 当且仅当$a \subseteq b$,即"≤"关系实际上反映了信息库之间的包含关系。

F_{BCSL}中的 R 是 K 上的一个三元关系,R 显示了 K 中的各种信息库之间的信息传递方式。对于 F_{BCSL}的任意给定的赋值 V,定义 3.3.4〈ⅲ〉揭示了这种信息传递方式的一个重要特点:对任何 $a、b、c \in K$ 和任何 $A、B \in$ Form(**BCSL**),当 Rabc 且 $V(A \to B, a)=1$ 且 $V(A,b)=1$ 时,都有 $V(B,c)=1$ 成立。这提示我们,Rabc 所刻画的信息库 a、b、c 之间的信息传递方式是:当 a 容纳信息 $A \to B$ 且 b 容纳信息 A 时,c 将容纳信息 B。

二元关系 J 称为"兼容关系"(compatibility relation),用以刻画"否定"概念,对任何 $a、b \in K$,aJb 意味着"信息库 b 兼容于信息库 a",即"b 中的信息都与 a 中的信息兼容"。对于 F_{BCSL}的任意给定的赋值 V,定义 3.3.4〈ⅳ〉揭示了"兼容关系"J 的重要特征:对任何 $a \in K$ 和任何 $A \in$ Form(**BCSL**),当 $V(\neg A, a)=1$ 且 aJb 时,有 $V(A,b)=0$。这提示我们,aJb 所刻画的信息库 a、b 之间的"兼容关系"是:当 a 容纳了信息¬ A 时,b 不容纳信息 A。

再来看每一个"**BCSL** 框架"F_{BCSL}都满足的特性 P1—P4。

特性 P1：对任何 $a\in K$，都有 $a\leqslant a$。这首先体现了每一个信息库 a 都包含其自身，即 $a\subseteq a$。其次，$a\leqslant a$ 即“存在 $x\in O$，使得 Rxaa 成立”，它显示：每一个信息库 a 都会与某个正规信息库 x 发生联系，当 x 容纳信息 $A\rightarrow B$ 且 a 容纳信息 A 时，a 也将容纳信息 B。鉴于每一个正规信息库都容纳了系统 **BCSL** 中的全部内定理，因而，对于任何形式为蕴涵式的内定理 $A\rightarrow B$，只要信息库 a 容纳了其前件 A，那么 a 也将容纳其后件 B。

特性 P2：对任何 $a、b、c、d\in K$，当 $a\leqslant b$ 且 Rbcd 时，有 Racd 成立。Rbcd 所刻画的信息库 b、c、d 之间的信息传递方式是，当 b 容纳信息 $A\rightarrow B$ 且 c 容纳信息 A 时，d 将容纳信息 B。而 $a\leqslant b$ 则意味着 $a\subseteq b$，即 a 中容纳的每一条信息都会容纳在 b 中。于是，当 a 容纳信息 $A\rightarrow B$ 且 c 容纳信息 A 时，d 必将容纳信息 B，即 Racd 成立。

特性 P3：对任何 $a、b、c\in K$，当 $a\leqslant b$ 且 bJc 时，有 aJc 成立。已知条件 bJc 表明：信息库 c 兼容于信息库 b；又已知 $a\leqslant b$，这意味着 $a\subseteq b$，即信息库 a 容纳的每一条信息也都容纳在信息库 b 中；在这种情况下，c 必定兼容于 a，即 aJc 成立。

特性 P4：对任何 $a、b\in K$，当 aJb 时，有 bJa 成立。它显示了“兼容关系” J 的对称性：当信息库 b 兼容于信息库 a 时，a 也反过来兼容于 b，即两个信息库之间的“兼容关系”是相互的。

特性 P5—P9 分别对应于（系统 **BCSL** 共有的）转身结合规则、交换规则、否定引入规则、双重否定消去规则和（系统 **RL** 的）收缩规则，刻画了这些结构规则和联结词规则的基本特征。

命题 3.3.1：设 $F_{BCSL}=<O,K,R,J>$ 是一个“**BCSL** 框架”，则有以下特性：

特性 P10：对任何 $a、b、c、d\in K$，当 R^2abcd 时，有 R^2bacd 成立。

特性 P11：对任何 $a、b、c、d\in K$，当 R^2abcd 时，有 R^2acbd 成立。

特性 P12：对任何 $a、b、c、d\in K$，当 R^2abcd 时，有 $R^2a(bc)d$ 成立。

特性 P13：对任何 $a、b、c、d\in K$，当 $R^2a(bc)d$ 时，有 R^2abcd 成立。

特性 P14：对任何 $a、b、c、d\in K$，当 $b\leqslant c$ 且 Racd 时，有 Rabd 成立。

特性 P15：对任何 $a、b、c、d\in K$，当 Rabc 且 $c\leqslant d$ 时，有 Rabd 成立。

特性 P16：对任何 a、b、c∈K，当 a≤b 且 b≤c 时，有 a≤c 成立。

其中特性 P12 和 P13 分别对应于结合规则形式 1 和形式 2。

证明：

注意到 F_{BCSL}满足特性 P1、P2、P5 和 P6。

（1）设 a、b、c、d∈K，R^2abcd，即存在 x∈K，使得 Rabx 且 Rxcd 成立。由特性 P6 推得 Rbax，又 Rxcd，于是有 R^2bacd。所以 F_{BCSL}满足特性 P10。

（2）设 a、b、c、d∈K，R^2abcd。由特性 P5 知 $R^2b(ac)d$，即存在 x∈K，使得 Rbxd 且 Racx 成立。再由特性 P6 推得 Rxbd，又 Racx，于是有 R^2acbd。所以 F_{BCSL}满足特性 P11。

（3）设 a、b、c、d∈K，R^2abcd。由特性 P10 知 R^2bacd，再根据特性 P5 推得 $R^2a(bc)d$ 成立。所以 F_{BCSL}满足特性 P12。

（4）设 a、b、c、d∈K，$R^2a(bc)d$，即存在 x∈K，使得 Raxd 且 Rbcx 成立。由特性 P6 推得 Rxad，又 Rbcx，于是有 R^2bcad，再根据特性 P11 知 R^2bacd，进而由特性 P10 推得 R^2abcd。所以 F_{BCSL}满足特性 P13。

（5）设 a、b、c、d∈K，b≤c 且 Racd。由特性 P6 知 Rcad，又 b≤c，再根据特性 P2 推得 Rbad，进而由特性 P6 知 Rabd 成立。所以 F_{BCSL}满足特性 P14。

（6）设 a、b、c、d∈K，Rabc 且 c≤d，即存在 x∈O，使得 Rxcd。于是有 $R^2x(ab)d$，再由特性 P13 知 R^2xabd，即存在 y∈K，使得 Rxay 且 Rybd 成立。于是有 a≤y 且 Rybd，进而根据特性 P2 推得 Rabd。所以 F_{BCSL} 满足特性 P15。

（7）设 a、b、c∈K，a≤b 且 b≤c，即"存在 x∈O，使得 Rxab"且 b≤c。由特性 P15 推知 Rxac，于是 a≤c 成立。所以 F_{BCSL}满足特性 P16。

命题 3.3.2：设 F_{BCSL}=<O，K，R，J>是一个"**BCSL** 框架"，V 是 F_{BCSL}的一个赋值，a∈K，A∈Form（**BCSL**），V（A，a）＝1，则对满足条件 a≤b 的任何 b∈K，都有 V（A，b）＝1 成立。

证明：

对公式 A 中的初始联结词出现的次数 n 进行归纳证明。

（1）n＝0，这时 A 是一命题变元 p_i，V（p_i，a）＝1，由定义 3.3.4〈i〉知：

对满足条件 $a \leqslant b$ 的任何 $b \in K$,都有 $V(p_i,b)=1$ 成立。

(2) 设 $n<k(k \geqslant 1)$ 时本命题成立,则当 $n=k$ 时有下列三种情况。

情况 1: A 是 $B \wedge C$, $V(B \wedge C,a)=1$。由定义 3.3.4〈ⅱ〉知: $V(B,a)=1$ 且 $V(C,a)=1$,对满足条件 $a \leqslant b$ 的任何 $b \in K$,由归纳假设知: $V(B,b)=1$ 且 $V(C,b)=1$,再根据定义 3.3.4〈ⅱ〉即知: $V(B \wedge C,b)=1$ 成立。

情况 2: A 是 $B \rightarrow C$, $V(B \rightarrow C,a)=1$。设 $a \leqslant b$,用反证法。倘若 $V(B \rightarrow C,b)=0$,则由定义 3.3.4〈ⅲ〉知: 存在 c、$d \in K$,使得 Rbcd 且 $V(B,c)=1$ 且 $V(C,d)=0$。由 $a \leqslant b$ 和 Rbcd 出发,根据特性 P2 推得 Racd,又 $V(B \rightarrow C,a)=1$ 且 $V(B,c)=1$,再根据定义 3.3.4〈ⅲ〉推知: $V(C,d)=1$,这与 $V(C,d)=0$ 矛盾。所以 $V(B \rightarrow C,b)=1$ 成立。

情况 3: A 是 $\neg B$, $V(\neg B,a)=1$。设 $a \leqslant b$,用反证法。倘若 $V(\neg B,b)=0$,则由定义 3.3.4〈ⅳ〉知: 存在 $c \in K$,使得 bJc 且 $V(B,c)=1$。由 $a \leqslant b$ 且 bJc 出发,根据特性 P3 推得 aJc;又 $V(\neg B,a)=1$,再根据定义 3.3.4〈ⅳ〉推知: $V(B,c)=0$,这与 $V(B,c)=1$ 矛盾。所以 $V(\neg B,b)=1$ 成立。

所以,本命题成立。

命题 3.3.3: 设 $F_{BCSL}=<O,K,R,J>$是一个"**BCSL** 框架",V 是 F_{BCSL}的一个赋值,则对任何 $a \in K$ 和任何 A、$B \in$ Form(**BCSL**),都有 $V(A \vee B,a)=1$ 当且仅当 $V(A,a)=1$ 或 $V(B,a)=1$。换言之,$V(A \vee B,a)=0$ 当且仅当 $V(A,a)=0$ 且 $V(B,a)=0$。

证明:

对任何 $a \in K$ 和任何 A、$B \in$ Form(**BCSL**),先设 $V(A \vee B,a)=1$,即 $V(\neg(\neg A \wedge \neg B),a)=1$,由特性 P8 知: 存在 $b \in K$,使得 aJb 且对任何 $c \in K$,当 bJc 时,有 $c \leqslant a$ 成立。从 aJb 出发,根据定义 3.3.4〈ⅳ〉知: $V(\neg A \wedge \neg B,b)=0$,再由定义 3.3.4〈ⅱ〉推知: $V(\neg A,b)=0$ 或 $V(\neg B,b)=0$。若 $V(\neg A,b)=0$,由定义 3.3.4〈ⅳ〉知: 存在 $c' \in K$,使得 bJc′且 $V(A,c')=1$,于是由特性 P8 知 $c' \leqslant a$,进而由命题 3.3.2 推知 $V(A,a)=1$。同理,若 $V(\neg B,b)=0$,亦可推得 $V(B,a)=1$。因而,$V(A,a)=1$ 或 $V(B,a)=1$ 成立。

再设 $V(A\vee B,a)=0$，即 $V(\neg(\neg A\wedge\neg B),a)=0$，由定义 3.3.4〈ⅳ〉知：存在 $b\in K$，使得 aJb 且 $V(\neg A\wedge\neg B,b)=1$，再根据定义 3.3.4〈ⅱ〉推知 $V(\neg A,b)=1$ 且 $V(\neg B,b)=1$。又 aJb，根据特性 P4 推得 bJa，进而由定义 3.3.4〈ⅳ〉知：$V(A,a)=0$ 且 $V(B,a)=0$ 成立。

所以，本命题成立。

命题 3.3.4：设 $F_{BCSL}=<O,K,R,J>$ 是一个"**BCSL** 框架"，V 是 F_{BCSL} 的一个赋值，则对任何 $a\in K$ 和任何 $A、B\in Form(\mathbf{BCSL})$，都有 $V(A\cdot B,a)=1$ 当且仅当存在 $b、c\in K$，使得 Rbca 且 $V(A,b)=V(B,c)=1$。换言之，$V(A\cdot B,a)=0$ 当且仅当对任何 $b、c\in K$，都有"Rbca 不成立，或者 $V(A,b)=0$，或者 $V(B,c)=0$"。

证明：

对任何 $a\in K$ 和任何 $A、B\in Form(\mathbf{BCSL})$，先设 $V(A\cdot B,a)=1$，即 $V(\neg(A\to\neg B),a)=1$。由特性 P8 知：存在 $d\in K$，使得 aJd 且对任何 $x\in K$，当 dJx 时，有 $x\leqslant a$ 成立。从 aJd 出发，根据定义 3.3.4〈ⅳ〉知：$V(A\to\neg B,d)=0$。再由定义 3.3.4〈ⅲ〉推知：存在 $b、y\in K$，使得 Rdby 且 $V(A,b)=1$ 且 $V(\neg B,y)=0$。于是由定义 3.3.4〈ⅳ〉知：存在 $c\in K$，使得 yJc 且 $V(B,c)=1$。从 Rdby 出发，由特性 P6 推得 Rbdy，又 yJc，于是有 Rbd(Jc)，再由特性 P7 推得 Rbc(Jd)，即存在 $x'\in K$，使得 Rbcx′且 x′Jd，根据特性 P4 推得 dJx′，因而由特性 P8 知 $x'\leqslant a$，进而由特性 P15 推知 Rbca。这就证明了存在 $b、c\in K$，使得 Rbca 且 $V(A,b)=V(B,c)=1$。

再设 $V(A\cdot B,a)=0$，即 $V((\neg(A\to\neg B),a)=0$，并设 $b、c\in K$ 且 Rbca 且 $V(A,b)=1$，以下证 $V(B,c)=0$。由定义 3.3.4〈ⅳ〉知：存在 $d\in K$，使得 aJd 且 $V(A\to\neg B,d)=1$。注意到 Rbca 且 aJd，于是 Rbc(Jd)，由特性 P7 推得 Rbd(Jc)，即存在 $x\in K$，使得 Rbdx 且 xJc，由特性 P6 推得 Rdbx，又 $V(A\to\neg B,d)=1$ 且 $V(A,b)=1$，于是由定义 3.3.4〈ⅲ〉推知 $V(\neg B,x)=1$。又 xJc，进而由定义 3.3.4〈ⅳ〉知：$V(B,c)=0$。这就证明了对任何 $b、c\in K$，都有"Rbca 不成立，或者 $V(A,b)=0$，或者 $V(B,c)=0$"。

所以，本命题成立。

命题 3.3.5：设 F_{BCSL} =<O,K,R,J>是一个“**BCSL** 框架”,V 是 F_{BCSL} 的一个赋值,则对任何 $a \in K$ 和任何 A、B、C ∈ Form(**BCSL**),以下两个结论成立：

① V(A·B·C,a)= V(A·(B·C),a)。

② V(A·B,a)= V(B·A,a)。

证明：

(1) 对任何 $a \in K$ 和任何 A、B、C ∈ Form(**BCSL**),先设 V(A·B·C,a)= 1。由命题 3.3.4 知：存在 b、c ∈ K,使得 Rbca 且 V(A·B,b)= V(C,c)= 1。进而推知：存在 d、e ∈ K,使得 Rdeb 且 V(A,d)= V(B,e)= 1。又 Rdeb 且 Rbca,于是 R^2deca,由特性 P12 推得 R^2d(ec)a,即存在 $x \in K$,使得 Rdxa 且 Recx。从 V(B,e)= V(C,c)= 1 且 Recx 出发,由命题 3.3.4 知：V(B·C,x)= 1,又 V(A,d)= 1 且 Rdxa,推知 V(A·(B·C),a)= 1。

再设 V(A·(B·C),a)= 1,由命题 3.3.4 知：存在 b、c ∈ K,使得 Rbca 且 V(A,b)= V(B·C,c)= 1。进而推知：存在 d、e ∈ K,使得 Rdec 且 V(B,d)= V(C,e)= 1。又 Rdec 且 Rbca,于是 R^2b(de)a,由特性 P13 推得 R^2bdea,即存在 $x \in K$,使得 Rbdx 且 Rxea。从 V(A,b)= V(B,d)= 1 且 Rbdx 出发,由命题 3.3.4 知：V(A·B,x)= 1,又 V(C,e)= 1 且 Rxea,推知 V(A·B·C,a)= 1。所以,V(A·B·C,a)= V(A·(B·C),a),即结论①成立。

(2) 对任何 $a \in K$ 和任何 A、B ∈ Form(**BCSL**),先设 V(A·B,a)= 1。由命题 3.3.4 知：存在 b、c ∈ K,使得 Rbca 且 V(A,b)= V(B,c)= 1。再由特性 P6 知 Rcba,于是 V(B·A,a)= 1 成立。

再设 V(B·A,a)= 1,用类似的方法,亦可推得 V(A·B,a)= 1。所以,V(A·B,a)= V(B·A,a),即结论②亦成立。

命题 3.3.6：设 F_{RL} =<O,K,R,J>是一个“**RL** 框架”,则有以下特性：

特性 P17：对任何 $a \in K$,有 Raaa 成立。

证明：

对任何 $a \in K$,由特性 P1 知 $a \leqslant a$,再由特性 P9 知 Raaa 成立。所以,F_{RL} 满足特性 P17。

命题 3.3.7：设 F_{RL} =<O,K,R,J>是一个“**RL** 框架”,V 是 F_{RL} 的一个赋

值，对任何 $a \in K$ 和任何 $A \in Form(\mathbf{RL})$，若 $V(A,a)=1$，则 $V(A \cdot A,a)=1$ 成立。

证明：

对任何 $a \in K$ 和任何 $A \in Form(\mathbf{RL})$，设 $V(A,a)=1$，由特性 P17 知 Raaa，再由命题 3.3.4 推知：$V(A \cdot A,a)=1$ 成立。

定义 3.3.6：设 $A \in Form(\mathbf{BCSL})$。称公式 A 是"**BCSL** 有效的"（记作 $\models_{BCSL}A$），当且仅当对任何"**BCSL** 框架"$F_{BCSL}=<O,K,R,J>$的任何赋值 V 和任何正规结点 $x \in O$，都有 $V(A,x)=1$。换言之，$\models_{BCSL}A$ 不成立，当且仅当存在某个"**BCSL** 框架"$F_{BCSL}=<O,K,R,J>$的某个赋值 V 和某个正规结点 $x \in O$，使得 $V(A,x)=0$。

定义 3.3.7：设 X 是系统 **BCSL** 中任意的非空结构，$X^{\#}$是 X 的内涵合取变换式，$A \in Form(\mathbf{BCSL})$。称系统 **BCSL** 中"非空结构 X 可有效地推导公式 A"（记作 $X\models_{BCSL}A$），当且仅当对任何"**BCSL** 框架"$F_{BCSL}=<O,K,R,J>$的任何赋值 V 和任何 $a \in K$，都有 $V(X^{\#},a)=0$ 或 $V(A,a)=1$。换言之，$X\models_{BCSL}A$不成立，当且仅当存在某个"**BCSL** 框架"$F_{BCSL}=<O,K,R,J>$的某个赋值 V 和某个 $a \in K$，使得 $V(X^{\#},a)=1$ 且 $V(A,a)=0$。

命题 3.3.8（系统 **BCSL** 的可靠性定理）：设 X 是系统 **BCSL** 中任意的结构，$X^{\#}$是 X 的内涵合取变换式，$A \in Form(\mathbf{BCSL})$，系统 **BCSL** 中 $X \vdash A$ 成立，则有以下两个结论：

① 若 $X \neq \Phi$，则 $X\models_{BCSL}A$。

② 若 $X=\Phi$，则$\models_{BCSL}A$，即系统 **BCSL** 中的每一个内定理都是"**BCSL** 有效的"。

证明：

对系统 **BCSL** 中获得 $X \vdash A$ 的推导的长度 n 进行归纳证明。

（1）$n=1$，这时 $X \vdash A$ 是同一公理 $A \vdash A$，于是 $X^{\#}=X=A$。由定义 3.3.4 可推知：对任何"**BCKL** 框架"$F_{BCKL}=<O,K,R,J>$的任何赋值 V 和任何 $a \in K$，均有 $V(A,a)=0$ 或 $V(A,a)=1$，即 $V(X^{\#},a)=0$ 或 $V(A,a)=1$。再根据定义 3.3.7 知：$X\models_{BCSL}A$ 成立，即结论①成立。

(2) $n=2$,获得 $X\vdash A$ 的推导有下列七种情况。

情况 1:$X\vdash A$ 是由蕴涵引入规则获得的,即图式如下:

$$\frac{B\vdash B}{\vdash B\to B}$$

这时 $X=\Phi$,而 $B\to B=A$,用反证法。倘若$\models_{BCSL}A$ 不成立,则由定义3.3.6知:存在某个"**BCSL** 框架"$F_{BCSL}=<O,K,R,J>$的某个赋值 V 和某个正规结点 $x\in O$,使得 $V(A,x)=V(B\to B,x)=0$。再根据定义 3.3.4〈ⅲ〉知:存在 b、$c\in K$,使得 Rxbc 且 $V(B,b)=1$ 且 $V(B,c)=0$。注意到 $x\in O$,于是 Rxbc 即 $b\leqslant c$,又 $V(B,b)=1$;根据命题 3.3.2 推知:$V(B,c)=1$,这与 $V(B,c)=0$ 矛盾。所以$\models_{BCSL}A$ 成立,即结论②成立。

情况 2:$X\vdash A$ 是由蕴涵消去规则获得的,即图式如下:

$$\frac{B\to A\vdash B\to A\qquad B\vdash B}{B\to A,B\vdash A}$$

其中"B→A,B"是 X,用反证法。倘若 $X\models_{BCSL}A$ 不成立,则由定义 3.3.7知:存在某个"**BCSL** 框架"$F_{BCSL}=<O,K,R,J>$的某个赋值 V 和某个 $a\in K$,使得 $V(X^{\#},a)=V((B\to A)\cdot B,a)=1$ 且 $V(A,a)=0$。由命题 3.3.4 推知:存在 b、$c\in K$,使得 Rbca 且 $V(B\to A,b)=V(B,c)=1$。再根据定义 3.3.4〈ⅲ〉推知:$V(A,a)=1$,这与 $V(A,a)=0$ 矛盾。所以 $X\models_{BCSL}A$ 成立,即结论①成立。

情况 3:$X\vdash A$ 是由否定引入规则获得的,即图式如下:

$$\frac{\neg B\vdash\neg B\qquad B\vdash B}{B\vdash\neg\neg B}$$

这时 $X^{\#}=X=B$,而$\neg\neg B=A$,用反证法。倘若 $X\models_{BCSL}A$ 不成立,则由定义 3.3.7 知:存在某个"**BCSL** 框架"$F_{BCSL}=<O,K,R,J>$的某个赋值 V 和某个 $a\in K$,使得 $V(X^{\#},a)=V(B,a)=1$ 且 $V(\neg\neg B,a)=0$。根据定义 3.3.4〈ⅳ〉知:存在 $b\in K$,使得 aJb 且 $V(\neg B,b)=1$。又由特性 P4 知 bJa,进而推知

V(B,a)= 0,这与 V(B,a)= 1 矛盾。所以 $X\models_{BCSL}A$,即结论①成立。

情况 4: X ⊢A 是由双重否定消去规则获得的,即图式如下:

$$\frac{\neg\neg A \vdash \neg\neg A}{\neg\neg A \vdash A}$$

其中¬ ¬ A 是 X,用反证法。倘若 $X\models_{BCSL}A$ 不成立,则由定义 3.3.7 知:存在某个"**BCSL** 框架"F_{BCSL} = <O,K,R,J>的某个赋值 V 和某个 a ∈ K,使得 $V(X^{\#},a)$ = V(¬ ¬ A,a)= 1 且 V(A,a)= 0。由特性 P8 知:存在 b ∈ K,使得 aJb 且对任何 c ∈ K,当 bJc 时,有 c ≤ a 成立。从 V(¬ ¬ A,a)= 1 且 aJb 出发,由定义 3.3.4〈ⅳ〉知:V(¬ A,b)= 0;进而推知:存在 c′ ∈ K,使得 bJc′且 V(A,c′)= 1。于是由特性 P8 知 c′ ≤ a 成立,再根据命题 3.3.2 推知:V(A,a)= 1,与 V(A,a)= 0 矛盾。所以 $X\models_{BCSL}A$,即结论①成立。

情况 5: X ⊢A 是由合取引入规则获得的,即图式如下:

$$\frac{B \vdash B \qquad B \vdash B}{B \vdash B \wedge B}$$

这时 $X^{\#}$ = X = B,而 B ∧ B = A,用反证法。倘若 $X\models_{BCSL}A$ 不成立,则由定义 3.3.7 知:存在某个"**BCSL** 框架"F_{BCSL} = <O,K,R,J>的某个赋值 V 和某个 a ∈ K,使得 $V(X^{\#},a)$ = V(B,a)= 1 且 V(B ∧ B,a)= 0。根据定义 3.3.4〈ⅱ〉知:V(B,a)= 0,这与 V(B,a)= 1 矛盾。所以 $X\models_{BCSL}A$,即结论①成立。

情况 6: X ⊢A 是由合取消去规则获得的,即图式如下:

（形式 1） （形式 2）

$$\frac{A \wedge B \vdash A \wedge B}{A \wedge B \vdash A} \qquad \frac{B \wedge A \vdash B \wedge A}{B \wedge A \vdash A}$$

证明方法参照上述情况 6,亦可推出结论①成立。

情况 7: X ⊢A 是由分配规则获得的,即图式如下:

B ∧ (C ∨ D) ⊢B ∧ (C ∨ D)

$B\wedge(C\vee D)\vdash(B\wedge C)\vee(B\wedge D)$

这时 $X=B\wedge(C\vee D)$，而 $(B\wedge C)\vee(B\wedge D)=A$，用反证法。倘若 $X\models_{BCSL}A$ 不成立，则由定义 3.3.7 知：存在某个“**BCSL** 框架” $F_{BCSL}=<O,K,R,J>$ 的某个赋值 V 和某个 $a\in K$，使得 $V(X^{\#},a)=V(B\wedge(C\vee D),a)=1$ 且 $V((B\wedge C)\vee(B\wedge D),a)=0$。由定义 3.3.4〈ⅱ〉和命题 3.3.3 知：$V(B,a)=V(C\vee D,a)=1$ 且 $V(B\wedge C,a)=V(B\wedge D,a)=0$；进而推知：$V(C,a)=V(D,a)=0$，于是有 $V(C\vee D,a)=0$，这与 $V(C\vee D,a)=1$ 矛盾。所以 $X\models_{BCSL}A$，即结论①成立。

(3) 设 $n<k(k>2)$ 时本命题成立，则当 $n=k$ 时，获得 $X\vdash A$ 的推导有下列几种情况。

情况 1：$X\vdash A$ 是由结合规则获得的，先考虑形式 1，即图式如下：

$$\frac{X_1,(X_2,(X_3,X_4)),X_5\vdash A}{X_1,((X_2,X_3),X_4),X_5\vdash A}$$

其中 X_2、X_3 和 X_4 都是非空的结构，且“$X_1,((X_2,X_3),X_4),X_5$”是 X。这时有两种可能：

〈ⅰ〉$X_1\neq\Phi$ 且 $X_5\neq\Phi$。设“$X_1,(X_2,(X_3,X_4)),X_5$”是 Y，“X_2,X_3,X_4”是 Z，“$X_2,(X_3,X_4)$”是 U。由归纳假设知：$Y\models_{BCSL}A$，即“$X_1,U,X_5\models_{BCSL}A$”，用反证法。倘若 $X\models_{BCSL}A$ 不成立，即“$X_1,Z,X_5\models_{BCSL}A$”不成立，由定义 3.3.7 知：存在某个“**BCSL** 框架” $F_{BCSL}=<O,K,R,J>$ 的某个赋值 V 和某个 $a\in K$，使得 $V(X^{\#},a)=V(X_1{}^{\#}\cdot Z^{\#}\cdot X_5{}^{\#},a)=1$ 且 $V(A,a)=0$。由命题3.3.4 知：存在 b、$c\in K$，使得 Rbca 且 $V(X_1{}^{\#}\cdot Z^{\#},b)=V(X_5{}^{\#},c)=1$；进而推得：存在 d、$e\in K$，使得 Rdeb 且 $V(X_1{}^{\#},d)=V(Z^{\#},e)=1$。从 $V(Z^{\#},e)=V(X_2{}^{\#}\cdot X_3{}^{\#}\cdot X_4{}^{\#},e)=1$ 出发，根据命题 3.3.5①推知：$V(U^{\#},e)=V(X_2{}^{\#}\cdot(X_3{}^{\#}\cdot X_4{}^{\#}),e)=1$，又 Rdeb 且 $V(X_1{}^{\#},d)=1$，于是有 $V(X_1{}^{\#}\cdot U^{\#},b)=1$，注意到 Rbca 且 $V(X_5{}^{\#},c)=1$，进而知 $V(X_1{}^{\#}\cdot U^{\#}\cdot X_5{}^{\#},a)=1$，又 $V(A,a)=0$，这表明 $Y\models_{BCSL}A$ 不成立，而归纳假设 $Y\models_{BCSL}A$ 成立，矛盾。所以 $X\models_{BCSL}A$，即结论①成立。

〈ⅱ〉$X_1=\Phi$ 或 $X_5=\Phi$。参照上述证明,从略。

对于结合规则形式2,用类似的方法,亦可证明结论①成立。

情况2：$X\vdash A$ 是由交换规则获得的,参照上述证明,从定义3.3.7、命题3.3.4和命题3.3.5②出发,可推出结论①成立。

情况3：$X\vdash A$ 是由蕴涵引入规则获得的,即图式如下：

$$\frac{X,B\vdash C}{X\vdash B\rightarrow C}$$

其中 $B\rightarrow C=A$。这时有两种可能：

〈ⅰ〉$X\neq\Phi$。设"X,B"是Y,由归纳假设知：$Y\models_{BCSL}C$,用反证法。倘若 $X\models_{BCSL}A$ 不成立,由定义3.3.7知：存在某个"**BCSL** 框架"$F_{BCSL}=<O,K,R,J>$的某个赋值V和某个 $a\in K$,使得 $V(X^{\#},a)=1$ 且 $V(A,a)=V(B\rightarrow C,a)=0$。由定义3.3.4〈ⅲ〉知：存在 b、$c\in K$,使得 Rabc 且 $V(B,b)=1$ 且 $V(C,c)=0$。从 $Y\models_{BCSL}C$ 和 $V(C,c)=0$ 出发,可推知 $V(Y^{\#},c)=V(X^{\#}\cdot B,c)=0$。注意到 Rabc 且 $V(X^{\#},a)=V(B,b)=1$,进而由命题3.3.4推知：$V(X^{\#}\cdot B,c)=1$,这与 $V(X^{\#}\cdot B,c)=0$ 矛盾。所以 $X\models_{BCSL}A$,即结论①成立。

〈ⅱ〉$X=\Phi$。由归纳假设知：$B\models_{BCSL}C$,用反证法。倘若$\models_{BCSL}A$ 不成立,由定义3.3.6知：存在某个"**BCSL** 框架"$F_{BCSL}=<O,K,R,J>$的某个赋值V和某个正规结点 $x\in O$,使得 $V(A,x)=V(B\rightarrow C,x)=0$。由定义3.3.4〈ⅲ〉知：存在 b、$c\in K$,使得 Rxbc 且 $V(B,b)=1$ 且 $V(C,c)=0$。由 $x\in O$ 且 Rxbc 即知 $b\leqslant c$,又 $V(B,b)=1$,由命题3.3.2推知：$V(B,c)=1$,注意到 $V(C,c)=0$,这表明 $B\models_{BCSL}C$ 不成立,而归纳假设 $B\models_{BCSL}C$ 成立,矛盾。所以$\models_{BCSL}A$,即结论②成立。

情况4：$X\vdash A$ 是由蕴涵消去规则获得的,即图式如下：

$$\frac{X_1\vdash B\rightarrow A\qquad X_2\vdash B}{X_1,X_2\vdash A}$$

其中"X_1,X_2"是X。这时有四种可能：

〈ⅰ〉$X_1 \neq \Phi$ 且 $X_2 \neq \Phi$。由归纳假设知：$X_1 \models_{BCSL} B \to A$ 和 $X_2 \models_{BCSL} B$，用反证法。倘若 $X \models_{BCSL} A$ 不成立，由定义 3.3.7 知：存在某个"**BCSL** 框架"$F_{BCSL}=\langle O,K,R,J\rangle$的某个赋值 V 和某个 $a \in K$，使得 $V(X^{\#},a)=V(X_1^{\#}\cdot X_2^{\#},a)=1$ 且 $V(A,a)=0$。由命题 3.3.4 知：存在 b、$c \in K$，使得 Rbca 且 $V(X_1^{\#},b)=V(X_2^{\#},c)=1$。从 $X_1 \models_{BCSL} B \to A$ 和 $V(X_1^{\#},b)=1$ 出发，可推知 $V(B\to A,b)=1$；从 $X_2 \models_{BCSL} B$ 和 $V(X_2^{\#},c)=1$ 出发，又可推知 $V(B,c)=1$。注意到 Rbca，进而由定义 3.3.4〈ⅲ〉知：$V(A,a)=1$，与 $V(A,a)=0$ 矛盾。所以 $X \models_{BCSL} A$，即结论①成立。

〈ⅱ〉$X_1 \neq \Phi$ 且 $X_2 = \Phi$。由归纳假设知：$X_1 \models_{BCSL} B \to A$ 和 $\models_{BCSL} B$，用反证法。倘若 $X \models_{BCSL} A$ 不成立，由定义 3.3.7 知：存在某个"**BCSL** 框架"$F_{BCSL}=\langle O,K,R,J\rangle$的某个赋值 V 和某个 $a \in K$，使得 $V(X^{\#},a)=V(X_1^{\#},a)=1$ 且 $V(A,a)=0$。从 $X_1 \models_{BCSL} B \to A$ 和 $V(X_1^{\#},a)=1$ 出发，可推知 $V(B\to A,a)=1$。由特性 P1 知 $a \leqslant a$，即存在 $x \in O$，使得 Rxaa；又 $\models_{BCSL} B$，由定义 3.3.6 知：$V(B,x)=1$。再根据 Rxaa 和特性 P6 知 Raxa，又 $V(B\to A,a)=1$ 且 $V(B,x)=1$，由定义 3.3.4〈ⅲ〉知：$V(A,a)=1$，这与 $V(A,a)=0$ 矛盾。所以 $X \models_{BCSL} A$，即结论①成立。

〈ⅲ〉$X_1 = \Phi$ 且 $X_2 \neq \Phi$。参照上述证明，可推出结论①成立。

〈ⅳ〉$X_1 = X_2 = \Phi$。由归纳假设知：$\models_{BCSL} B \to A$ 和 $\models_{BCSL} B$，用反证法。倘若 $\models_{BCSL} A$ 不成立，由定义 3.3.6 知：存在某个"**BCSL** 框架"$F_{BCSL}=\langle O,K,R,J\rangle$的某个赋值 V 和某个正规结点 $x \in O$，使得 $V(A,x)=0$。由特性 P1 知 $x \leqslant x$，即存在 $y \in O$，使得 Ryxx。从 $\models_{BCSL} B \to A$ 和 $\models_{BCSL} B$ 出发，可推知 $V(B\to A,y)=V(B,x)=1$；又 Ryxx，进而由定义 3.3.4〈ⅲ〉知 $V(A,x)=1$，与 $V(A,x)=0$ 矛盾。所以 $\models_{BCSL} A$，即结论②成立。

情况 5：$X \vdash A$ 是由否定引入规则获得的，即图式如下：

$$\frac{X_1, B \vdash \neg C \qquad X_2 \vdash C}{X_1, X_2 \vdash \neg B}$$

其中 A 是 $\neg B$，且"X_1, X_2"是 X。这时有四种可能：

〈ⅰ〉$X_1 \neq \Phi$ 且 $X_2 \neq \Phi$。设"X_1,B"是 Y,由归纳假设知：$Y \vDash_{BCSL} \neg C$ 和 $X_2 \vDash_{BCSL} C$,用反证法。倘若 $X \vDash_{BCSL} A$ 不成立,由定义 3.3.7 知：存在某个"**BCSL** 框架"F_{BCSL} = <O,K,R,J>的某个赋值 V 和某个 $a \in K$,使得 $V(X^{\#}, a) = V(X_1^{\#} \cdot X_2^{\#}, a) = 1$ 且 $V(A,a) = V(\neg B,a) = 0$。由命题 3.3.4 知：存在 b、$c \in K$,使得 Rbca 且 $V(X_1^{\#},b) = V(X_2^{\#},c) = 1$。由定义 3.3.4〈ⅳ〉知：存在 $d \in K$,使得 aJd 且 $V(B,d) = 1$。注意到 Rbca 且 aJd,于是 Rbc(Jd),由特性 P7 知 Rbd(Jc),即存在 $x \in K$,使得 Rbdx 且 xJc。从 Rbdx 和 $V(X_1^{\#},b) = V(B,d) = 1$ 出发,可推知 $V(Y^{\#},x) = V(X_1^{\#} \cdot B,x) = 1$;又 $Y \vDash_{BCSL} \neg C$,于是有 $V(\neg C,x) = 1$。又 xJc,进而可推得 $V(C,c) = 0$;又 $V(X_2^{\#},c) = 1$,这表明 $X_2 \vDash_{BCSL} C$ 不成立,与归纳假设 $X_2 \vDash_{BCSL} C$ 矛盾。所以 $X \vDash_{BCSL} A$,即结论①成立。

〈ⅱ〉$X_1 = \Phi$ 且 $X_2 \neq \Phi$。参照上述证明,可推出结论①成立。

〈ⅲ〉$X_1 \neq \Phi$ 且 $X_2 = \Phi$。设"X_1,B"是 Y,由归纳假设知：$Y \vDash_{BCSL} \neg C$ 和 $\vDash_{BCSL} C$,用反证法。倘若 $X \vDash_{BCSL} A$ 不成立,由定义 3.3.7 知：存在某个"**BCSL** 框架"F_{BCSL} = <O,K,R,J>的某个赋值 V 和某个 $a \in K$,使得 $V(X^{\#}, a) = V(X_1^{\#},a) = 1$ 且 $V(A,a) = V(\neg B,a) = 0$。由定义 3.3.4〈ⅳ〉知：存在 $b \in K$,使得 aJb 且 $V(B,b) = 1$。由特性 P1 知 $a \leqslant a$,即存在 $x \in O$,使得 Rxaa,再由特性 P6 知 Raxa;又 aJb,于是有 Rax(Jb),由特性 P7 知 Rab(Jx),即存在 $c \in K$,使得 Rabc 且 cJx。从 Rabc 和 $V(X_1^{\#},a) = V(B,b) = 1$ 出发,根据命题 3.3.4 知：$V(Y^{\#},c) = V(X_1^{\#} \cdot B,c) = 1$;又 $Y \vDash_{BCSL} \neg C$,于是有 $V(\neg C,c) = 1$。又 cJx,进而知 $V(C,x) = 0$;鉴于 $x \in O$,由定义 3.3.6 知：$\vDash_{BCSL} C$ 不成立,与归纳假设$\vDash_{BCSL} C$ 矛盾。所以 $X \vDash_{BCSL} A$,即结论①成立。

〈ⅳ〉$X_1 = X_2 = \Phi$。参照上述证明,可推出结论②成立。

情况 6：$X \vdash A$ 是由双重否定消去规则获得的,即图式如下：

$$\frac{X \vdash \neg\neg A}{X \vdash A}$$

这时有两种可能：

〈 i 〉$X \neq \Phi$。由归纳假设知：$X \models_{BCSL} \neg\neg A$，用反证法。倘若 $X \models_{BCSL} A$ 不成立，由定义 3.3.7 知：存在某个"**BCSL** 框架"$F_{BCSL}=<O,K,R,J>$的某个赋值 V 和某个 $a \in K$，使得 $V(X^{\#},a)=1$ 且 $V(A,a)=0$。又 $X \models_{BCSL} \neg\neg A$，可推知 $V(\neg\neg A,a)=1$。再由特性 P8 知：存在 $b \in K$，使得 aJb 且对任何 $c \in K$，当 bJc 时，有 $c \leqslant a$ 成立。由定义 3.3.4〈ⅳ〉知 $V(\neg A,b)=0$，进而推得：存在 $c' \in K$，使得 bJc′且 $V(A,c')=1$，于是由特性 P8 知 $c' \leqslant a$。再根据命题 3.3.2 推得：$V(A,a)=1$，与 $V(A,a)=0$ 矛盾。所以 $X \models_{BCSL} A$，即结论①成立。

〈ⅱ〉$X=\Phi$。参照上述证明，由归纳假设、定义 3.3.6、特性 P8、定义 3.3.4〈ⅳ〉和命题 3.3.2 出发，可推出结论②成立。

情况 7：$X \vdash A$ 是由合取引入规则获得的，即图式如下：

$$\frac{X \vdash B \qquad X \vdash C}{X \vdash B \wedge C}$$

其中的 $B \wedge C = A$，这时有两种可能：

〈 i 〉$X \neq \Phi$。由归纳假设知 $X \models_{BCSL} B$ 和 $X \models_{BCSL} C$ 成立，用反证法。倘若 $X \models_{BCSL} A$ 不成立，由定义 3.3.7 知：存在某个"**BCSL** 框架"$F_{BCSL}=<O,K,R,J>$的某个赋值 V 和某个 $a \in K$，使得 $V(X^{\#},a)=1$ 且 $V(A,a)=V(B \wedge C,a)=0$。又 $X \models_{BCSL} B$ 和 $X \models_{BCSL} C$，可推知 $V(B,a)=V(C,a)=1$。再根据定义 3.3.4〈ⅱ〉推得：$V(B \wedge C,a)=1$，与 $V(B \wedge C,a)=0$ 矛盾。所以 $X \models_{BCSL} A$，即结论①成立。

〈ⅱ〉$X=\Phi$。参照上述证明，由归纳假设、定义 3.3.6 和定义 3.3.4〈ⅱ〉出发，可推出结论②成立。

情况 8：$X \vdash A$ 是由合取消去规则获得的，参照上述证明，从略。

情况 9：$X \vdash A$ 是由分配规则获得的，即图式如下：

$$\frac{X \vdash B \wedge (C \vee D)}{X \vdash (B \wedge C) \vee (B \wedge D)}$$

其中的 $(B \wedge C) \vee (B \wedge D) = A$，这时有两种可能：

〈ⅰ〉$X \neq \Phi$。由归纳假设知 $X \models_{BCSL} B \wedge (C \vee D)$ 成立，用反证法。倘若 $X \models_{BCSL} A$ 不成立，由定义 3.3.7 知：存在某个“**BCSL** 框架”$F_{BCSL} = <O, K, R, J>$ 的某个赋值 V 和某个 $a \in K$，使得 $V(X^{\#}, a) = 1$ 且 $V(A, a) = V((B \wedge C) \vee (B \wedge D), a) = 0$。由命题 3.3.3 知：$V(B \wedge C, a) = V(B \wedge D, a) = 0$。又 $X \models_{BCSL} B \wedge (C \vee D)$，可推知 $V(B \wedge (C \vee D), a) = 1$；再根据定义 3.3.4〈ⅱ〉推得：$V(B, a) = V(C \vee D, a) = 1$，于是有 $V(C, a) = 1$ 或 $V(D, a) = 1$。若 $V(C, a) = 1$，可推知 $V(B \wedge C, a) = 1$，与 $V(B \wedge C, a) = 0$ 矛盾；若 $V(D, a) = 1$，可推知 $V(B \wedge D, a) = 1$，与 $V(B \wedge D, a) = 0$ 矛盾。所以 $X \models_{BCSL} A$，即结论①成立。

〈ⅱ〉$X = \Phi$。参照上述证明，由归纳假设、定义 3.3.6、命题 3.3.3 和定义 3.3.4〈ⅱ〉出发，可推出结论②成立。

系统 **BCL** 中获得 $X \vdash A$ 的推导，仅有以上九种情况。对于系统 **RL**，除了情况 1—情况 9 之外，还需补充以下的情况 10。

情况 10：$X \vdash A$ 是由收缩规则获得的，即图式如下：

$$\frac{X_1, (X_2, X_2), X_3 \vdash A}{X_1, X_2, X_3 \vdash A}$$

其中 X_2 是非空的结构，且“X_1, X_2, X_3”是 X。这时有两种可能：

〈ⅰ〉$X_1 \neq \Phi$ 且 $X_3 \neq \Phi$。设“$X_1, (X_2, X_2), X_3$”是 Y，由归纳假设知：$Y \models_{RL} A$，用反证法。倘若 $X \models_{RL} A$ 不成立，由定义 3.3.7 知：存在某个“**RL** 框架”$F_{RL} = <O, K, R, J>$的某个赋值 V 和某个 $a \in K$，使得 $V(X^{\#}, a) = V(X_1^{\#} \cdot X_2^{\#} \cdot X_3^{\#}, a) = 1$ 且 $V(A, a) = 0$。由命题 3.3.4 知：存在 b、$c \in K$，使得 Rbca 且 $V(X_1^{\#} \cdot X_2^{\#}, b) = V(X_3^{\#}, c) = 1$。进而推得：存在 d、$e \in K$，使得 Rdeb 且 $V(X_1^{\#}, d) = V(X_2^{\#}, e) = 1$。再根据命题 3.3.7 推知：$V(X_2^{\#} \cdot X_2^{\#}, e) = 1$，于是有 $V(X_1^{\#} \cdot (X_2^{\#} \cdot X_2^{\#}), b) = 1$，进而知 $V(Y^{\#}, a) = V(X_1^{\#} \cdot (X_2^{\#} \cdot X_2^{\#}) \cdot X_3^{\#}, a) = 1$，又 $Y \models_{RL} A$，因而有 $V(A, a) = 1$，与 $V(A, a) = 0$ 矛盾。所以 $X \models_{RL} A$，即结论①成立。

〈ⅱ〉$X_1 = \Phi$ 或 $X_5 = \Phi$。参照上述证明，从略。

所以，本命题成立。

§3.4　系统 **RL**、**BCL** 的完全性

定义 3.4.1：设 **SL** 是任意给定的一个结构推理系统，$\Gamma \subseteq$ Form(**SL**)，若 $\Gamma = \Phi$，或者非空集 Γ 满足下列两个条件：

〈ⅰ〉若 A、B $\in \Gamma$，则 A $\wedge$ B $\in \Gamma$。

〈ⅱ〉若 A $\in \Gamma$ 且系统 **SL** 中 A $\vdash$ B，则 B $\in \Gamma$。

则称 Γ 是一个"**SL** 理论"。

命题 3.4.1：系统 **BCSL** 的所有内定理的集合 Th(**BCSL**)是一个"**BCSL** 理论"。

证明：

注意到 Th(**BCSL**) $\neq \Phi$。若 A、B $\in$ Th(**BCSL**)，即 $\vdash_{BCSL}$A 且 $\vdash_{BCSL}$B，则由合取引入规则推得 $\vdash_{BCSL}$ A $\wedge$ B，即 A $\wedge$ B $\in$ Th(**BCSL**)；又若 A $\in$ Th(**BCSL**) 且 A $\vdash$ B，即 $\vdash_{BCSL}$A 且 A $\vdash$ B，由切割规则推得 $\vdash_{BCSL}$B，即 B $\in$ Th(**BCSL**)。所以 Th(**BCSL**)满足定义 3.4.1 的条件〈ⅰ〉〈ⅱ〉，是一个"**BCSL** 理论"。

定义 3.4.2：设 **SL** 是任意给定的一个结构推理系统，Γ 是一个"**SL** 理论"。

〈ⅰ〉若 $\Gamma = \Phi$，或者非空集 Γ 满足条件"对任何 A、B $\in$ Form(**SL**)，当 A $\vee$ B $\in \Gamma$ 时，都有 A $\in \Gamma$ 或 B $\in \Gamma$ 成立"，则称 Γ 是一个"素的 **SL** 理论"。

〈ⅱ〉称 Γ 是一个"正规的 **SL** 理论"，当且仅当 Th(**SL**) $\subseteq \Gamma$。

例 3.4.1：由定义 3.4.1 和定义 3.4.2 可知 Φ 是"素的 **SL** 理论"，而任何"正规的 **SL** 理论"都是非空的。由命题 3.4.1 知 Th(**BCSL**)是"**BCSL** 理论"，又 Th(**BCSL**) $\subseteq$ Th(**BCSL**)，因而 Th(**BCSL**)还是"正规的 **BCSL** 理论"。显而易见，Form(**BCSL**)是"素的 **BCSL** 理论"和"正规的 **BCSL** 理论"。

定义 3.4.3：设 **SL** 是任意给定的一个结构推理系统，$\Gamma\subseteq$ Form（**SL**）且 $\Sigma\subseteq$ Form（**SL**）。称有序对$<\Gamma,\Sigma>$是系统 **SL** 中的一个“可推演对”，当且仅当存在 A_1、A_2、…、$A_n\in\Gamma(n\geqslant1)$和存在 B_1、B_2、…、$B_m\in\Sigma(m\geqslant1)$，使得 $A_1\wedge A_2\wedge\cdots\wedge A_n\vdash B_1\vee B_2\vee\cdots\vee B_m$。若$<\Gamma,\Sigma>$不是“可推演对”，则称为“不可推演对”。

由上述定义即知：若$\Gamma=\Phi$ 或$\Sigma=\Phi$，则$<\Gamma,\Sigma>$是系统 SL 中的“不可推演对”。

命题 3.4.2：设$\Gamma\subseteq$ Form（**BCSL**）且$\Sigma\subseteq$ Form（**BCSL**），则有：$<\Gamma,\Sigma>$是系统 **BCSL** 中的一个“可推演对”，当且仅当存在各不相同的 A_1、A_2、…、$A_n\in\Gamma(n\geqslant1)$和存在各不相同的 B_1、B_2、…、$B_m\in\Sigma(m\geqslant1)$，使得 $A_1\wedge A_2\wedge\cdots\wedge A_n\vdash B_1\vee B_2\vee\cdots\vee B_m$。

证明：

（1）先设$<\Gamma,\Sigma>$是系统 **BCSL** 中的“可推演对”，由定义 3.4.3 知存在 A_1'、A_2'、…、$A_k'\in\Gamma(k\geqslant1)$和 B_1'、B_2'、…、$B_r'\in\Sigma(r\geqslant1)$，使得：

（*）$A_1'\wedge A_2'\wedge\cdots\wedge A_k'\vdash B_1'\vee B_2'\vee\cdots\vee B_r'$。

设 A_1'、A_2'、…、A_k'中各不相同的公式是 A_1、A_2、…、$A_n(1\leqslant n\leqslant k)$，设 B_1'、B_2'、…、B_r'中各不相同的公式是 B_1、B_2、…、$B_m(1\leqslant m\leqslant r)$，从（*）出发，用“∧收缩”“∧交换”“∧结合”做左替换，用“∨收缩”“∨交换”“∨结合”做右替换，即可推得 $A_1\wedge A_2\wedge\cdots\wedge A_n\vdash B_1\vee B_2\vee\cdots\vee B_m$。

（2）再设存在各不相同的 A_1、A_2、…、$A_n\in\Gamma(n\geqslant1)$和存在各不相同的 B_1、B_2、…、$B_m\in\Sigma(m\geqslant1)$，使得 $A_1\wedge A_2\wedge\cdots\wedge A_n\vdash B_1\vee B_2\vee\cdots\vee B_m$。由定义 3.4.3 即知$<\Gamma,\Sigma>$是系统 BCSL 中的“可推演对”。

所以，本命题成立。

命题 3.4.3：设 $A\in$ Form（**BCSL**），Γ是一个“**BCSL** 理论”，$A\notin\Gamma$，则$<\Gamma,\{A\}>$是系统 **BCSL** 中的一个“不可推演对”。

证明：

用反证法，倘若$<\Gamma,\{A\}>$是系统 **BCSL** 中的“可推演对”，由命题 3.4.2 知：存在各不相同的 A_1、A_2、…、$A_n\in\Gamma(n\geqslant1)$，使得 $A_1\wedge A_2\wedge\cdots\wedge A_n\vdash A$。

又Γ是一个“**BCSL** 理论”，由定义 3.4.1〈ⅰ〉知：$A_1 \wedge A_2 \wedge \cdots \wedge A_n \in \Gamma$，再根据定义 3.4.1〈ⅱ〉推知 $A \in \Gamma$，这与题设 $A \notin \Gamma$矛盾。所以，$<\Gamma, \{A\}>$是系统 **BCSL** 中的“不可推演对”。

命题 3.4.4：设$<\Gamma,\Sigma>$是系统 **BCSL** 中的一个“不可推演对”，则Γ和Σ的交集$\Gamma \cap \Sigma = \Phi$。

证明：

用反证法，倘若$\Gamma \cap \Sigma \neq \Phi$，则存在公式 $A \in \Gamma \cap \Sigma$，于是 $A \in \Gamma$且 $A \in \Sigma$。又系统 **BCSL** 中有同一公理 $A \vdash A$，于是由定义 3.4.3 知：$<\Gamma,\Sigma>$是系统 **BCSL** 中的“可推演对”，与题设矛盾。所以$\Gamma \cap \Sigma = \Phi$。

定义 3.4.4：设 **SL** 是任意给定的一个结构推理系统，$<\Gamma,\Sigma>$是系统 **SL** 中的一个“不可推演对”，且Γ和Σ的并集$\Gamma \cup \Sigma = Form(\mathbf{SL})$，则称$<\Gamma,\Sigma>$是系统 **SL** 中的一个“极大的不可推演对”。

例 3.4.2：由定义 3.4.3 和定义 3.4.4 可知：$<\Phi, Form(\mathbf{SL})>$和$<Form(\mathbf{SL}), \Phi>$都是系统 **SL** 中的“极大的不可推演对”。

命题 3.4.5：设$<\Gamma,\Sigma>$是系统 **BCSL** 中的一个“极大的不可推演对”，则Γ是一个“素的 **BCSL** 理论”。

证明：

设$<\Gamma,\Sigma>$是系统 **BCSL** 中的一个“极大的不可推演对”，由定义 3.4.4 知：$<\Gamma,\Sigma>$是系统 **BCSL** 中的“不可推演对”，且$\Gamma \cup \Sigma = Form(\mathbf{BCSL})$。$\Gamma$与$\Sigma$有三种可能的情况。

（一）$\Gamma = \Phi$。由定义 3.4.2〈ⅰ〉即知Γ是“素的 **BCSL** 理论”。

（二）$\Sigma = \Phi$。于是$\Gamma = \Gamma \cup \Sigma = Form(\mathbf{BCSL})$，由例 3.4.1 知$\Gamma$是“素的 **BCSL** 理论”。

（三）$\Gamma \neq \Phi$ 且$\Sigma \neq \Phi$。以下证Γ是一个“素的 **BCSL** 理论”。

(1) 设 A、$B \in \Gamma$，欲证 $A \wedge B \in \Gamma$，用反证法。倘若 $A \wedge B \notin \Gamma$，因为$\Gamma \cup \Sigma = Form(\mathbf{BCSL})$，所以 $A \wedge B \in \Sigma$。又 $A \wedge B \vdash A \wedge B$（同一公理），由定义 3.4.3 知：$<\Gamma,\Sigma>$是系统 **BCSL** 中的“可推演对”，与题设矛盾。所以 $A \wedge B \in \Gamma$。

(2) 设 $A \in \Gamma$且 $A \vdash B$，欲证 $B \in \Gamma$，用反证法。倘若 $B \notin \Gamma$，因为$\Gamma \cup \Sigma =$

Form(**BCSL**)，所以 $B\in\Sigma$。于是由定义 3.4.3 知：$<\Gamma,\Sigma>$是系统 **BCSL** 中的"可推演对"，与题设矛盾。所以 $B\in\Gamma$。

(3) 设 $A\vee B\in\Gamma$，欲证 $A\in\Gamma$或 $B\in\Gamma$，用反证法。倘若 $A\notin\Gamma$且 $B\notin\Gamma$，因为$\Gamma\cup\Sigma=$Form(**BCSL**)，所以 $A\in\Sigma$且 $B\in\Sigma$。又 $A\vee B\vdash A\vee B$(同一公理)，于是由定义 3.4.3 知：$<\Gamma,\Sigma>$是系统 **BCSL** 中的"可推演对"，与题设矛盾。所以 $A\in\Gamma$或 $B\in\Gamma$成立。

上述(1)(2)显示：Γ符合定义 3.4.1 的条件〈ⅰ〉〈ⅱ〉，因而是一个"**BCSL** 理论"。(3)进一步证明：Γ是一个"素的 **BCSL** 理论"。

定义 3.4.5：设 **SL** 是任意给定的一个结构推理系统，$<\Gamma,\Sigma>$和$<\Gamma',\Sigma'>$是系统 **SL** 中的两个"不可推演对"，若$\Gamma\subseteq\Gamma'$且$\Sigma\subseteq\Sigma'$，则称$<\Gamma',\Sigma'>$是$<\Gamma,\Sigma>$的一个扩充，记作$<\Gamma,\Sigma>\subseteq<\Gamma',\Sigma'>$。

命题 3.4.6(扩充定理)[①]：设$<\Gamma,\Sigma>$是系统 **BCSL** 中的一个"不可推演对"，则存在系统 **BCSL** 中的"极大的不可推演对"$<\Gamma',\Sigma'>$，使得$<\Gamma,\Sigma>\subseteq<\Gamma',\Sigma'>$成立。换言之，系统 **BCSL** 中的一个"不可推演对"可以扩充为一个"极大的不可推演对"。

证明：

设$<\Gamma,\Sigma>$是系统 **BCSL** 中的一个"不可推演对"，Γ与Σ有三种可能的情况。

(一) $\Gamma=\Phi$。令$\Gamma'=\Gamma=\Phi$，$\Sigma'=$Form(**BCSL**)，由例 3.4.2 知：$<\Gamma',\Sigma'>=<\Phi,$ Form(**BCSL**)$>$是系统 **BCSL** 中的"极大的不可推演对"，且$<\Gamma,\Sigma>\subseteq<\Gamma',\Sigma'>$成立。

(二) $\Sigma=\Phi$。令$\Gamma'=$Form(**BCSL**)，$\Sigma'=\Sigma=\Phi$，由例 3.4.2 知：$<\Gamma',\Sigma'>=<$Form(**BCSL**)$,\Phi>$是系统 **BCSL** 中的"极大的不可推演对"，且$<\Gamma,\Sigma>\subseteq<\Gamma',\Sigma'>$成立。

(三) $\Gamma\neq\Phi$ 且$\Sigma\neq\Phi$。注意到系统 **BCSL** 中共有可数个公式，设 A_1，$A_2,\cdots,A_n,\cdots$是系统 **BCSL** 中全体公式的一个排列。现在着手构造两个公

① 亦称"扩充引理"，证明方法参照了[Routley *et al.*，1982，pp.307－308]。

式集的无限序列：

$(*)\ \Gamma_0,\Gamma_1,\cdots,\Gamma_n,\cdots$

和　$(**)\ \Sigma_0,\Sigma_1,\cdots,\Sigma_n,\cdots$

构造方式如下：

首先令$\Gamma_0=\Gamma$且$\Sigma_0=\Sigma$。一般地，从Γ_{n-1}和Σ_{n-1}出发这样来构造Γ_n和$\Sigma_n(n=1,2,\cdots)$：

〈ⅰ〉若$<\Gamma_{n-1}\cup\{A_n\},\Sigma_{n-1}>$是系统 **BCSL** 中的“可推演对”，则令$\Gamma_n=\Gamma_{n-1},\Sigma_n=\Sigma_{n-1}\cup\{A_n\}$；

〈ⅱ〉若$<\Gamma_{n-1}\cup\{A_n\},\Sigma_{n-1}>$是系统 **BCSL** 中的“不可推演对”，则令$\Gamma_n=\Gamma_{n-1}\cup\{A_n\},\Sigma_n=\Sigma_{n-1}$。

于是有$\Gamma\subseteq\Gamma_{n-1}\subseteq\Gamma_n$和$\Sigma\subseteq\Sigma_{n-1}\subseteq\Sigma_n(n=1,2,\cdots)$，因而$\Gamma_n\neq\Phi$且$\Sigma_n\neq\Phi(n=1,2,\cdots)$。

以下证：对任何$n\geqslant0$，$<\Gamma_n,\Sigma_n>$都是系统 **BCSL** 中的“不可推演对”，对 n 作归纳证明。

(1) $n=0$，根据题设$<\Gamma,\Sigma>=<\Gamma_0,\Sigma_0>$是系统 **BCSL** 中的“不可推演对”。

(2) 设$n<k(k\geqslant1)$时，$<\Gamma_n,\Sigma_n>$是系统 **BCSL** 中的一个“不可推演对”，则当$n=k$时，对于Γ_k和Σ_k有下列两种情况。

情况 1：$\Gamma_k=\Gamma_{k-1},\Sigma_k=\Sigma_{k-1}\cup\{A_k\}$，$<\Gamma_{k-1}\cup\{A_k\},\Sigma_{k-1}>$是系统 **BCSL** 中的“可推演对”。用反证法，倘若$<\Gamma_k,\Sigma_k>=<\Gamma_{k-1},\Sigma_{k-1}\cup\{A_k\}>$是系统 **BCSL** 中的“可推演对”，则由命题 3.4.2 知：存在各不相同的B_1、B_2、…、$B_m\in\Gamma_{k-1}(m\geqslant1)$和存在各不相同的$C_1$、$C_2$、…、$C_t\in\Sigma_{k-1}\cup\{A_k\}(t\geqslant1)$，使得$B_1\wedge B_2\wedge\cdots\wedge B_m\vdash C_1\vee C_2\vee\cdots\vee C_t$。令$B=B_1\wedge B_2\wedge\cdots\wedge B_m$，于是有

[1] $B\vdash C_1\vee C_2\vee\cdots\vee C_t$。

对于C_1、C_2、…、C_t，又有两种可能性：

可能性 1：$t=1$，即[1]式为$B\vdash C_1$。由归纳假设知：$<\Gamma_{k-1},\Sigma_{k-1}>$是系统 **BCSL** 中的“不可推演对”；再根据定义 3.4.3 知：$C_1\notin\Sigma_{k-1}$，于是$C_1=A_k$。即[1]式为：

[2] $B\vdash A_k$。

可能性 2：$t>1$。由归纳假设知：$<\Gamma_{k-1},\Sigma_{k-1}>$是系统 **BCSL** 中的“不可推

演对”；再根据定义 3.4.3 知：不能有 C_1、C_2、…、C_t 都在Σ_{k-1}中，即存在 $C_i \notin \Sigma_{k-1}(1 \leqslant i \leqslant t)$，$C_i = A_k$。若 $C_i = C_1$，则令 $C = C_2 \vee C_3 \vee \cdots \vee C_t$；若 $C_i = C_t$，则令 $C = C_1 \vee C_2 \vee \cdots \vee C_{t-1}$；若 $C_i \neq C_1$ 且 $C_i \neq C_t$，则令 $C = C_1 \vee \cdots \vee C_{i-1} \vee C_{i+1} \vee \cdots \vee C_t$。根据“∨交换”和“∨结合”对[1]式做右替换，即可推得：

[3] $B \vdash C \vee A_k$。

又已知$<\Gamma_{k-1} \cup \{A_k\}, \Sigma_{k-1}>$是系统 **BCSL** 中的“可推演对”，由命题 3.4.2 知：存在各不相同的 B_1'、B_2'、…、$B_r' \in \Gamma_{k-1} \cup \{A_k\}(r \geqslant 1)$和存在各不相同的 C_1'、C_2'、…、$C_s' \in \Sigma_{k-1}(s \geqslant 1)$，使得 $B_1' \wedge B_2' \wedge \cdots \wedge B_r' \vdash C_1' \vee C_2' \vee \cdots \vee C_s'$。令 $C' = C_1' \vee C_2' \vee \cdots \vee C_s'$，于是有

[4] $B_1' \wedge B_2' \wedge \cdots \wedge B_r' \vdash C'$。

对于 B_1'、B_2'、…、B_r'，也有两种可能性：

可能性 1：$r=1$，即[4]式为 $B_1' \vdash C'$。由归纳假设知：$<\Gamma_{k-1}, \Sigma_{k-1}>$是系统 **BCSL** 中的“不可推演对”。再根据定义 3.4.3 知：$B_1' \notin \Gamma_{k-1}$，于是 $B_1' = A_k$。即[4]式为：

[5] $A_k \vdash C'$。

可能性 2：$r>1$。由归纳假设知：$<\Gamma_{k-1}, \Sigma_{k-1}>$是系统 **BCSL** 中的“不可推演对”。再根据定义 3.4.3 知：不能有 B_1'、B_2'、…、B_r'都在Γ_{k-1}中，即存在 $B_j' \notin \Gamma_{k-1}(1 \leqslant j \leqslant r)$，$B_j' = A_k$。若 $B_j' = B_1'$，则令 $B' = B_2' \wedge B_3' \wedge \cdots \wedge B_r'$；若 $B_j' = B_r'$，则令 $B' = B_1' \wedge B_2' \wedge \cdots \wedge B_{r-1}'$；若 $B_j' \neq B_1'$且 $B_j' \neq B_r'$，则令 $B' = B_1' \wedge \cdots \wedge B_{j-1}' \wedge B_{j+1}' \wedge \cdots \wedge B_r'$。根据“∧交换”和“∧结合”对[4]式做左替换，即可推得：

[6] $B' \wedge A_k \vdash C'$。

由[2][5]出发，运用切割规则即推得 $B \vdash C'$，再根据定义 3.4.3 知：$<\Gamma_{k-1}, \Sigma_{k-1}>$是系统 **BCSL** 中的“可推演对”，但这与归纳假设矛盾。所以[2][5]不能同时成立。

由[2][6]出发，可作如下的推导：

[7] $B' \wedge B \vdash B' \wedge A_k$　　（[2]命题 3.1.6）

[8] $B' \wedge B \vdash C'$　　（[7][6]切割）

但[8]意味着$<\Gamma_{k-1}, \Sigma_{k-1}>$是系统 **BCSL** 中的“可推演对”，这与归纳假设

矛盾。所以[2][6]不能同时成立。

由[3][5]出发,可作如下的推导:

[9] $C\vee A_k \vdash C\vee C'$　([5]命题 3.1.8)

[10] $B \vdash C\vee C'$　([3][9]切割)

但[10]意味着 $<\Gamma_{k-1},\Sigma_{k-1}>$ 是系统 **BCSL** 中的"可推演对",这与归纳假设矛盾。所以[3][5]不能同时成立。

由[3][6]出发,可作如下的推导:

[11] $B\wedge B' \vdash B'$　(例 3.1.4)

[12] $B\wedge B'\wedge A_k \vdash B'\wedge A_k$　([11]命题 3.1.6)

[13] $B\wedge B'\wedge A_k \vdash C'$　([12][6]切割)

[14] $C' \vdash C\vee C'$　(例 3.1.10)

[15] $B\wedge B'\wedge A_k \vdash C\vee C'$　([13][14]切割)

[16] $B\wedge B' \vdash B$　(例 3.1.3)

[17] $B\wedge B' \vdash C\vee A_k$　([16][3]切割)

[18] $C \vdash C\vee C'$　(例 3.1.9)

[19] $C\vee A_k \vdash C\vee C'\vee A_k$　([18]命题 3.1.8)

[20] $B\wedge B' \vdash C\vee C'\vee A_k$　([17][19]切割)

[21] $B\wedge B' \vdash C\vee C'$　([15][20]命题 3.2.19)

但[21]意味着 $<\Gamma_{k-1},\Sigma_{k-1}>$ 是系统 **BCSL** 中的"可推演对",仍与归纳假设矛盾。所以[3][6]不能同时成立。这样就证明了[2][5]、[2][6]、[3][5]和[3][6]都不能同时成立,所以 $<\Gamma_k,\Sigma_k>$ 是系统 **BCSL** 中的"不可推演对"。

情况 2: $\Gamma_k=\Gamma_{k-1}\cup\{A_k\}$, $\Sigma_k=\Sigma_{k-1}$, $<\Gamma_{k-1}\cup\{A_k\},\Sigma_{k-1}>=<\Gamma_k,\Sigma_k>$ 是系统 **BCSL** 中的"不可推演对"。

于是,由(1)(2)归纳证明了对任何 $n\geqslant 0$, $<\Gamma_n,\Sigma_n>$ 都是系统 **BCSL** 中的"不可推演对"。

令 $\Gamma'=\bigcup_{n=0}^{\infty}\Gamma_n$, $\Sigma'=\bigcup_{n=0}^{\infty}\Sigma_n$,则 $\Gamma\subseteq\Gamma'$ 和 $\Sigma\subseteq\Sigma'$ 成立。以下证 $<\Gamma',\Sigma'>$ 是"极大的不可推演对"。

(3) 先证$<\Gamma',\Sigma'>$是“不可推演对”，用反证法。倘若$<\Gamma',\Sigma'>$是“可推演对”，则由定义 3.4.3 知：存在 B_1、B_2、…、$B_u \in \Gamma'(u \geqslant 1)$ 和存在 C_1、C_2、…、$C_w \in \Sigma'(w \geqslant 1)$，使得 $B_1 \wedge B_2 \wedge \cdots \wedge B_u \vdash C_1 \vee C_2 \vee \cdots \vee C_w$。于是，存在 $\Gamma n_i(i=1,2,\cdots,u)$，使得 $B_i \in \Gamma n_i(i=1,2,\cdots,u)$；存在$\Sigma m_j(j=1,2,\cdots,w)$，使得 $C_j \in \Sigma m_j(j=1,2,\cdots,w)$。设 $n_1,n_2,\cdots,n_u,m_1,m_2,\cdots,m_w$之中最大的数是 k，于是有 B_1、B_2、…、$B_u \in \Gamma_k$和 C_1、C_2、…、$C_w \in \Sigma_k$，由定义 3.4.3 知：$<\Gamma_k,\Sigma_k>$是“可推演对”。但这与前面已经证明的结论“对任何 $n \geqslant 0$，$<\Gamma_n,\Sigma_n>$都是系统 **BCSL** 中的‘不可推演对’”相矛盾。所以$<\Gamma',\Sigma'>$是“不可推演对”。

(4) 再证$<\Gamma',\Sigma'>$是“极大的”。对任何公式 A_n，由Γ_n和Σ_n的构造方式知：有 $A_n \in \Gamma_n \subseteq \Gamma'$或 $A_n \in \Sigma_n \subseteq \Sigma'$成立，所以$\Gamma' \cup \Sigma' = \text{Form}(\textbf{BCSL})$。

于是，由(3)(4)证明了$<\Gamma',\Sigma'>$是系统 **BCSL** 中的一个“极大的不可推演对”。

命题 3.4.7：设 $A \in \text{Form}(\textbf{BCSL})$，$\Gamma \subseteq \text{Form}(\textbf{BCSL})$，若$<\Gamma,\{A\}>$是系统 **BCSL** 中的一个“不可推演对”，则存在“素的 **BCSL** 理论”Γ'，使得$\Gamma \subseteq \Gamma'$且 $A \notin \Gamma'$。

证明：

设$<\Gamma,\{A\}>$是系统 **BCSL** 中的一个“不可推演对”，由命题 3.4.6(扩充定理)推知：存在系统 **BCSL** 中的“极大的不可推演对”$<\Gamma',\Sigma>$，使得$<\Gamma,\{A\}> \subseteq <\Gamma',\Sigma>$，即$\Gamma \subseteq \Gamma'$且$\{A\} \subseteq \Sigma$成立。进而由命题 3.4.4 和命题 3.4.5 知：$\Gamma' \cap \Sigma = \Phi$ 且Γ'是一个“素的 **BCSL** 理论”。又$\{A\} \subseteq \Sigma$，所以$\Gamma' \cap \{A\} = \Phi$，于是 $A \notin \Gamma'$。

命题 3.4.8：设 $A \in \text{Form}(\textbf{BCSL})$，若 $\vdash_{BCSL} A$ 不成立，则存在“素的、正规的 **BCSL** 理论”Γ，使得 $A \notin \Gamma$。

证明：

设 $\vdash_{BCSL} A$ 不成立，即 $A \notin \text{Th}(\textbf{BCSL})$。由例 3.4.1 知 Th(**BCSL**)是一个“正规的 **BCSL** 理论”，根据命题 3.4.3 可推得：$<\text{Th}(\textbf{BCSL}),\{A\}>$是系统 **BCSL** 中的一个“不可推演对”。再运用命题 3.4.7 推知：存在“素的 **BCSL** 理论”Γ，使得 $\text{Th}(\textbf{BCSL}) \subseteq \Gamma$且 $A \notin \Gamma$。因而Γ是“素的、正规的 **BCSL**

理论”。

定义 3.4.6[①]：设 **SL** 是任意给定的一个结构推理系统，$\Gamma\subseteq$Form(**SL**)，若 $\Gamma=\Phi$，或者非空集 Γ 满足条件“对任何公式 A、B $\in\Gamma$，都有 $A\vee B\in\Gamma$”，则称公式集 Γ 是“$\vee$封闭的”。

命题 3.4.9[②]：设 $\Gamma\subseteq$Form(**BCSL**) 且 $\Sigma\subseteq$Form(**BCSL**)，Γ 是一个“**BCSL** 理论”，$\Gamma\cap\Sigma=\Phi$，且 Σ 是“$\vee$封闭的”，则以下结论成立：

① $\langle\Gamma,\Sigma\rangle$ 是系统 **BCSL** 中的“不可推演对”。

② 存在“素的 **BCSL** 理论”Γ'，使得 $\Gamma\subseteq\Gamma'$，且 $\Gamma'\cap\Sigma=\Phi$。

证明：

（一）若 $\Gamma=\Phi$，则 $\langle\Gamma,\Sigma\rangle$ 是系统 **BCSL** 中的“不可推演对”，且存在“素的 **BCSL** 理论”$\Gamma'=\Gamma=\Phi$，使得 $\Gamma\subseteq\Gamma'$，且 $\Gamma'\cap\Sigma=\Phi$。本命题的结论①②成立。

（二）若 $\Sigma=\Phi$，则 $\langle\Gamma,\Sigma\rangle$ 是系统 **BCSL** 中的“不可推演对”，Σ 是“$\vee$封闭的”，且存在“素的 **BCSL** 理论”$\Gamma'=$Form(**BCSL**)，使得 $\Gamma\subseteq\Gamma'$，且 $\Gamma'\cap\Sigma=\Phi$。本命题的结论①②亦成立。

（三）若 $\Gamma\neq\Phi$ 且 $\Sigma\neq\Phi$。

(1) 首先证明结论①，用反证法。倘若 $\langle\Gamma,\Sigma\rangle$ 是系统 **BCSL** 中的“可推演对”，则由定义 3.4.3 知：存在公式 A_1、A_2、…、$A_n\in\Gamma(n\geqslant1)$ 和存在公式 B_1、B_2、…、$B_m\in\Sigma(m\geqslant1)$，使得 $A_1\wedge A_2\wedge\cdots\wedge A_n\vdash B_1\vee B_2\vee\cdots\vee B_m$。已知 Γ 是一个“**BCSL** 理论”，由定义 3.4.1 知：$A_1\wedge A_2\wedge\cdots\wedge A_n\in\Gamma$ 和 $B_1\vee B_2\vee\cdots\vee B_m\in\Gamma$ 成立。又 Σ 是“$\vee$封闭的”，于是有 $B_1\vee B_2\vee\cdots\vee B_m\in\Sigma$，但这与题设“$\Gamma\cap\Sigma=\Phi$”相矛盾。所以 $\langle\Gamma,\Sigma\rangle$ 是系统 **BCSL** 中的“不可推演对”。

(2) 再根据命题 3.4.6(扩充定理)推得：存在系统 **BCSL** 中的“极大的不可推演对”$\langle\Gamma',\Sigma'\rangle$，使得 $\langle\Gamma,\Sigma\rangle\subseteq\langle\Gamma',\Sigma'\rangle$ 成立，于是有 $\Gamma\subseteq\Gamma'$。进而由命题 3.4.4 和命题 3.4.5 知：$\Gamma'\cap\Sigma'=\Phi$ 且 Γ' 是“素的 **BCSL** 理论”。又 $\Sigma\subseteq\Sigma'$，所以 $\Gamma'\cap\Sigma=\Phi$。

由(1)(2)证得：本命题的结论①②仍成立。

---

① 参照了[Routley *et al.*, 1982, p.308]。

② 本命题亦称“素引理”，证明方法参照了[Routley *et al.*, 1982, p.308]。

定义 3.4.7：对于系统 **BCSL**，用如下方式给出 O_{BCSL}、K_{BCSL}、R_{BCSL}、O'_{BCSL}、K'_{BCSL}和 R'_{BCSL}的定义[①]：

〈ⅰ〉$O_{BCSL}=\{\Gamma: \Gamma$是“正规的 **BCSL** 理论”$\}$，即所有的“正规的 **BCSL** 理论”的集合。

〈ⅱ〉$K_{BCSL}=\{\Gamma: \Gamma$是“**BCSL** 理论”$\}$，即所有的“**BCSL** 理论”的集合。

〈ⅲ〉R_{BCSL}是 K_{BCSL}上的三元关系，其定义为：对任何 a、b、$c \in K_{BCSL}$，$R_{BCSL}abc$当且仅当对任何 A、$B \in$ Form（**BCSL**），都有 $A \rightarrow B \notin a$ 或者 $A \notin b$ 或者$B \in c$。（于是，当 $R_{BCSL}abc$ 且 $A \rightarrow B \in a$ 且 $A \in b$ 时，有 $B \in c$ 成立。）换言之，$R_{BCSL}abc$ 不成立，当且仅当存在 A、$B \in$ Form（**BCSL**），使得 $A \rightarrow B \in a$ 且 $A \in b$ 且 $B \notin c$。

〈ⅳ〉$O'_{BCSL}=\{\Gamma: \Gamma$是“素的、正规的 **BCSL** 理论”$\}$，即所有的“素的、正规的 **BCSL** 理论”的集合。

〈ⅴ〉$K'_{BCSL}=\{\Gamma: \Gamma$是“素的 **BCSL** 理论”$\}$，即所有的“素的 **BCSL** 理论”的集合。

〈ⅵ〉R'_{BCSL}是 K'_{BCSL}上的三元关系，其定义为：对任何 a、b、$c \in K'_{BCSL}$，$R'_{BCSL}abc$当且仅当对任何 A、$B \in$ Form（**BCSL**），都有 $A \rightarrow B \notin a$ 或者 $A \notin b$ 或者 $B \in c$。（于是，当 $R'_{BCSL}abc$ 且 $A \rightarrow B \in a$ 且 $A \in b$ 时，有 $B \in c$ 成立。）换言之，$R'_{BCSL}abc$ 不成立，当且仅当存在 A、$B \in$ Form（**BCSL**），使得 $A \rightarrow B \in a$ 且 $A \in b$ 且 $B \notin c$。

由上述定义可知：$O'_{BCSL} \subseteq O_{BCSL} \subseteq K_{BCSL}$ 和 $O'_{BCSL} \subseteq K'_{BCSL} \subseteq K_{BCSL}$ 成立。又由例 3.4.1 知：Form（**BCSL**）是“素的、正规的 **BCSL** 理论”，即 Form（**BCSL**）$\in O'_{BCSL}$，所以 O_{BCSL}、K_{BCSL}、O'_{BCSL}和 K'_{BCSL}都是非空集。

命题 3.4.10：对于系统 **BCSL**，根据定义 3.4.7 获得 K_{BCSL}、R_{BCSL}、K'_{BCSL}和 R'_{BCSL}，有以下结论成立：

① 对任何 a、$b \in K_{BCSL}$和任何 $c \in K'_{BCSL}$，若 $R_{BCSL}abc$，则存在 $x \in K'_{BCSL}$，使

---

① 这些定义是为构建“典范框架”“典范赋值”和证明系统 **BCSL** 的完全性作准备。本节的“**BCSL** 典范框架”（定义 3.4.12）、“**BCSL** 典范赋值”（定义 3.4.13）概念以及采用一系列元定理（命题 3.4.10—3.4.19）来证明系统 **BCSL** 的完全性的思路和方法，参照了［Routley *et al.*，1982，p.306，pp.309－318］和［Restall，2000，pp.253－263］。

得 $b\subseteq x$ 且 $R_{BCSL}axc$。

② 对任何 a、$b\in K_{BCSL}$ 和任何 $c\in K'_{BCSL}$，若 $R_{BCSL}abc$，则存在 $x\in K'_{BCSL}$，使得 $a\subseteq x$ 且 $R_{BCSL}xbc$。

③ 对任何 a、$b\in K_{BCSL}$ 和任何 $c\in K'_{BCSL}$，若 $R_{BCSL}abc$，则存在 x、$y\in K'_{BCSL}$，使得 $a\subseteq x$ 且 $b\subseteq y$ 且 $R'_{BCSL}xyc$。

④ 对任何 a、b、$c\in K_{BCSL}$，若 $R_{BCSL}abc$ 且公式 $A\notin c$，则存在 $y\in K'_{BCSL}$，使得 $R_{BCSL}aby$ 且 $A\notin y$。

⑤ 对任何 a、b、$c\in K_{BCSL}$，若 $R_{BCSL}abc$ 且公式 $A\notin c$，则存在 x、$y\in K'_{BCSL}$，使得 $b\subseteq x$ 且 $R_{BCSL}axy$ 且 $A\notin y$。

⑥ 对任何 a、b、c、$d\in K_{BCSL}$，若 $R_{BCSL}abc$ 且 $c\subseteq d$，则 $R_{BCSL}abd$ 成立。

⑦ 对任何 a、b、c、$d\in K_{BCSL}$，若 $R_{BCSL}bcd$ 且 $a\subseteq b$，则 $R_{BCSL}acd$ 成立。

⑧ 对任何 a、b、c、$d\in K_{BCSL}$，若 $R_{BCSL}abd$ 且 $c\subseteq b$，则 $R_{BCSL}acd$ 成立。

证明：

（一）设 a、$b\in K_{BCSL}$ 且 $c\in K'_{BCSL}$ 且 $R_{BCSL}abc$，构造系统 **BCSL** 中的公式集 $\Sigma=\{A$：存在公式 B，使得 $A\to B\in a$ 且 $B\notin c\}$。

（1）若 $\Sigma=\Phi$，则由定义 3.4.6 知：Σ 是"$\vee$ 封闭的"。若 $\Sigma\neq\Phi$，以下证 Σ 仍是"$\vee$ 封闭的"。设公式 A_1、$A_2\in\Sigma$，由 Σ 的定义知：存在公式 B_1、B_2，使得

[1] $A_1\to B_1\in a$ 且 $A_2\to B_2\in a$，

和　[2] $B_1\notin c$ 且 $B_2\notin c$。

已知 $c\in K'_{BCSL}$，即 c 是"素的 **BCSL** 理论"，因而由[2]出发，根据定义 3.4.2〈i〉推知：

[3] $B_1\vee B_2\notin c$。

已知 $a\in K_{BCSL}$，即 a 是"**BCSL** 理论"，于是由[1]出发，根据定义 3.4.1〈i〉推知：

[4] $(A_1\to B_1)\wedge(A_2\to B_2)\in a$。

又　[5] $(A_1\to B_1)\wedge(A_2\to B_2)\vdash A_1\vee A_2\to B_1\vee B_2$（例 3.1.16）

由[4][5]和 $a\in K_{BCSL}$ 出发，根据定义 3.4.1〈ii〉推知：

[6] $(A_1\vee A_2\to B_1\vee B_2)\in a$。

进而由[3][6]和 Σ 的定义知：

[7] $A_1 \vee A_2 \in \Sigma$。

所以，由定义 3.4.6 知：Σ是"∨封闭的"。

(2) 以下证 $b \cap \Sigma = \Phi$，用反证法。倘若 $b \cap \Sigma \neq \Phi$，则存在公式 $A \in b$ 且 $A \in \Sigma$。由Σ的定义知：存在公式 B，使得 $A \rightarrow B \in a$ 且 $B \notin c$。已知 $R_{BCSL}abc$，于是由 $A \rightarrow B \in a$ 和 $A \in b$ 出发，根据定义 3.4.7〈ⅲ〉推知：$B \in c$。但这与 $B \notin c$ 矛盾。所以，$b \cap \Sigma = \Phi$ 成立。

由(1)(2)出发，运用命题 3.4.9②推得：存在"素的 **BCSL** 理论" $x \in K'_{BCSL}$，使得 $b \subseteq x$，且 $x \cap \Sigma = \Phi$。

(3) 以下证 $R_{BCSL}axc$，用反证法。倘若 $R_{BCSL}axc$ 不成立，由定义 3.4.7〈ⅲ〉知：存在 A、$B \in$ Form(**BCSL**)，使得 $A \rightarrow B \in a$ 且 $A \in x$ 且 $B \notin c$。由Σ的定义知：$A \in \Sigma$，于是 $A \in x \cap \Sigma$，与前面已证的 $x \cap \Sigma = \Phi$ 矛盾。所以，$R_{BCSL}axc$ 成立。这就证明了本命题的结论①成立。

(二) 设 a、$b \in K_{BCSL}$ 且 $c \in K'_{BCSL}$ 且 $R_{BCSL}abc$，构造系统 **BCSL** 中的公式集 $\Sigma = \{A$：存在公式 B、C，使得 $A \vdash B \rightarrow C$ 且 $B \in b$ 且 $C \notin c\}$。

(1) 若 $\Sigma = \Phi$，则由定义 3.4.6 知：Σ是"∨封闭的"；若 $\Sigma \neq \Phi$，以下证Σ仍是"∨封闭的"。设公式 A_1、$A_2 \in \Sigma$，由Σ的定义知：存在公式 B_1、C_1、B_2、C_2，使得

[1] $A_1 \vdash B_1 \rightarrow C_1$ 且 $A_2 \vdash B_2 \rightarrow C_2$，

和 [2] $B_1 \in b$ 且 $B_2 \in b$，

和 [3] $C_1 \notin c$ 且 $C_2 \notin c$。

已知 $c \in K'_{BCSL}$，即 c 是"素的 **BCSL** 理论"，因而由[3]出发，根据定义 3.4.2〈ⅰ〉推知

[4] $C_1 \vee C_2 \notin c$。

已知 $b \in K_{BCSL}$，即 b 是"**BCSL** 理论"，于是由[2]出发，根据定义 3.4.1〈ⅰ〉推知

[5] $B_1 \wedge B_2 \in b$。

由[1]出发，运用命题 3.1.7 推得

[6] $A_1 \vee A_2 \vdash (B_1 \rightarrow C_1) \vee (B_2 \rightarrow C_2)$。

又 [7] $(B_1 \rightarrow C_1) \vee (B_2 \rightarrow C_2) \vdash B_1 \wedge B_2 \rightarrow C_1 \vee C_2$（例 3.1.17），

由[6][7]出发,运用切割规则推知

[8] $A_1 \vee A_2 \vdash B_1 \wedge B_2 \rightarrow C_1 \vee C_2$。

进而由[4][5][8]和Σ的定义知

[9] $A_1 \vee A_2 \in \Sigma$。

所以,由定义 3.4.6 知: Σ是"∨封闭的"。

(2) 以下证 $a \cap \Sigma = \Phi$,用反证法。倘若 $a \cap \Sigma \neq \Phi$,则存在公式 $A \in a$ 且 $A \in \Sigma$。由Σ的定义知: 存在公式 B、C,使得 $A \vdash B \rightarrow C$ 且 $B \in b$ 且 $C \notin c$。已知 $a \in K_{BCSL}$,于是由定义 3.4.1〈ⅱ〉知: $B \rightarrow C \in a$。又 $R_{BCSL}abc$ 且 $B \in b$,再由定义 3.4.7〈ⅲ〉推知: $C \in c$。但这与 $C \notin c$ 矛盾。所以,$a \cap \Sigma = \Phi$ 成立。

由(1)(2)出发,运用命题 3.4.9②推得: 存在"素的 **BCSL** 理论" $x \in K'_{BCSL}$,使得 $a \subseteq x$,且 $x \cap \Sigma = \Phi$。

(3) 以下证 $R_{BCSL}xbc$,用反证法。倘若 $R_{BCSL}xbc$ 不成立,由定义 3.4.7〈ⅲ〉知: 存在 A、B ∈ Form(**BCSL**),使得 $A \rightarrow B \in x$ 且 $A \in b$ 且 $B \notin c$。又 $A \rightarrow B \vdash A \rightarrow B$(同一公理),由Σ的定义知: $A \rightarrow B \in \Sigma$,于是 $A \rightarrow B \in x \cap \Sigma$,与前面已证的 $x \cap \Sigma = \Phi$ 矛盾。所以,$R_{BCSL}xbc$ 成立。这就证明了结论②成立。

(三) 结论③是结论①②的直接推论。

(四) 设 a、b、c ∈ K_{BCSL} 且 $R_{BCSL}abc$ 且公式 $A \notin c$。由命题 3.4.3 知: $<c, \{A\}>$是系统 **BCSL** 中的一个"不可推演对"。再根据命题 3.4.7 推知: 存在"素的 **BCSL** 理论"y,使得 $c \subseteq y$ 且 $A \notin y$。以下证 $R_{BCSL}aby$,用反证法。倘若 $R_{BCSL}aby$ 不成立,由定义 3.4.7〈ⅲ〉知: 存在 B、C ∈ Form(**BCSL**),使得 $B \rightarrow C \in a$ 且 $B \in b$ 且 $C \notin y$。已知 $R_{BCSL}abc$,根据定义 3.4.7〈ⅲ〉推知: $C \in c$。又 $c \subseteq y$,于是 $C \in y$,但这与 $C \notin y$ 矛盾。所以,$R_{BCSL}aby$ 成立。这就证明了结论④成立。

(五) 结论⑤是结论①④的直接推论。

(六) 设 a、b、c、d ∈ K_{BCSL} 且 $R_{BCSL}abc$ 且 $c \subseteq d$,欲证 $R_{BCSL}abd$ 成立,用反证法。倘若 $R_{BCSL}abd$ 不成立,则由定义 3.4.7〈ⅲ〉知: 存在 A、B ∈ Form(**BCSL**),使得 $A \rightarrow B \in a$ 且 $A \in b$ 且 $B \notin d$。又 $c \subseteq d$,于是 $B \notin c$,进而推知 $R_{BCSL}abc$ 不成立。但这与题设 $R_{BCSL}abc$ 矛盾。所以,$R_{BCSL}abd$ 成立。这就证明了结论⑥成立。

（七）用上述（六）类似的证明方法，可证明结论⑦成立。

（八）用上述（六）类似的证明方法，可证明结论⑧成立。

命题 3.4.11：对于系统 **BCSL**，根据定义 3.4.7 获得 K_{BCSL} 和 R_{BCSL}，有以下结论成立：

① 设 $A \in Form(\mathbf{BCSL})$，令 $x = \{C: A \vdash C\}$，则 $x \in K_{BCSL}$。

② 设 b、$c \in K_{BCSL}$，令 $y = \{A$：存在公式 B，使得 $B \to A \in b$ 且 $B \in c\}$，则 $y \in K_{BCSL}$ 且 $R_{BCSL}bcy$ 成立。

证明：

（一）题设 $A \in Form(\mathbf{BCSL})$，又 $A \vdash A$（同一公理），由 x 的定义即知 $A \in x$，因而 $x \neq \Phi$。

（1）设 C_1、$C_2 \in x$，由 x 的定义知：$A \vdash C_1$ 且 $A \vdash C_2$，再根据合取引入规则推得 $A \vdash C_1 \wedge C_2$，所以 $C_1 \wedge C_2 \in x$。

（2）设 $C \in x$ 且 $C \vdash B$，由 x 的定义知 $A \vdash C$，再根据切割规则推得 $A \vdash B$，所以 $B \in x$。

（1）（2）表明：非空集 x 满足定义 3.4.1 的条件〈ⅰ〉〈ⅱ〉，是一个"**BCSL** 理论"，即 $x \in K_{BCSL}$。这就证明了本命题的结论①成立。

（二）已知 $y = \{A$：存在公式 B，使得 $B \to A \in b$ 且 $B \in c\}$。若 $y = \Phi$，则由定义 3.4.1 知：$y \in K_{BCSL}$；若 $y \neq \Phi$，以下证 $y \in K_{BCSL}$ 亦成立。

（1）设公式 A_1、$A_2 \in y$，则由 y 的定义知：存在公式 B_1、B_2，使得

［1］$B_1 \to A_1 \in b$ 且 $B_2 \to A_2 \in b$，

和 ［2］$B_1 \in c$ 且 $B_2 \in c$。

已知 b、$c \in K_{BCSL}$，于是分别由［1］［2］出发，根据定义 3.4.1〈ⅰ〉推知

［3］$(B_1 \to A_1) \wedge (B_2 \to A_2) \in b$

和 ［4］$B_1 \wedge B_2 \in c$。

又 ［5］$(B_1 \to A_1) \wedge (B_2 \to A_2) \vdash B_1 \wedge B_2 \to A_1 \wedge A_2$（例 3.1.15），

由［3］［5］和 $b \in K_{BCSL}$ 出发，根据定义 3.4.1〈ⅱ〉推知

［6］$B_1 \wedge B_2 \to A_1 \wedge A_2 \in b$。

再根据 y 的定义，由［4］［6］推知

[7] $A_1 \wedge A_2 \in y$。

(2) 设公式 $A \in y$ 且 $A \vdash C$,则由 y 的定义知:存在公式 B,使得

[1] $B \to A \in b$

和　[2] $B \in c$。

从 $A \vdash C$ 出发,运用命题 3.1.9 推知

[3] $B \to A \vdash B \to C$

于是由[1][3]出发,根据定义 3.4.1〈ii〉推知

[4] $B \to C \in b$。

再根据 y 的定义,由[2][4]推知

[5] $C \in y$。

(1)(2)证明了 y 是"**BCSL** 理论",即 $y \in K_{BCSL}$。再由 y 和 R_{BCSL} 的定义知 $R_{BCSL}bcy$ 成立。这就证明了结论②成立。

定义 3.4.8:对于系统 **BCSL**,根据定义 3.4.7 获得 K_{BCSL} 和 K'_{BCSL},再用如下方式给出 J_{BCSL} 和 J'_{BCSL} 的定义:

〈i〉J_{BCSL} 是 K_{BCSL} 上的二元关系,其定义为:对任何 $a、b \in K_{BCSL}$,$aJ_{BCSL}b$ 当且仅当对任何 $A \in Form(\mathbf{BCSL})$,都有 $\neg A \notin a$ 或者 $A \notin b$。(于是,当 $aJ_{BCSL}b$ 且 $\neg A \in a$ 时,有 $A \notin b$;当 $aJ_{BCSL}b$ 且 $A \in b$ 时,有 $\neg A \notin a$。)换言之,$aJ_{BCSL}b$ 不成立,当且仅当存在 $A \in Form(\mathbf{BCSL})$,使得 $\neg A \in a$ 且 $A \in b$。

〈ii〉J'_{BCSL} 是 K'_{BCSL} 上的二元关系,其定义为:对任何 $a、b \in K'_{BCSL}$,$aJ'_{BCSL}b$ 当且仅当对任何 $A \in Form(\mathbf{BCSL})$,都有 $\neg A \notin a$ 或者 $A \notin b$。(于是,当 $aJ'_{BCSL}b$ 且 $\neg A \in a$ 时,有 $A \notin b$;当 $aJ'_{BCSL}b$ 且 $A \in b$ 时,有 $\neg A \notin a$。)换言之,$aJ'_{BCSL}b$ 不成立,当且仅当存在 $A \in Form(\mathbf{BCSL})$,使得 $\neg A \in a$ 且 $A \in b$。

下面的命题 3.4.12 的证明要使用集合论中的"Zorn 引理"(它是"选择公理"的形式之一),为了表述"Zorn 引理",先通过定义引入几个基本概念。

定义 3.4.9:设 Δ、Ξ 是两个非空的集合且 $\Xi \subseteq \Delta$,若 Ξ 满足条件"对任何 $X、Y \in \Xi$,都有 $X \subseteq Y$ 或 $Y \subseteq X$",则称 Ξ 是"Δ 中的一个(非空)链"。

例 3.4.3:设 Δ 是一个非空的集合,则存在 $a \in \Delta$,单元素集 $\{a\}$ 是 Δ 中的一个链。即任何非空集合中有非空链存在。

定义 3.4.10：设Δ是一个非空的集合且 $X \in \Delta$，若对任何 $Y \in \Delta$，当 $X \subseteq Y$ 时，都有 $X = Y$ 成立，即 X 不是Δ中任何元素的真子集，则称 X 是“Δ中的一个极大元”。

定义 3.4.11：对任何集合Δ，记 $\cup\Delta = \{a: 存在 X \in \Delta, 使得 a \in X\}$，称∪Δ是“Δ的并集”。

Zorn 引理：设Δ是一个非空的集合，若对Δ中的任何一个非空链 $\Xi \subseteq \Delta$，都有 $\cup\Xi \in \Delta$，则存在 $X \in \Delta$，使得 X 是Δ中的一个极大元。

命题 3.4.12：对于系统 **BCSL**，根据定义 3.4.7 和定义 3.4.8 获得 K_{BCSL}、K'_{BCSL}、J_{BCSL} 和 J'_{BCSL}，有以下结论成立：

① 对任何 $a、b、c \in K_{BCSL}$，若 $aJ_{BCSL}c$ 且 $b \subseteq c$，则 $aJ_{BCSL}b$。

② 对任何 $a、b、c \in K_{BCSL}$，若 $bJ_{BCSL}c$ 且 $a \subseteq b$，则 $aJ_{BCSL}c$。

③ 对任何 $a、b \in K_{BCSL}$，若 $aJ_{BCSL}b$，则存在 $x \in K'_{BCSL}$，使得 $a \subseteq x$ 且 $xJ_{BCSL}b$。

④ 对任何 $a \in K_{BCSL}$，若公式 $\neg A \notin a$，则存在 $x \in K'_{BCSL}$，使得 $aJ_{BCSL}x$ 且 $A \in x$。

证明：

（一）设 $a、b、c \in K_{BCSL}$，$aJ_{BCSL}c$ 且 $b \subseteq c$，欲证 $aJ_{BCSL}b$，用反证法。倘若 $aJ_{BCSL}b$ 不成立，则由定义 3.4.8〈ⅰ〉知：存在 $A \in Form(\mathbf{BCSL})$，使得 $\neg A \in a$ 且 $A \in b$。又 $b \subseteq c$，于是 $A \in c$。由 $aJ_{BCSL}c$ 和 $\neg A \in a$ 出发，根据定义 3.4.8〈ⅰ〉推知 $A \notin c$。这与 $A \in c$ 矛盾，所以 $aJ_{BCSL}b$。这就证明了本命题的结论①成立。

（二）设 $a、b、c \in K_{BCSL}$，$bJ_{BCSL}c$ 且 $a \subseteq b$，欲证 $aJ_{BCSL}c$，用反证法。倘若 $aJ_{BCSL}c$ 不成立，则由定义 3.4.8〈ⅰ〉知：存在 $A \in Form(\mathbf{BCSL})$，使得 $\neg A \in a$ 且 $A \in c$。又 $a \subseteq b$，于是 $\neg A \in b$。由 $bJ_{BCSL}c$ 和 $\neg A \in b$ 出发，根据定义 3.4.8〈ⅰ〉推知 $A \notin c$。这与 $A \in c$ 矛盾，所以 $aJ_{BCSL}c$。这就证明了结论②成立。

（三）设 $a、b \in K_{BCSL}$，$aJ_{BCSL}b$。令 $\Delta = \{u: u \in K_{BCSL} 且 a \subseteq u 且 uJ_{BCSL}b\}$，则 $a \in \Delta$，因而 $\Delta \neq \Phi$。任取Δ中的一个非空链 $\Xi \subseteq \Delta$，以下证 $\cup\Xi \in \Delta$。

（1）先证∪Ξ是一个“**BCSL** 理论”。有两种可能的情况。

情况 1：$\cup\Xi = \Phi$。则由定义 3.4.1 知：∪Ξ是一个“**BCSL** 理论”。

情况 2：$\cup\Xi \neq \Phi$。

设公式A、$B\in\cup\Xi$，则由定义3.4.11知：存在"**BCSL** 理论"u_1、$u_2\in\Xi$，使得$A\in u_1$且$B\in u_2$。又Ξ是链，由定义3.4.9知：有$u_1\subseteq u_2$或$u_2\subseteq u_1$。若$u_1\subseteq u_2$，则有A、$B\in u_2$，由定义3.4.1〈ⅰ〉知：$A\wedge B\in u_2$，进而推知：$A\wedge B\in\cup\Xi$；同理，若$u_2\subseteq u_1$，则有A、$B\in u_1$，进而有$A\wedge B\in u_1$，亦可推知：$A\wedge B\in\cup\Xi$。

再设公式$A\in\cup\Xi$且$A\vdash B$，则由定义3.4.11知：存在"**BCSL** 理论"$u\in\Xi$，使得$A\in u$。由定义3.4.1〈ⅱ〉知$B\in u$，进而推知：$B\in\cup\Xi$。

这表明$\cup\Xi$满足定义3.4.1〈ⅰ〉〈ⅱ〉，因而$\cup\Xi$是一个"**BCSL** 理论"，即$\cup\Xi\in K_{BCSL}$。

(2) 对任何"**BCSL** 理论"$u\in\Xi\subseteq\Delta$，由Δ的构造知：$a\subseteq u$，进而由定义3.4.11推知：$a\subseteq\cup\Xi$。

(3) 以下证$(\cup\Xi)J_{BCSL}b$，用反证法。

倘若$(\cup\Xi)J_{BCSL}b$不成立，则由定义3.4.8〈ⅰ〉推知：存在$A\in$ Form(**BCSL**)，使得$\neg A\in\cup\Xi$且$A\in b$。由定义3.4.11知：存在"**BCSL** 理论"$u\in\Xi\subseteq\Delta$，使得$\neg A\in u$。又由Δ的构造知$uJ_{BCSL}b$，再根据定义3.4.8〈ⅰ〉推知$A\notin b$，这与$A\in b$矛盾。所以$(\cup\Xi)J_{BCSL}b$成立。

由(1)—(3)证得$\cup\Xi\in\Delta$。根据"Zorn 引理"知：存在"**BCSL** 理论"$x\in\Delta$，使得x是Δ中的一个极大元。当然有$x\in K_{BCSL}$且$a\subseteq x$且$xJ_{BCSL}b$。

(4) 最后证x是一个"素的 **BCSL** 理论"，用反证法。

倘若x不是一个"素的 **BCSL** 理论"，则由定义3.4.2〈ⅰ〉知：存在A、$B\in$ Form(**BCSL**)，使得$A\vee B\in x$且$A\notin x$且$B\notin x$。

令$y_1=\{D$：存在公式$C\in x$，使得$C\wedge A\vdash D\}$，

令$y_2=\{D'$：存在公式$C'\in x$，使得$C'\wedge B\vdash D'\}$。

设公式$C\in x$，由例3.1.3知：$C\wedge A\vdash C$和$C\wedge B\vdash C$，再根据y_1和y_2的构造知：$C\in y_1$和$C\in y_2$。这表明$a\subseteq x\subseteq y_1$和$a\subseteq x\subseteq y_2$成立。又对任何$C\in x$，由例3.1.4知：$C\wedge A\vdash A$和$C\wedge B\vdash B$，由$y_1$和$y_2$的构造知：$A\in y_1$和$B\in y_2$。但$A\notin x$且$B\notin x$，因而$x\subset y_1$和$x\subset y_2$成立。

以下证y_1和y_2都是"**BCSL** 理论"。

设公式D_1、$D_2\in y_1$，则由y_1的构造知：存在C_1、$C_2\in x$，使得$C_1\wedge A\vdash D_1$

和 $C_2 \wedge A \vdash D_2$。运用命题 3.1.5 推知：$C_1 \wedge A \wedge (C_2 \wedge A) \vdash D_1 \wedge D_2$。根据“∧交换”“∧结合”和“∧收缩”做左替换，即可推得：$C_1 \wedge C_2 \wedge A \vdash D_1 \wedge D_2$。又 $x \in K_{BCSL}$，由定义 3.4.1〈ⅰ〉知：$C_1 \wedge C_2 \in x$。再根据 y_1 的构造即知：$D_1 \wedge D_2 \in y_1$。

再设公式 $D \in y_1$ 且 $D \vdash E$，则由 y_1 的构造知：存在 $C \in x$，使得 $C \wedge A \vdash D$。运用切割规则推知：$C \wedge A \vdash E$，进而由 y_1 的构造即知：$E \in y_1$。

这表明 y_1 满足定义 3.4.1〈ⅰ〉〈ⅱ〉，因而 y_1 是一个“**BCSL** 理论”，即 $y_1 \in K_{BCSL}$。同理可证：y_2 也是一个“**BCSL** 理论”，即 $y_2 \in K_{BCSL}$。

鉴于 $x \subset y_1$ 且 $x \subset y_2$ 且 x 是Δ中的一个极大元，由定义 3.4.10 推知：$y_1 \notin \Delta$ 且 $y_2 \notin \Delta$。再根据Δ的构造知：$y_1 J_{BCSL} b$ 和 $y_2 J_{BCSL} b$ 都不成立，进而由定义 3.4.8〈ⅰ〉推知：存在公式 D 和 D′，使得

［1］$\neg D \in y_1$ 且 $D \in b$

和 ［2］$\neg D' \in y_2$ 且 $D' \in b$。

由［1］［2］和 $b \in K_{BCSL}$ 出发，根据定义 3.4.1〈ⅰ〉知

［3］$D \wedge D' \in b$。

由［1］［2］出发，根据 y_1 和 y_2 的构造知

［4］存在公式 $C \in x$，使得 $C \wedge A \vdash \neg D$，

和 ［5］存在公式 $C' \in x$，使得 $C' \wedge B \vdash \neg D'$。

由例 3.1.3 知：$C \wedge A \wedge C' \vdash C \wedge A$ 和 $C' \wedge B \wedge C \vdash C' \wedge B$。根据“∧交换”和“∧结合”做左替换，即可推得

［6］$C \wedge C' \wedge A \vdash C \wedge A$，

和 ［7］$C \wedge C' \wedge B \vdash C' \wedge B$。

由［6］［4］和［7］［5］出发，运用切割规则推知

［8］$C \wedge C' \wedge A \vdash \neg D$，

和 ［9］$C \wedge C' \wedge B \vdash \neg D'$。

由［8］［9］出发，根据命题 3.1.7 推知

［10］$(C \wedge C' \wedge A) \vee (C \wedge C' \wedge B) \vdash \neg D \vee \neg D'$。

由［10］出发，根据“∧对∨分配”做左替换，可推得

［11］$C \wedge C' \wedge (A \vee B) \vdash \neg D \vee \neg D'$，即 $C \wedge C' \wedge (A \vee B) \vdash$

$\neg(\neg\neg D\wedge\neg\neg D')$。

由[11]出发，根据"¬ ¬ 增减"做右替换，即可推得

[12] $C\wedge C'\wedge(A\vee B)\vdash\neg(D\wedge D')$。

由[4][5]、$A\vee B\in x$ 和 $x\in K_{BCSL}$ 出发，根据定义 3.4.1〈 i 〉知

[13] $C\wedge C'\wedge(A\vee B)\in x$。

由[12][13]和 $x\in K_{BCSL}$ 出发，根据定义 3.4.1〈 ii 〉知

[14] $\neg(D\wedge D')\in x$。

再由[14]和 $xJ_{BCSL}b$ 出发，根据定义 3.4.8〈 i 〉推知

[15] $D\wedge D'\notin b$。

但[3]和[15]矛盾，所以 x 是一个"素的 **BCSL** 理论"，即 $x\in K'_{BCSL}$。这就证明了结论③成立。

(四) 设 $A\in Form(\mathbf{BCSL})$，$a\in K_{BCSL}$ 且 $\neg A\notin a$。令 $\Sigma=\{B: B\in Form(\mathbf{BCSL})$ 且 $\neg B\in a\}$。

(1) 若 $\Sigma=\Phi$，则由定义 3.4.3 知：$<\{A\},\Sigma>$是系统 **BCSL** 中的一个"不可推演对"。

(2) 若 $\Sigma\neq\Phi$，以下证 $<\{A\},\Sigma>$仍是系统 **BCSL** 中的一个"不可推演对"，用反证法。倘若 $<\{A\},\Sigma>$是系统 **BCSL** 中的一个"可推演对"，则由命题 3.4.2 知

[1] 存在各不相同的公式 B_1、B_2、…、$B_m\in\Sigma(m\geqslant 1)$，使得 $A\vdash B_1\vee B_2\vee\cdots\vee B_m$。

由[1]出发，运用命题 3.1.10 推知

[2] $\neg(B_1\vee B_2\vee\cdots\vee B_m)\vdash\neg A$。

由[2]出发，根据"¬ ¬ 增减"做左替换，即可推得

[3] $\neg B_1\wedge\neg B_2\wedge\cdots\wedge\neg B_m\vdash\neg A$。

由[1]和Σ的构造知

[4] $\neg B_1$、$\neg B_2$、…、$\neg B_m\in a$。

再由[4]和 $a\in K_{BCSL}$ 出发，根据定义 3.4.1〈 i 〉知

[5] $\neg B_1\wedge\neg B_2\wedge\cdots\wedge\neg B_m\in a$。

由[3][5]出发，根据定义 3.4.1〈 ii 〉知

[6] $\neg A \in a$。

但[6]与已知$\neg A \notin a$矛盾。所以，$<\{A\}, \Sigma>$仍是系统 **BCSL** 中的一个“不可推演对”。再运用扩充定理（命题 3.4.6）推得：存在系统 **BCSL** 中的“极大的不可推演对”$<x, \Sigma'>$，使得$<\{A\}, \Sigma> \subseteq <x, \Sigma'>$成立。由定义 3.4.5 知：$\{A\} \subseteq x$，于是$A \in x$。又由命题 3.4.5 知：x 是“素的 **BCSL** 理论”，即$x \in K'_{BCSL}$。以下证$aJ_{BCSL}x$，用反证法。

倘若$aJ_{BCSL}x$不成立，则由定义 3.4.8〈ⅰ〉推知：存在$B \in Form(\mathbf{BCSL})$，使得$\neg B \in a$且$B \in x$。由命题 3.4.4 知：$x \cap \Sigma' = \Phi$。又$\Sigma \subseteq \Sigma'$，于是$x \cap \Sigma = \Phi$，进而知$B \notin \Sigma$，再由$\Sigma$的构造推知：$\neg B \notin a$。这与$\neg B \in a$矛盾，所以$aJ_{BCSL}x$成立。这就证明了结论④成立。

命题 3.4.13：对于系统 **BCSL**，根据定义 3.4.7 和定义 3.4.8 获得K_{BCSL}、K'_{BCSL}、J_{BCSL}和J'_{BCSL}，对任何$a \in K'_{BCSL}$，令$a^* = \{A: A \in Form(\mathbf{BCSL})$且$\neg A \notin a\}$，则$a^* \in K'_{BCSL}$，即$a^*$也是“素的 **BCSL** 理论”。

证明：

设$a \in K'_{BCSL}$。若$a^* = \Phi$，由定义 3.4.2〈ⅰ〉知：a^*是“素的 **BCSL** 理论”；若$a^* \neq \Phi$，以下证a^*仍是“素的 **BCSL** 理论”。

(1) 设公式A、$B \in a^*$，欲证$A \wedge B \in a^*$，用反证法。倘若$A \wedge B \notin a^*$，则由a^*的定义知：$\neg(A \wedge B) \in a$。从同一公理$\neg(A \wedge B) \vdash \neg(A \wedge B)$出发，根据“$\neg\neg$增减”做右替换，可推得：$\neg(A \wedge B) \vdash \neg(\neg\neg A \wedge \neg\neg B)$，即$\neg(A \wedge B) \vdash \neg A \vee \neg B$。已知 a 是“素的 **BCSL** 理论”，于是有$\neg A \vee \neg B \in a$，进而推知$\neg A \in a$或$\neg B \in a$。再根据a^*的定义知：$A \notin a^*$或$B \notin a^*$。但这与题设A、$B \in a^*$矛盾。所以$A \wedge B \in a^*$成立。

(2) 设公式$A \in a^*$且$A \vdash B$，欲证$B \in a^*$，用反证法。倘若$B \notin a^*$，则由a^*的定义知：$\neg B \in a$。由$A \vdash B$出发，运用命题 3.1.10 推知：$\neg B \vdash \neg A$，又 a 是“**BCSL** 理论”，于是有$\neg A \in a$，进而推知$A \notin a^*$。但这与题设$A \in a^*$矛盾。所以$B \in a^*$成立。

(3) 设公式$A \vee B \in a^*$，欲证$A \in a^*$或$B \in a^*$，用反证法。倘若$A \notin a^*$且$B \notin a^*$，则由a^*的定义知：$\neg A \in a$且$\neg B \in a$。已知 a 是“**BCSL** 理论”，

于是有$\neg A \wedge \neg B \in a$；又由例 3.1.6 知：$\neg A \wedge \neg B \vdash \neg\neg(\neg A \wedge \neg B)$，即$\neg A \wedge \neg B \vdash \neg(A \vee B)$，于是有$\neg(A \vee B) \in a$，进而推知$A \vee B \notin a^*$。但这与题设$A \vee B \in a^*$矛盾。所以$A \in a^*$或$B \in a^*$成立。

以上(1)—(3)证得：a^*是"素的 **BCSL** 理论"，即$a^* \in K'_{BCSL}$。

定义 3.4.12：记$FC_{BCSL} = <O'_{BCSL}, K'_{BCSL}, R'_{BCSL}, J'_{BCSL}>$，其中的$O'_{BCSL}$、$K'_{BCSL}$、$R'_{BCSL}$和$J'_{BCSL}$由定义 3.4.7 和定义 3.4.8 给出。称$FC_{BCSL}$为"**BCSL** 典范框架"，对$FC_{BCSL}$仍采用定义 3.3.1 中的定义 1—定义 4（将其中的 O、K、R、J 分别改成O'_{BCSL}、K'_{BCSL}、R'_{BCSL}、J'_{BCSL}）。

显而易见，"**BCSL** 典范框架"$FC_{BCSL} = <O'_{BCSL}, K'_{BCSL}, R'_{BCSL}, J'_{BCSL}>$满足定义 3.3.1 的各项要求，是一个"命题逻辑三元关系语义的基础框架"。

命题 3.4.14：设$FC_{BCSL} = <O'_{BCSL}, K'_{BCSL}, R'_{BCSL}, J'_{BCSL}>$是"**BCSL** 典范框架"，则对任何 a、$b \in K'_{BCSL}$，有：$a \leqslant b$当且仅当$a \subseteq b$。

证明：

(1) 先设$a \leqslant b$，即存在$x \in O'_{BCSL}$，使得$R'_{BCSL}xab$成立，并设公式$A \in a$。注意到$\vdash_{BCSL} A \to A$（定理 3.1.1）且$x \in O'_{BCSL}$，即 x 是"素的、正规的 **BCSL** 理论"，于是有$A \to A \in x$，又$R'_{BCSL}xab$且$A \in a$，进而由定义 3.4.7〈ⅵ〉推知$A \in b$，所以$a \subseteq b$。

(2) 再设$a \subseteq b$，以下证$a \leqslant b$。有两种可能的情况。

情况 1：$a = \Phi$。由定义 3.4.2〈ⅰ〉知：a 是"素的 **BCSL** 理论"，即$a \in K'_{BCSL}$。令$x = Form(\mathbf{BCSL})$，由例 3.4.1 知：x 是"素的、正规的 **BCSL** 理论"，即$x \in O'_{BCSL}$。再根据定义 3.4.7〈ⅵ〉推知：$R'_{BCSL}xab$，于是$a \leqslant b$成立。

情况 2：$a \neq \Phi$。令$y = Th(\mathbf{BCSL})$，由例 3.4.1 知 y 是"正规的 **BCSL** 理论"，即$y \in O_{BCSL} \subseteq K_{BCSL}$。设公式$A \in a$且$A \to B \in y$，即$\vdash_{BCSL} A \to B$，又$A \vdash A$，由蕴涵消去规则推知$A \vdash B$，再由定义 3.4.1〈ⅱ〉推知：$B \in a$；又$a \subseteq b$，于是有$B \in b$，进而由定义 3.4.7〈ⅲ〉推知$R_{BCSL}yab$。注意到 a、$b \in K'_{BCSL}$，运用命题 3.4.10②推得：存在"素的 **BCSL** 理论"$x \in K'_{BCSL}$，使得$Th(\mathbf{BCSL}) = y \subseteq x$且$R'_{BCSL}xab$。于是有$x \in O'_{BCSL}$，因而$a \leqslant b$成立。

所以，$a \leqslant b$当且仅当$a \subseteq b$。

命题 3.4.15："**BCL** 典范框架" $FC_{BCL}=<O'_{BCL},K'_{BCL},R'_{BCL},J'_{BCL}>$是一个"**BCL** 框架"。

证明：

"**BCL** 典范框架" $FC_{BCL}=<O'_{BCL},K'_{BCL},R'_{BCL},J'_{BCL}>$是一个"命题逻辑三元关系语义的基础框架"。以下证 FC_{BCL}满足定义 3.3.2 的特性 P1—P8。

（1）对任何 $a\in K'_{BCL}$，都有 $a\subseteq a$，再由命题 3.4.14 推知 $a\leqslant a$ 成立，即 FC_{BCL}满足特性 P1。

（2）设 a、b、c、$d\in K'_{BCL}$，$a\leqslant b$ 且 $R'_{BCL}bcd$，由命题 3.4.14 知 $a\subseteq b$，再运用命题 3.4.10⑦推知 $R'_{BCL}acd$ 成立，即 FC_{BCL}满足特性 P2。

（3）设 a、b、$c\in K'_{BCL}$，$a\leqslant b$ 且 $bJ'_{BCL}c$，欲证 $aJ'_{BCL}c$，用反证法。倘若 $aJ'_{BCL}c$ 不成立，则由定义 3.4.8〈ⅱ〉知：存在 $A\in Form(\mathbf{BCL})$，使得$\neg A\in a$ 且 $A\in c$。已知 $a\leqslant b$，由命题 3.4.14 推知 $a\subseteq b$，于是有$\neg A\in b$；又已知 $bJ'_{BCL}c$，由定义 3.4.8〈ⅱ〉推知 $A\notin c$，但这与 $A\in c$ 矛盾。所以 $aJ'_{BCL}c$ 成立，即 FC_{BCL}满足特性 P3。

（4）设 a、$b\in K'_{BCL}$且 $aJ'_{BCL}b$，欲证 $bJ'_{BCL}a$，用反证法。倘若 $bJ'_{BCL}a$ 不成立，则由定义 3.4.8〈ⅱ〉推知：存在 $A\in Form(\mathbf{BCL})$，使得

［1］$\neg A\in b$

且 ［2］$A\in a$。

又 ［3］$A\vdash\neg\neg A$（例 3.1.6）

由［2］［3］和已知 $a\in K'_{BCL}$出发，根据定义 3.4.1〈ⅱ〉推知

［4］$\neg\neg A\in a$。

由［4］和已知 $aJ'_{BCL}b$ 出发，根据定义 3.4.8〈ⅱ〉推知

［5］$\neg A\notin b$。

但［1］与［5］矛盾，所以 $bJ'_{BCL}a$ 成立，即 FC_{BCL}满足特性 P4。

（5）设 a、b、c、$d\in K'_{BCL}$且 $R'^{2}_{BCL}abcd$，即存在 $x\in K'_{BCL}$，使得 $R'_{BCL}abx$ 且 $R'_{BCL}xcd$。令 $y=\{A$：存在公式 B，使得 $B\rightarrow A\in a$ 且 $B\in c\}$。由命题 3.4.11②知：$y\in K_{BCL}$且 $R_{BCL}acy$ 成立。

以下证 $R_{BCL}byd$ 成立，用反证法。倘若 $R_{BCL}byd$ 不成立，则由定义 3.4.7〈ⅲ〉推知：存在 A、$B\in Form(\mathbf{BCL})$，使得

[1] $A\to B\in b$

且 [2] $A\in y$

且 [3] $B\notin d$。

由[2]和 y 的定义知：存在公式 C，使得

[4] $C\to A\in a$

和 [5] $C\in c$。

由 $\vdash_{BCL}(C\to A)\to((A\to B)\to(C\to B))$（定理 3.1.3）和同一公理 $C\to A\vdash C\to A$ 出发，运用蕴涵消去规则推得

[6] $C\to A\vdash(A\to B)\to(C\to B)$

由[4][6]和 $a\in K'_{BCL}$ 推知

[7] $(A\to B)\to(C\to B)\in a$。

再由[7][1]和 $R'_{BCL}abx$ 推知

[8] $C\to B\in x$。

进而由[8][5]和 $R'_{BCL}xcd$ 推知

[9] $B\in d$。

但[3]和[9]矛盾，所以 $R_{BCL}byd$ 成立。注意到 b、$d\in K'_{BCL}$，运用命题 3.4.10①推知：存在 $z\in K'_{BCL}$，使得

[10] $y\subseteq z$

且 [11] $R'_{BCL}bzd$。

进而由 $R_{BCL}acy$ 和[10]出发，并注意到 a、c、$z\in K'_{BCL}$，运用命题 3.4.10⑥推知

[12] $R'_{BCL}acz$。

由[11][12]即知：$R'^{2}_{BCL}b(ac)d$。这就证明了 FC_{BCL} 满足特性 P5。

(6) 设 a、b、$c\in K'_{BCL}$ 且 $R'_{BCL}abc$，欲证 $R'_{BCL}bac$，用反证法。倘若 $R'_{BCL}bac$ 不成立，则由定义 3.4.7〈ⅵ〉推知：存在 A、$B\in$ Form(**BCL**)，使得

[1] $A\to B\in b$

且 [2] $A\in a$

且 [3] $B\notin c$。

由 $\vdash_{BCL}A\to((A\to B)\to B)$（定理 3.1.4）和同一公理 $A\vdash A$ 出发，运用蕴

涵消去规则推得：

[4] $A\vdash(A\rightarrow B)\rightarrow B$

由[2][4]和 $a\in K'_{BCL}$ 推知

[5] $(A\rightarrow B)\rightarrow B\in a$。

再由[5][1]和 $R'_{BCL}abc$ 推知

[6] $B\in c$。

但[3]与[6]矛盾，所以 $R'_{BCL}bac$ 成立，即 FC_{BCL} 满足特性 P6。

(7) 设 a、b、$c\in K'_{BCL}$ 且 $R'_{BCL}ab(J'_{BCL}c)$，即存在 $x\in K'_{BCL}$，使得 $R'_{BCL}abx$ 且 $xJ'_{BCL}c$。令 $y=\{C$: 存在公式 B，使得 $B\rightarrow C\in a$ 且 $B\in c\}$，由命题 3.4.11 ②知：$y\in K_{BCL}$ 且 $R_{BCL}acy$。以下证 $yJ_{BCL}b$，用反证法。倘若 $yJ_{BCL}b$ 不成立，则由定义 3.4.8〈 i 〉知：存在 $A\in Form(\mathbf{BCL})$，使得

[1] $\neg A\in y$

且 [2] $A\in b$。

由[1]和 y 的构造知：存在公式 B，使得

[3] $B\rightarrow\neg A\in a$

且 [4] $B\in c$。

由 $\vdash_{BCL}(B\rightarrow\neg A)\rightarrow(A\rightarrow\neg B)$（定理 3.1.9）和同一公理 $B\rightarrow\neg A\vdash B\rightarrow\neg A$ 出发，运用蕴涵消去规则推得

[5] $B\rightarrow\neg A\vdash A\rightarrow\neg B$。

由[3][5]和 $a\in K'_{BCL}$ 推知

[6] $A\rightarrow\neg B\in a$。

由[6][2]和 $R'_{BCL}abx$ 推知

[7] $\neg B\in x$。

由[7]和 $xJ'_{BCL}c$ 推知

[8] $B\notin c$。

但[4]与[8]矛盾，所以 $yJ_{BCL}b$ 成立。注意到 $b\in K'_{BCL}$，运用命题 3.4.12 ③推知：存在 $z\in K'_{BCL}$，使得 $y\subseteq z$ 且 $zJ'_{BCL}b$。再由 $R_{BCL}acy$ 和 $y\subseteq z$ 出发，并注意到 a、c、$z\in K'_{BCL}$，运用命题 3.4.10⑥推知 $R'_{BCL}acz$，于是有 $R'_{BCL}ac(J'_{BCL}b)$ 成立，即 FC_{BCL} 满足特性 P7。

(8) 设 $a \in K'_{BCL}$。令 $a^* = \{A: A \in Form(\mathbf{BCL})$ 且$\neg A \notin a\}$,由命题3.4.13知: $a^* \in K'_{BCL}$。对任何 $A \in Form(\mathbf{BCL})$,若$\neg A \in a$,由 a^* 的定义知$A \notin a^*$,再根据定义 3.4.8〈ⅱ〉推知 $aJ'_{BCL}a^*$。再设 $c \in K'_{BCL}$,若 $a^*J'_{BCL}c$,则对任何公式 $B \in c$,由定义 3.4.8〈ⅱ〉知: $\neg B \notin a^*$。再由 a^* 的定义知: $\neg\neg B \in a$,又 $\neg\neg B \vdash B$(例 3.1.5),于是有 $B \in a$,这表明 $c \subseteq a$,进而由命题3.4.14 推知: $c \leqslant a$ 成立。这就证明了 FC_{BCL}满足特性 P8。

所以,FC_{BCL}是一个“**BCL** 框架”。

命题 3.4.16:“**RL** 典范框架”$FC_{RL} = <O'_{RL}, K'_{RL}, R'_{RL}, J'_{RL}>$是一个“**RL** 框架”。

证明:

“**RL** 典范框架”$FC_{RL} = <O'_{RL}, K'_{RL}, R'_{RL}, J'_{RL}>$是一个“命题逻辑三元关系语义的基础框架”。$FC_{RL}$满足特性 P1—P8,证明方法同命题 3.4.15(只需将命题 3.4.15 证明中的 **BCL** 改为 **RL**)。以下证 FC_{RL}还满足定义 3.3.3 的特性 P9。

设 a、$b \in K'_{RL}$且 $a \leqslant b$。以下证 $R_{RL}{}'aab$,用反证法。倘若 $R'_{RL}aab$ 不成立,则由定义 3.4.7〈ⅵ〉推知: 存在公式 A、B,使得

[1] $A \to B \in a$

且 [2] $A \in a$

且 [3] $B \notin b$。

由[1][2]和 $a \in K'_{RL}$推知

[4] $(A \to B) \wedge A \in a$。

由 $\vdash_{RL}(A \to B) \wedge A \to B$(定理 3.1.17)和同一公理$(A \to B) \wedge A \vdash (A \to B) \wedge A$ 出发,运用蕴涵消去规则推得

[5] $(A \to B) \wedge A \vdash B$。

进而由[4][5]和 $a \in K'_{RL}$推知

[6] $B \in a$。

已知 $a \leqslant b$,由命题 3.4.14 推得

[7] $a \subseteq b$,

再由[6][7]推知

[8] $B \in b$。

但[3]和[8]矛盾，所以 $R_{RL}'aab$ 成立。这就证明了 FC_{RL} 满足特性 P9。

所以，FC_{RL} 是一个“**RL** 框架”。

将命题 3.4.15 和命题 3.4.16 合并起来，即为如下的命题：

命题 3.4.17：“**BCSL** 典范框架”$FC_{BCSL} = <O'_{BCSL}, K'_{BCSL}, R'_{BCSL}, J'_{BCSL}>$是一个“**BCSL** 框架”。

定义 3.4.13：$FC_{BCSL} = <O'_{BCSL}, K'_{BCSL}, R'_{BCSL}, J'_{BCSL}>$是“**BCSL** 典范框架”，$V_{BCSL}$是从 Form(**BCSL**)$\times K'_{BCSL}$到$\{1,0\}$（1、0 可分别解释为“真”和“假”）内的一个映射，其定义为：“对任何 $A \in$ Form(**BCSL**)和任何 $a \in K'_{BCSL}$，都有 $V_{BCSL}(A,a)=1$ 当且仅当 $A \in a$”。称 V_{BCSL}为“**BCSL** 典范赋值”。

命题 3.4.18：设 $FC_{BCSL} = <O'_{BCSL}, K'_{BCSL}, R'_{BCSL}, J'_{BCSL}>$是“**BCSL** 典范框架”，$V_{BCSL}$是“**BCSL** 典范赋值”，则 V_{BCSL}满足定义 3.3.4 赋值的四个条件。

证明：

（一）设 $a \in K'_{BCSL}$，由 V_{BCSL}的定义知：对任何命题变元 p_i，$V_{BCSL}(p_i,a)=1$ 当且仅当 $p_i \in a$，换言之，$V_{BCSL}(p_i,a)=0$ 当且仅当 $p_i \notin a$。因此有 $V_{BCSL}(p_i,a)=1$ 或 $V_{BCSL}(p_i,a)=0$，两者必居其一，且仅居其一。又若 $V_{BCSL}(p_i,a)=1$ 且 $b \in K'_{BCSL}$且 $a \leqslant b$，则由 V_{BCSL}的定义和命题 3.4.14 知：$p_i \in a$ 且 $a \subseteq b$，于是 $p_i \in b$，进而知 $V_{BCSL}(p_i,b)=1$ 成立。这就证明了 V_{BCSL}满足定义 3.3.4 的条件〈i〉。

（二）设 $a \in K'_{BCSL}$，A、$B \in$ Form(**BCSL**)。若 $V_{BCSL}(A \wedge B,a)=1$，则 $A \wedge B \in a$，又 $A \wedge B \vdash A$（例 3.1.3）和 $A \wedge B \vdash B$（例 3.1.4），根据定义 3.4.1〈ii〉推知：$A \in a$ 且 $B \in a$，进而知 $V_{BCSL}(A,a)=1$ 且 $V_{BCSL}(B,a)=1$。反之，若 $V_{BCSL}(A,a)=1$ 且 $V_{BCSL}(B,a)=1$，则有 $A \in a$ 且 $B \in a$，根据定义 3.4.1〈i〉推知：推知 $A \wedge B \in a$，于是有 $V_{BCSL}(A \wedge B,a)=1$ 成立。所以，V_{BCSL}满足定义 3.3.4 的条件〈ii〉。

（三）设 $a \in K'_{BCSL}$，A、$B \in$ Form(**BCSL**)。

（1）先设 $V_{BCSL}(A \to B,a)=0$，则有

[1] $A \to B \notin a$。

令 $x=\{C: A\vdash C\}$,由命题 3.4.11①知:$x\in K_{BCSL}$。令 $y=\{D$:存在公式 C,使得 $C\to D\in a$ 且 $C\in x\}$,由命题 3.4.11②知:$y\in K_{BCSL}$ 且 $R_{BCSL}axy$ 成立。由 $A\vdash A$ 和 x 的定义知

[2] $A\in x$。

以下证 $B\notin y$,用反证法。倘若 $B\in y$,由 y 的定义知:存在公式 C,使得

[3] $C\to B\in a$

且 [4] $C\in x$。

由[4]和 x 的定义推知

[5] $A\vdash C$。

由[5]出发,运用命题 3.1.9 推得

[6] $C\to B\vdash A\to B$。

由[3][6]和 $a\in K'_{BCSL}$ 推知

[7] $A\to B\in a$。

但[1]与[7]矛盾,所以有

[8] $B\notin y$。

注意到 $a\in K'_{BCSL}$ 且 x、$y\in K_{BCSL}$ 且 $R_{BCSL}axy$,由[8]出发,运用命题 3.4.10⑤推得

[9] 存在 b、$c\in K'_{BCSL}$,使得 $x\subseteq b$ 且 $R'_{BCSL}abc$ 且 $B\notin c$,于是 $V_{BCSL}(B,c)=0$。

进而由[2]和 $x\subseteq b$(见[9])推知

[10] $A\in b$,于是 $V_{BCSL}(A,b)=1$。

[9]和[10]表明:存在 b、$c\in K'_{BCSL}$,使得 $R'_{BCSL}abc$ 且 $V_{BCSL}(A,b)=1$ 且 $V_{BCSL}(B,c)=0$。

(2) 再设:存在 b、$c\in K'_{BCSL}$,使得 $R'_{BCSL}abc$ 且 $V_{BCSL}(A,b)=1$ 且 $V_{BCSL}(B,c)=0$。于是 $A\in b$ 且 $B\notin c$,由 $R'_{BCSL}abc$ 和定义 3.4.7〈ⅵ〉即知 $A\to B\notin a$,进而知 $V_{BCSL}(A\to B,a)=0$。

由(1)(2)证明了 V_{BCSL} 满足定义 3.3.4 的条件〈ⅲ〉。

(四) 设 $a\in K'_{BCSL}$,$A\in Form(\mathbf{BCSL})$。

(1) 若 $V_{BCSL}(\neg A,a)=0$,则 $\neg A\notin a$。注意到 $a\in K'_{BCSL}$,运用命题 3.4.12④推知:存在 $b\in K'_{BCSL}$,使得 $aJ'_{BCSL}b$ 且 $A\in b$。于是 $V_{BCSL}(A,b)=1$。

(2) 反之，若存在 $b \in K'_{BCSL}$，使得 $aJ'_{BCSL}b$ 且 $V_{BCSL}(A,b)=1$。则 $A \in b$，由 $aJ'_{BCSL}b$ 和定义 3.4.8〈ⅱ〉推知 $\neg A \notin a$，于是 $V_{BCSL}(\neg A,a)=0$。

由(1)(2)证明了 V_{BCSL} 也满足定义 3.3.4 的条件〈ⅳ〉。

命题 3.4.19（系统 **BCSL** 的完全性定理）：设 $A \in$ Form(**BCSL**)，若 $\models_{BCSL} A$，则 $\vdash_{BCSL} A$。即"**BCSL** 有效的"公式都是系统 **BCSL** 的内定理。

证明：

设 $\models_{BCSL} A$，欲证 $\vdash_{BCSL} A$，用反证法。倘若 $\vdash_{BCSL} A$ 不成立，则由命题 3.4.8 知：存在"素的、正规的 **BCSL** 理论" x，即 $x \in O'_{BCSL}$，使得 $A \notin x$。根据定义 3.4.13 知：对于"**BCSL** 典范框架" $FC_{BCSL} = \langle O'_{BCSL}, K'_{BCSL}, R'_{BCSL}, J'_{BCSL} \rangle$ 和"**BCSL** 典范赋值" V_{BCSL}，有 $V_{BCSL}(A,x)=0$。又由命题 3.4.17 和命题 3.4.18 知：FC_{BCSL} 是一个"**BCSL** 框架"且 V_{BCSL} 满足定义 3.3.4 的赋值条件，进而由定义 3.3.6 知：$\models_{BCSL} A$ 不成立。但这与已知 $\models_{BCSL} A$ 矛盾。所以 $\vdash_{BCSL} A$ 成立。

将命题 3.3.8 结论②和命题 3.4.19 合并起来，即为如下的命题：

命题 3.4.20：设 $A \in$ Form(**BCSL**)，则有：$\vdash_{BCSL} A$ 当且仅当 $\models_{BCSL} A$。

第四章　正结合演算的结构推理

§4.1　正结合演算的结构推理系统 BL

“结合演算”即容纳“结合规则”B 且拒斥结构规则 C、W 和 K 的“B 逻辑”。因为仅容纳一种结构规则，所以从结构推理的观点来看，结合演算是一种很弱的逻辑。本节构建的正结合演算结构推理系统 **BL** 是一种“正逻辑”，即不含否定符号的逻辑。结构推理系统 **BL** 和对应的公理系统 **B** 都以形式语言 $\mathcal{L}_{\mathcal{B}}$ 为基础，首先给出 $\mathcal{L}_{\mathcal{B}}$ 的定义。

定义 4.1.1：形式语言 $\mathcal{L}_{\mathcal{B}}$ 由以下几个部分组成：

1. 初始符号

〈ⅰ〉p_1、p_2、p_3…，它们可解释为可数个“命题变元”。

〈ⅱ〉∧、∨、·、→、←，它们可分别解释为逻辑联结词“合取”、“析取”、“内涵合取”（亦称“合成”）、“蕴涵”和“逆蕴涵”。

〈ⅲ〉(、)，它们是“左括号”和“右括号”。

2. 形成规则

〈ⅰ〉p_i 是公式（$i=1,2,3\cdots$）；

〈ⅱ〉若 A 和 B 都是公式，则 $(A \wedge B)$、$(A \vee B)$、$(A \cdot B)$、$(A \rightarrow B)$ 和 $(A \leftarrow B)$ 是公式。

定义 4.1.2：在形式语言 $\mathcal{L}_{\mathcal{B}}$ 的基础之上，再添加二元标点逗号“，”作为初始符号，并用定义 1.1.2 同样的方式定义“结构”概念，即构成“带二元标点逗号的形式语言 $\mathcal{L}_{\mathcal{B}}^{+}$”。

对于 $\mathcal{L}_{\mathcal{B}}$ 中的公式和 $\mathcal{L}_{\mathcal{B}}^{+}$ 中的结构，仍按§1.1 节和§3.1 节中约定的方式来省略括号。此外，为进一步省略括号，再补充以下规定：

联结词的结合能力的强弱次序为：∧和∨最强，·其次，→和←最弱。例如，公式$(p\leftarrow(r\wedge q))\leftarrow((p\cdot(q\vee r))\rightarrow r)$可简写为$(p\leftarrow r\wedge q)\leftarrow(p\cdot q\vee r\rightarrow r)$。

定义 4.1.3：在带二元标点逗号的形式语言 $\mathcal{L}_{\mathcal{B}}^{+}$ 的基础之上，再添加下列公理、结构规则和联结词规则，即构成正结合演算结构推理系统 **BL**：

1. 公理（A 是任意的公式）

$A\vdash A$（同一公理）

2. 结构规则

结合规则：形式同定义 1.1.5。

3. 联结词规则（X、Y、Z 是任意的结构，A、B、C 是任意的公式）

① 蕴涵引入规则：形式同定义 1.1.5。

② 蕴涵消去规则：形式同定义 1.1.5。

③ 逆蕴涵引入规则：

$$\frac{A,X\vdash B}{X\vdash B\leftarrow A}$$

④ 逆蕴涵消去规则：

$$\frac{X\vdash B\leftarrow A\qquad Y\vdash A}{Y,X\vdash B}$$

⑤ 合取引入规则：形式同定义 2.1.3。

⑥ 合取消去规则：形式同定义 2.1.3。

⑦ 析取引入规则：形式同定义 2.1.3。

⑧ 析取消去规则：形式同定义 2.1.3。

⑨ 分配规则：

$$\frac{X \vdash A \wedge (B \vee C)}{X \vdash (A \wedge B) \vee (A \wedge C)}$$

⑩ 内涵合取引入规则：

$$\frac{X \vdash A \qquad Y \vdash B}{X, Y \vdash A \cdot B}$$

⑪ 内涵合取消去规则：

$$\frac{X \vdash A \cdot B \qquad Y, (A, B), Z \vdash C}{Y, X, Z \vdash C}$$

结合演算系统 **BL** 拒斥“交换规则”，采用了“前提不可交换的推理方式”，这意味着推理与前提结构的先后顺序有关，即当 $X \neq \Phi$ 且 $Y \neq \Phi$ 且 $X \neq Y$ 时，“$X, Y \vdash A$”和“$Y, X \vdash A$”是两种不同的推理行为。在日常生活中，非交换的行为比比皆是。例如，“先付款再取货”和“先取货再付款”就是两种不同的商业行为；又如，现今年轻人谈婚论嫁，“先结婚后买房”和“先买房后结婚”也是两种不同的行事方式。研究“前提不可交换的推理方式”，对于行为推理有重要的理论意义和应用价值。

结合演算使用“蕴涵”和“逆蕴涵”，正是因为需要两种不同的蕴涵来体现这种非交换推理方式。系统 **BL** 也拒斥“收缩规则”和“弱化规则”，采用了前提不可收缩的非单调推理。结合演算使用内涵合取“·”，它对应于结构推理中的标点逗号“，”，两者有同样的行为特征。

需要指出的是，对任何 $A \in \mathrm{Form}(\mathbf{BL})$，它的否定式 $\neg A$ 并不是系统 **BL** 中的公式，也就不会是内定理了，所以系统 **BL** 是一致的。

下面推导和证明系统 **BL** 中的若干推导实例、内定理和导出规则。

采用例 2.1.1—2.1.8 的推导方法，可获得下列推导实例：

例 4.1.1：$A \vdash A \wedge A$

例 4.1.2：$A \wedge B \vdash B \wedge A$

例 4.1.3：$A \wedge B \vdash A$

例 4.1.4：$A \wedge B \vdash B$

例 4.1.5：$A \vee A \vdash A$

例 4.1.6：$B \vee A \vdash A \vee B$

例 4.1.7：$A \vdash A \vee B$

例 4.1.8：$B \vdash A \vee B$

定理 4.1.1：$\vdash_{BL} A \rightarrow A$

证明方法同定理 3.1.1。

定理 4.1.2：$\vdash_{BL} A \leftarrow A$

证明类似于定理 3.1.1，由 $A \vdash A$ 出发，采用逆蕴涵引入规则即推知本定理成立。

定理 4.1.3：$\vdash_{BL} (A \rightarrow B) \rightarrow ((C \rightarrow A) \rightarrow (C \rightarrow B))$

证明方法同定理 3.1.2。

定理 4.1.4：$\vdash_{BL} ((B \leftarrow C) \leftarrow (A \leftarrow C)) \leftarrow (B \leftarrow A)$

证明：

$$\dfrac{\dfrac{B \leftarrow A \vdash B \leftarrow A \qquad \dfrac{A \leftarrow C \vdash A \leftarrow C \qquad C \vdash C}{C, A \leftarrow C \vdash A \text{（逆蕴涵消去）}}}{(C, A \leftarrow C), B \leftarrow A \vdash B \text{（逆蕴涵消去）}}}{C, (A \leftarrow C, B \leftarrow A) \vdash B \text{（结合形式 2）}}$$

$$\dfrac{\dfrac{C, (A \leftarrow C, B \leftarrow A) \vdash B}{A \leftarrow C, B \leftarrow A \vdash B \leftarrow C \text{（逆蕴涵引入）}}}{\dfrac{B \leftarrow A \vdash (B \leftarrow C) \leftarrow (A \leftarrow C) \text{（逆蕴涵引入）}}{\vdash ((B \leftarrow C) \leftarrow (A \leftarrow C)) \leftarrow (B \leftarrow A) \text{（逆蕴涵引入）}}}$$

定理 4.1.5：$\vdash_{BL} A \wedge B \rightarrow A$

证明方法同定理 2.1.4。

定理 4.1.6：$\vdash_{BL} A \leftarrow A \wedge B$

由例 4.1.3 出发，采用逆蕴涵引入规则即推知本定理。

定理 4.1.7：$\vdash_{BL} A \wedge B \rightarrow B$

证明方法同定理 2.1.5。

定理 4.1.8：$\vdash_{BL} B \leftarrow A \wedge B$

由例 4.1.4 出发，采用逆蕴涵引入规则即推知本定理。

定理 4.1.9：$\vdash_{BL} (A \rightarrow B) \wedge (A \rightarrow C) \rightarrow (A \rightarrow B \wedge C)$

证明方法同定理 3.1.7。

定理 4.1.10：$\vdash_{BL} (B \wedge C \leftarrow A) \leftarrow (B \leftarrow A) \wedge (C \leftarrow A)$

证明方法类似于定理 3.1.7，由同一公理和例 4.1.3—4.1.4 出发，运用逆蕴涵消去、合取引入和逆蕴涵引入规则，即可推知本定理成立。

定理 4.1.11：$\vdash_{BL} A \rightarrow A \vee B$

证明方法同定理 2.1.6。

定理 4.1.12：$\vdash_{BL} A \vee B \leftarrow A$

由例 4.1.7 出发，采用逆蕴涵引入规则即推知本定理。

定理 4.1.13：$\vdash_{BL} B \rightarrow A \vee B$

证明方法同定理 2.1.7。

定理 4.1.14：$\vdash_{BL} A \vee B \leftarrow B$

由例 4.1.8 出发，采用逆蕴涵引入规则即推知本定理。

定理 4.1.15：$\vdash_{BL} (A \rightarrow C) \wedge (B \rightarrow C) \rightarrow (A \vee B \rightarrow C)$

证明：

$(A \rightarrow C) \wedge (B \rightarrow C) \vdash A \rightarrow C$　　　　$(A \rightarrow C) \wedge (B \rightarrow C) \vdash B \rightarrow C$

（例 4.1.3）　$A \vdash A$　　　　（例 4.1.4）　$B \vdash B$

———————————　　　———————————

$$\dfrac{\dfrac{\dfrac{\dfrac{(A\to C)\wedge(B\to C),A\vdash C\ (\text{蕴涵消去})\qquad (A\to C)\wedge(B\to C),B\vdash C\ (\text{蕴涵消去})\qquad A\vee B\vdash A\vee B}{(A\to C)\wedge(B\to C),A\vee B\vdash C\ (\text{析取消去})}}{(A\to C)\wedge(B\to C)\vdash A\vee B\to C\ (\text{蕴涵引入})}}{\vdash(A\to C)\wedge(B\to C)\to(A\vee B\to C)\ (\text{蕴涵引入})}}{}$$

定理 4.1.16：$\vdash_{BL}(C\leftarrow A\vee B)\leftarrow(C\leftarrow A)\wedge(C\leftarrow B)$

证明方法类似于定理 4.1.15，由同一公理和例 4.1.3—4.1.4 出发，运用逆蕴涵消去、析取消去和逆蕴涵引入规则，即可推知本定理成立。

定理 4.1.17：$\vdash_{BL}A\wedge(B\vee C)\to(A\wedge B)\vee(A\wedge C)$

证明方法同定理 3.1.8。

定理 4.1.18：$\vdash_{BL}(A\wedge B)\vee(A\wedge C)\leftarrow A\wedge(B\vee C)$

证明方法类似于定理 3.1.8，由 $A\wedge(B\vee C)\vdash A\wedge(B\vee C)$ 出发，采用分配和逆蕴涵引入规则，即推知本定理成立。

定理 4.1.19：$\vdash_{BL}A\to(B\to A\cdot B)$

证明：

$$\dfrac{\dfrac{\dfrac{A\vdash A\qquad B\vdash B}{A,B\vdash A\cdot B\ (\text{内涵合取引入})}}{A\vdash B\to A\cdot B\ (\text{蕴涵引入})}}{\vdash A\to(B\to A\cdot B)\ (\text{蕴涵引入})}$$

定理 4.1.20：$\vdash_{BL}(B\cdot A\leftarrow B)\leftarrow A$

证明方法类似于定理 4.1.19，由同一公理出发，运用内涵合取引入和逆蕴涵引入规则,即可推知本定理成立。

定理 4.1.21：$\vdash_{BL}(A\to(B\to C))\to(A\cdot B\to C)$

证明：

$$\dfrac{\dfrac{\dfrac{A\cdot B\vdash A\cdot B \qquad \dfrac{\dfrac{\dfrac{A\to(B\to C)\vdash A\to(B\to C) \qquad A\vdash A}{A\to(B\to C),A\vdash B\to C\text{(蕴涵消去)}} \qquad B\vdash B}{A\to(B\to C),A,B\vdash C\text{(蕴涵消去)}}}{A\to(B\to C),(A,B)\vdash C\text{(结合)}}}{A\to(B\to C),A\cdot B\vdash C\text{(内涵合取消去)}}}{A\to(B\to C)\vdash A\cdot B\to C\text{(蕴涵引入)}}}{\vdash(A\to(B\to C))\to(A\cdot B\to C)\text{(蕴涵引入)}}$$

定理 4.1.22：$\vdash_{BL}(C\leftarrow B\cdot A)\leftarrow((C\leftarrow B)\leftarrow A)$

证明方法类似于定理 4.1.21,由同一公理出发,运用逆蕴涵消去、结合、内涵合取消去和逆蕴涵引入规则,即可推知本定理成立。

定理 4.1.23：$\vdash_{BL}(A\cdot B\to C)\to(A\to(B\to C))$

证明：

$$\dfrac{\dfrac{A\cdot B\to C\vdash A\cdot B\to C \qquad \dfrac{A\vdash A \qquad B\vdash B}{A,B\vdash A\cdot B\text{(内涵合取引入)}}}{A\cdot B\to C,(A,B)\vdash C\text{(蕴涵消去)}}}{(A\cdot B\to C,A),B\vdash C\text{(结合)}}$$

$$\frac{\dfrac{A \cdot B \to C, A \vdash B \to C\text{（蕴涵引入）}}{A \cdot B \to C \vdash A \to (B \to C)\text{（蕴涵引入）}}}{\vdash (A \cdot B \to C) \to (A \to (B \to C))\text{（蕴涵引入）}}$$

定理 4.1.24：$\vdash_{BL}((C \leftarrow B) \leftarrow A) \leftarrow (C \leftarrow B \cdot A)$

证明方法类似于定理 4.1.23，由同一公理出发，运用内涵合取引入、逆蕴涵消去、结合和逆蕴涵引入规则，即可推知本定理成立。

定理 4.1.25：$\vdash_{BL}(A \cdot B) \cdot C \to A \cdot (B \cdot C)$

证明：

$$\frac{\dfrac{(A \cdot B) \cdot C \vdash (A \cdot B) \cdot C \qquad \dfrac{A \cdot B \vdash A \cdot B \qquad \dfrac{\dfrac{A \vdash A \qquad \dfrac{B \vdash B \qquad C \vdash C}{B, C \vdash B \cdot C\text{（内涵合取引入）}}}{A, (B, C) \vdash A \cdot (B \cdot C)\text{（内涵合取引入）}}}{(A, B), C \vdash A \cdot (B \cdot C)\text{（结合形式 1）}}}{A \cdot B, C \vdash A \cdot (B \cdot C)\text{（内涵合取消去）}}}{(A \cdot B) \cdot C \vdash A \cdot (B \cdot C)\text{（内涵合取消去）}}}{\vdash (A \cdot B) \cdot C \to A \cdot (B \cdot C)\text{（蕴涵引入）}}$$

定理 4.1.26：$\vdash_{BL}C \cdot (B \cdot A) \leftarrow (C \cdot B) \cdot A$

证明方法类似于定理 4.1.25，由同一公理出发，运用内涵合取引入、结合形式 1、内涵合取消去和逆蕴涵引入规则，即可推知本定理成立。

定理 4.1.27：$\vdash_{BL}A \cdot (B \cdot C) \to (A \cdot B) \cdot C$

证明方法类似于定理 4.1.25，由同一公理出发，运用内涵合取引入、结合形式 2、内涵合取消去和蕴涵引入规则，即可推知本定理成立。

定理 4.1.28：$\vdash_{BL}(C\cdot B)\cdot A\leftarrow C\cdot(B\cdot A)$

证明方法类似于定理 4.1.25，由同一公理出发，运用内涵合取引入、结合形式 2、内涵合取消去和逆蕴涵引入规则，即可推知本定理成立。

定理 4.1.29：$\vdash_{BL}A\cdot(B\vee C)\rightarrow(A\cdot B)\vee(A\cdot C)$

证明：

$A\vdash A$　　$B\vdash B$　　　　$A\vdash A$　　$C\vdash C$

$A,B\vdash A\cdot B$（内涵合取引入）　　$A,C\vdash A\cdot C$（内涵合取引入）

$A,B\vdash(A\cdot B)\vee(A\cdot C)$（析取引入）　　$A,C\vdash(A\cdot B)\vee(A\cdot C)$（析取引入）　　$B\vee C\vdash B\vee C$

$A\cdot(B\vee C)\vdash A\cdot(B\vee C)$　　$A,B\vee C\vdash(A\cdot B)\vee(A\cdot C)$（析取消去）

$A\cdot(B\vee C)\vdash(A\cdot B)\vee(A\cdot C)$（内涵合取消去）

$\vdash A\cdot(B\vee C)\rightarrow(A\cdot B)\vee(A\cdot C)$（蕴涵引入）

定理 4.1.30：$\vdash_{BL}(B\cdot A)\vee(C\cdot A)\leftarrow(B\vee C)\cdot A$

证明方法类似于定理 4.1.29，由同一公理出发，运用内涵合取引入、析取引入、析取消去、内涵合取消去和逆蕴涵引入规则，即可推知本定理成立。

定理 4.1.31：$\vdash_{BL}(B\vee C)\cdot A\rightarrow(B\cdot A)\vee(C\cdot A)$

方法类似于定理 4.1.29，证明从略。

定理 4.1.32：$\vdash_{BL}(A\cdot B)\vee(A\cdot C)\leftarrow A\cdot(B\vee C)$

方法类似于定理 4.1.30，证明从略。

命题 4.1.1（切割规则）：由 $X\vdash A$ 和 $Y(A)\vdash B$ 为前提可推出 $Y(X)\vdash$

B,其中结构 Y(A) 中有子结构 A 出现,Y(X) 是用 X 取代 Y(A) 中的子结构 A 的一次或多次出现而获得的结构。图式如下：

$$\frac{X \vdash A \qquad Y(A) \vdash B}{Y(X) \vdash B}$$

证明：

题设已推得 X ⊢A,对获得 Y(A) ⊢B 的推导的长度 n 进行归纳证明。

(1) n=1,则 Y(A) ⊢B 是同一公理 B ⊢B,即 A ⊢A,此时 Y(A)=A=B,于是 Y(X) ⊢B 是 X ⊢A,即题设,所以 Y(X) ⊢B 成立。

(2) 设 n<k(k>1)时本命题成立,则当 n=k 时,获得 Y(A) ⊢B 的推导有下列十二种情况。

情况 1：Y(A) ⊢B 是由结合规则获得的,证明方法同命题 1.2.1 情况 1。

情况 2：Y(A) ⊢B 是由蕴涵引入规则获得的,证明方法同命题 1.2.1 情况 5。

情况 3：Y(A) ⊢B 是由蕴涵消去规则获得的,证明方法同命题 1.2.1 情况 6。

情况 4：Y(A) ⊢B 是由逆蕴涵引入规则获得的,参照情况 2 的证明,由归纳假设和逆蕴涵引入规则可推出 Y(X) ⊢B。

情况 5：Y(A) ⊢B 是由逆蕴涵消去规则获得的,参照情况 3 的证明,由归纳假设和逆蕴涵消去规则可推出 Y(X) ⊢B。

情况 6：Y(A) ⊢B 是由合取引入规则获得的,参照上述证明,由归纳假设和运用合取引入规则可推出 Y(X) ⊢B。

情况 7：Y(A) ⊢B 是由合取消去规则获得的,参照上述证明,由归纳假设和运用合取消去规则可推出 Y(X) ⊢B。

情况 8：Y(A) ⊢B 是由析取引入规则获得的,参照上述证明,由归纳假设和运用析取引入规则可推出 Y(X) ⊢B。

情况 9：Y(A) ⊢B 是由析取消去规则获得的,证明方法同命题 2.1.2 情况 12。

情况 10：Y(A) ⊢B 是由分配规则获得的,参照上述证明,由归纳假设和运用分配规则可推出 $Y(X)\vdash B$。

情况 11：$Y(A)\vdash B$ 是由内涵合取引入规则获得的，参照情况 3 的证明，由归纳假设和内涵合取引入规则可推出 $Y(X)\vdash B$。

情况 12：$Y(A)\vdash B$ 是由内涵合取消去规则获得的，即图式如下：

$$\frac{X'\vdash C\cdot D \qquad X_1,(C,D),X_2\vdash B}{X_1,X',X_2\vdash B}$$

其中“X_1,X',X_2”是 $Y(A)$。这时 $Y(X)$ 的获得有三种可能：

〈ⅰ〉获得 $Y(X)$ 时，使用了 X 对 $Y(A)$ 中的 X' 的子结构 A 的至少一次出现作了替换，并对 X_1 或 X_2 的子结构 A 的至少一次出现作了替换。设结构 X' 是 $X'(A)$，结构“$X_1,(C,D),X_2$”是 $Z(A)$，由归纳假设知：由 $X\vdash A$ 和 $X'(A)\vdash C\cdot D$ 可推出 $X'(X)\vdash C\cdot D$，由 $X\vdash A$ 和 $Z(A)\vdash B$ 可推出 $Z(X)\vdash B$，其中的 $X'(X)$ 与 $Y(X)$ 对于 X' 的替换方式相同，而 $Z(X)$ 与 $Y(X)$ 对于每一个 $X_i(i=1,2)$ 的替换方式相同，$Z(X)$ 的获得并未对 $Z(A)$ 的子结构 (C,D) 作替换。再对 $X'(X)\vdash C\cdot D$ 和 $Z(X)\vdash B$ 运用内涵合取消去规则即推出 $Y(X)\vdash B$。

〈ⅱ〉获得 $Y(X)$ 时，使用了 X 对 $Y(A)$ 中的 X_1 或 X_2 的子结构 A 的至少一次出现作了替换，但未对 X' 作任何替换。设结构“$X_1,(C,D),X_2$”是 $Z(A)$，由归纳假设知：由 $X\vdash A$ 和 $Z(A)\vdash B$ 可推出 $Z(X)\vdash B$，其中的 $Z(X)$ 与 $Y(X)$ 对于每一个 $X_i(i=1,2)$ 的替换方式相同，$Z(X)$ 的获得并未对 $Z(A)$ 的子结构 (C,D) 作替换。再对 $X'\vdash C\cdot D$ 和 $Z(X)\vdash B$ 运用内涵合取消去规则即推出 $Y(X)\vdash B$。

〈ⅲ〉获得 $Y(X)$ 时，使用了 X 对 $Y(A)$ 中的 X' 的子结构 A 的至少一次出现作了替换，但未对 X_1 和 X_2 作任何替换。设 X' 是 $X'(A)$，由归纳假设知：由 $X\vdash A$ 和 $X'(A)\vdash C\cdot D$ 可推出 $X'(X)\vdash C\cdot D$，其中的 $X'(X)$ 与 $Y(X)$ 对于 X' 的替换方式相同。再对 $X'(X)\vdash C\cdot D$ 和“$X_1,(C,D),X_2\vdash B$”运用内涵合取消去规则即推出 $Y(X)\vdash B$。

所以，切割规则成立。

使用切割规则，系统 **BL** 中可获得下列导出规则和推导实例，证明和推导方法同命题 3.1.5—3.1.9（形式 1）、例 2.1.9—2.1.12 和例 3.1.15—3.1.20。

命题 4.1.2：由 $A \vdash C$ 和 $B \vdash D$ 为前提可推出 $A \wedge B \vdash C \wedge D$。

命题 4.1.3：由 $A \vdash B$ 为前提可推出 $A \wedge C \vdash B \wedge C$ 和 $C \wedge A \vdash C \wedge B$。

命题 4.1.4：由 $A \vdash C$ 和 $B \vdash D$ 为前提可推出 $A \vee B \vdash C \vee D$。

命题 4.1.5：由 $A \vdash B$ 为前提可推出 $A \vee C \vdash B \vee C$ 和 $C \vee A \vdash C \vee B$。

命题 4.1.6：由 $A \vdash B$ 为前提可推出 $C \to A \vdash C \to B$。

例 4.1.9：$(A \wedge B) \wedge C \vdash A \wedge (B \wedge C)$

例 4.1.10：$A \wedge (B \wedge C) \vdash (A \wedge B) \wedge C$

例 4.1.11：$(A \vee B) \vee C \vdash A \vee (B \vee C)$

例 4.1.12：$A \vee (B \vee C) \vdash (A \vee B) \vee C$

例 4.1.13：$(A \to C) \wedge (B \to D) \vdash A \wedge B \to C \wedge D$

例 4.1.14：$(A \to C) \wedge (B \to D) \vdash A \vee B \to C \vee D$

例 4.1.15：$(A \to C) \vee (B \to D) \vdash A \wedge B \to C \vee D$

例 4.1.16：$(A \wedge B) \vee (A \wedge C) \vdash A \wedge (B \vee C)$

例 4.1.17：$A \wedge (B \vee C) \vdash (A \wedge B) \vee (A \wedge C)$

例 4.1.18：$A \vee (B \wedge C) \vdash (A \vee B) \wedge (A \vee C)$

至此，在系统 **BL** 中，已获得如下的可互推结果：

命题 4.1.7（$\wedge$ 收缩）：A 与 $A \wedge A$ 可互推。

由例 4.1.1 和例 4.1.3 知。

命题 4.1.8（$\vee$ 收缩）：A 与 $A \vee A$ 可互推。

由例 4.1.5 和例 4.1.7 知。

命题 4.1.9（$\wedge$ 交换）：$A \wedge B$ 与 $B \wedge A$ 可互推。

由例 4.1.2 知。

命题 4.1.10（$\vee$ 交换）：$A \vee B$ 与 $B \vee A$ 可互推。

由例 4.1.6 知。

命题 4.1.11（$\wedge$ 结合）：$(A \wedge B) \wedge C$ 与 $A \wedge (B \wedge C)$ 可互推。

由例 4.1.9 和例 4.1.10 知。

命题 4.1.12（$\vee$ 结合）：$(A \vee B) \vee C$ 与 $A \vee (B \vee C)$ 可互推。

由例 4.1.11 和例 4.1.12 知。

命题 4.1.13（∧对∨分配）：A∧(B∨C)与(A∧B)∨(A∧C)可互推。
由例 4.1.16 和例 4.1.17 知。

命题 4.1.14：

$$\frac{A \vdash B \qquad C \vdash D}{A \cdot C \vdash B \cdot D}$$

证明：

$$\dfrac{\dfrac{A \cdot C \vdash A \cdot C \qquad \dfrac{A \vdash B(\text{题设}) \qquad C \vdash C}{A, C \vdash B \cdot C\ (\text{内涵合取引入})}}{A \cdot C \vdash B \cdot C(\text{内涵合取消去})} \qquad \dfrac{B \cdot C \vdash B \cdot C \qquad \dfrac{B \vdash B \qquad C \vdash D(\text{题设})}{B, C \vdash B \cdot D\ (\text{内涵合取引入})}}{B \cdot C \vdash B \cdot D(\text{内涵合取消去})}}{A \cdot C \vdash B \cdot D(\text{切割})}$$

命题 4.1.15：有两种形式，图式分别如下：

（形式 1）

$$\frac{A \vdash B}{C \cdot A \vdash C \cdot B}$$

（形式 2）

$$\frac{A \vdash B}{A \cdot C \vdash B \cdot C}$$

证明形式 1：

$$\frac{C \vdash C \qquad A \vdash B(\text{题设})}{C \cdot A \vdash C \cdot B(\text{命题 4.1.14})}$$

类似地，可证明形式 2。

命题 4.1.16：

$\vdash A \qquad B \cdot A \vdash C$

$$\frac{}{B \vdash C}$$

证明:

$$\cfrac{\vdash (B \cdot A \to C) \to (B \to (A \to C))\text{(定理 4.1.23)} \qquad \cfrac{B \cdot A \vdash C\text{(题设)}}{\vdash B \cdot A \to C\text{(蕴涵引入)}}}{\cfrac{\vdash B \to (A \to C)\text{(蕴涵消去)} \qquad B \vdash B}{\cfrac{B \vdash A \to C\text{(蕴涵消去)} \qquad \vdash A\text{(题设)}}{B \vdash C\text{(蕴涵消去)}}}}$$

命题 4.1.17:

$$\frac{\vdash A \qquad A \cdot B \vdash C}{B \vdash C}$$

证明方法类似于命题 4.1.16,由题设、定理 4.1.24 和 B ⊢B 出发,运用逆蕴涵引入和逆蕴涵消去规则,即可推知本命题成立。

命题 4.1.18:若 A 与 B 可互推,并且 C 与 D 可互推,则 A→C 与 B→D 亦可互推。

证明:

设 A ⊢B 和 B ⊢A 以及 C ⊢D 和 D ⊢C,先证明 A→C ⊢B→D:

$$\cfrac{\vdash (C \to D) \to ((A \to C) \to (A \to D))\text{(定理 4.1.3)} \qquad \cfrac{C \vdash D\text{(题设)}}{\vdash C \to D\text{(蕴涵引入)}}}{\cfrac{\vdash (A \to C) \to (A \to D)\text{(蕴涵消去)} \qquad A \to C \vdash A \to C}{}}$$

$$\frac{\dfrac{A\rightarrow C\vdash A\rightarrow D(\text{蕴涵消去})\qquad B\vdash A(\text{题设})}{A\rightarrow C,B\vdash D(\text{蕴涵消去})}}{A\rightarrow C\vdash B\rightarrow D(\text{蕴涵引入})}$$

用类似的方法,由题设“D ⊢C”、“A ⊢B”、定理 4.1.3 和同一公理出发,运用蕴涵引入和蕴涵消去规则,亦可证明 B→D ⊢A→C。

所以,本命题成立。

命题 4.1.19：若 A 与 B 可互推,并且 C 与 D 可互推,则 C←A 与 D←B 亦可互推。

证明方法类似于命题 4.1.18,由题设、定理 4.1.4 和同一公理出发,运用逆蕴涵引入和逆蕴涵消去规则,即可推知本命题成立。

定义 4.1.4：设 A、B、C、A′ ∈ Form(**BL**),称 A′是 A 的一个“子公式”,当且仅当满足下列条件之一：

〈ⅰ〉A′就是 A；

或〈ⅱ〉A 是 B∧C 或 B∨C 或 B · C 或 B→C 或 C←B,且 A′是 B 的子公式或者 A′是 C 的子公式。

命题 4.1.20：设 A、C、D ∈ Form(**BL**),若 C 和 D 可互推,C 是 A 的子公式,用 D 取代 A 中 C 的一次或多次出现而得到的公式为 B,则 A 和 B 亦可互推。

证明：

对 A 中的联结词出现的次数 n 进行归纳证明,设 C 中的联结词出现的次数为 m,显然有 m≤n。

(1) n=m,即 A 就是 C,则 B 就是 D。由题设 C ⊢D 和 D ⊢C 即知：A ⊢B 和 B ⊢A 成立。

(2) 设 n<m+k(k≥1)时本命题成立,则当 n=m+k 时有下列五种情况。

情况 1：A 是 $A_1\wedge A_2$,则 B 的形式是 $B_1\wedge B_2$。由归纳假设或同一公理知：$A_1\vdash B_1$ 和 $B_1\vdash A_1$ 以及 $A_2\vdash B_2$ 和 $B_2\vdash A_2$,再运用命题 4.1.2 推得 $A_1\wedge$

$A_2 \vdash B_1 \wedge B_2$ 和 $B_1 \wedge B_2 \vdash A_1 \wedge A_2$,即 A 和 B 可互推。

情况 2:A 是 $A_1 \vee A_2$,则 B 的形式是 $B_1 \vee B_2$。由归纳假设或同一公理知:$A_1 \vdash B_1$ 和 $B_1 \vdash A_1$ 以及 $A_2 \vdash B_2$ 和 $B_2 \vdash A_2$,再运用命题 4.1.4 推得 $A_1 \vee A_2 \vdash B_1 \vee B_2$ 和 $B_1 \vee B_2 \vdash A_1 \vee A_2$,即 A 和 B 可互推。

情况 3:A 是 $A_1 \cdot A_2$,则 B 的形式是 $B_1 \cdot B_2$。由归纳假设或同一公理知:$A_1 \vdash B_1$ 和 $B_1 \vdash A_1$ 以及 $A_2 \vdash B_2$ 和 $B_2 \vdash A_2$,再运用命题 4.1.14 推得 $A_1 \cdot A_2 \vdash B_1 \cdot B_2$ 和 $B_1 \cdot B_2 \vdash A_1 \cdot A_2$,即 A 和 B 可互推。

情况 4:A 是 $A_1 \rightarrow A_2$,则 B 的形式是 $B_1 \rightarrow B_2$。由归纳假设或同一公理知:$A_1 \vdash B_1$ 和 $B_1 \vdash A_1$ 以及 $A_2 \vdash B_2$ 和 $B_2 \vdash A_2$,再运用命题 4.1.18 推得 $A_1 \rightarrow A_2 \vdash B_1 \rightarrow B_2$ 和 $B_1 \rightarrow B_2 \vdash A_1 \rightarrow A_2$,即 A 和 B 可互推。

情况 5:A 是 $A_2 \leftarrow A_1$,则 B 的形式是 $B_2 \leftarrow B_1$。由归纳假设或同一公理知:$A_1 \vdash B_1$ 和 $B_1 \vdash A_1$ 以及 $A_2 \vdash B_2$ 和 $B_2 \vdash A_2$,再运用命题 4.1.19 推得 $A_2 \leftarrow A_1 \vdash B_2 \leftarrow B_1$ 和 $B_2 \leftarrow B_1 \vdash A_2 \leftarrow A_1$,即 A 和 B 可互推。

所以,本命题成立。

命题 4.1.21(替换定理):设 A、B、C、D $\in$ Form(**BL**),C 和 D 可互推,C 是 A 的子公式,用 D 取代 A 中 C 的一次或多次出现而得到的公式为 A′,则以下两个结论成立:

① (左替换)若 $A \vdash B$,则 $A' \vdash B$;

② (右替换)若 $B \vdash A$,则 $B \vdash A'$。

证明:

设 $C \vdash D$ 且 $D \vdash C$,由命题4.1.20 知:$A \vdash A'$和 $A' \vdash A$ 成立。若 $A \vdash B$,由切割规则推得 $A' \vdash B$,即结论①成立;若 $B \vdash A$,由切割规则推得 $B \vdash A'$,即结论②成立。

以下的系统 **BL** 的推导实例和导出规则,它们的推导和证明使用了替换定理。

例 4.1.19:$(A \vee B) \wedge (A \vee C) \vdash A \vee (B \wedge C)$

证明方法同例 3.2.1。

命题 4.1.22($\vee$对$\wedge$分配):$A \vee (B \wedge C)$与$(A \vee B) \wedge (A \vee C)$可互推。

由例 4.1.18 和例 4.1.19 知。

命题 4.1.23：由 $A \wedge B \vdash C$ 和 $A \vdash C \vee B$ 为前提可推出 $A \vdash C$。

证明方法同命题 3.2.19。

定义 4.1.5：设 A、B、C 是 $\mathcal{L}_{\mathscr{B}}$ 中任意的公式，用如下方式定义"公式 A 的镜像 A^{τ}"：

〈ⅰ〉若 $A=p_i$，则 $A^{\tau}=A=p_i(i=1,2,3\cdots)$；

〈ⅱ〉若 $A=B \wedge C$，则 $A^{\tau}=B^{\tau} \wedge C^{\tau}$；

〈ⅲ〉若 $A=B \vee C$，则 $A^{\tau}=B^{\tau} \vee C^{\tau}$；

〈ⅳ〉若 $A=B \cdot C$，则 $A^{\tau}=C^{\tau} \cdot B^{\tau}$；

〈ⅴ〉若 $A=B \rightarrow C$，则 $A^{\tau}=C^{\tau} \leftarrow B^{\tau}$；

〈ⅵ〉若 $A=C \leftarrow B$，则 $A^{\tau}=B^{\tau} \rightarrow C^{\tau}$。

例如，公式 A 是 $p \leftarrow ((r \wedge q \leftarrow p \cdot r) \rightarrow q \vee r)$，则 $A^{\tau}=(p \leftarrow ((r \wedge q \leftarrow p \cdot r) \rightarrow q \vee r))^{\tau}=((r \wedge q \leftarrow p \cdot r) \rightarrow q \vee r)^{\tau} \rightarrow p^{\tau}=((q \vee r)^{\tau} \leftarrow (r \wedge q \leftarrow p \cdot r)^{\tau}) \rightarrow p=(q \vee r \leftarrow ((p \cdot r)^{\tau} \rightarrow (r \wedge q)^{\tau}) \rightarrow p=(q \vee r \leftarrow (r \cdot p \rightarrow r \wedge q)) \rightarrow p$。

命题 4.1.24：设 A 是 $\mathcal{L}_{\mathscr{B}}$ 中任意的公式，A^{τ}是 A 的镜像，则有 $(A^{\tau})^{\tau}=A$ 成立，即 A^{τ}和 A 互为镜像。

证明：

对 A 中的联结词 $\wedge$、$\vee$、$\cdot$、$\rightarrow$、$\leftarrow$的个数 n 进行归纳证明。

(1) $n=0$，则 A 是命题变元 p_i，由定义 4.1.5〈ⅰ〉知：$(A^{\tau})^{\tau}=(p_i{}^{\tau})^{\tau}=p_i{}^{\tau}=p_i=A$。

(2) 设 $n<k(k>0)$ 时本命题成立，则当 $n=k$ 时，有下列五种情况。

情况 1：A 是 $B \wedge C$。由归纳假设知 $(B^{\tau})^{\tau}=B$ 和 $(C^{\tau})^{\tau}=C$ 成立，于是由定义 4.1.5〈ⅱ〉知：$(A^{\tau})^{\tau}=((B \wedge C)^{\tau})^{\tau}=(B^{\tau} \wedge C^{\tau})^{\tau}=(B^{\tau})^{\tau} \wedge (C^{\tau})^{\tau}=B \wedge C=A$。

情况 2：A 是 $B \vee C$。由归纳假设和定义 4.1.5〈ⅲ〉可推知 $(A^{\tau})^{\tau}=((B \vee C)^{\tau})^{\tau}=(B^{\tau} \vee C^{\tau})^{\tau}=(B^{\tau})^{\tau} \vee (C^{\tau})^{\tau}=B \vee C=A$。

情况 3：A 是 $B \cdot C$。由归纳假设和定义 4.1.5〈ⅳ〉可推知 $(A^{\tau})^{\tau}=((B \cdot C)^{\tau})^{\tau}=(C^{\tau} \cdot B^{\tau})^{\tau}=(B^{\tau})^{\tau} \cdot (C^{\tau})^{\tau}=B \cdot C=A$。

情况4：A 是 $B\to C$。由归纳假设和定义 4.1.5〈v〉可推知 $(A^{\tau})^{\tau}=((B\to C)^{\tau})^{\tau}=(C^{\tau}\leftarrow B^{\tau})^{\tau}=(B^{\tau})^{\tau}\to(C^{\tau})^{\tau}=B\to C=A$。

情况5：A 是 $C\leftarrow B$。由归纳假设和定义 4.1.5〈vi〉可推知 $(A^{\tau})^{\tau}=((C\leftarrow B)^{\tau})^{\tau}=(B^{\tau}\to C^{\tau})^{\tau}=(C^{\tau})^{\tau}\leftarrow(B^{\tau})^{\tau}=C\leftarrow B=A$。

所以，本命题成立。

§4.2 系统 **BL** 与相应公理系统 **B** 的等价性

定义 4.2.1：在形式语言 $\mathcal{L}_{\mathcal{B}}$ 的基础之上，再添加下列公理和变形规则，即构成正结合演算的公理系统 **B**。

1. 公理（A、B、C 是任意的公式）

公理1：$A\to A$

公理2：$(A\to B)\to((C\to A)\to(C\to B))$

公理3：$A\wedge B\to A$

公理4：$A\wedge B\to B$

公理5：$(A\to B)\wedge(A\to C)\to(A\to B\wedge C)$

公理6：$A\to A\vee B$

公理7：$B\to A\vee B$

公理8：$(A\to C)\wedge(B\to C)\to(A\vee B\to C)$

公理9：$A\wedge(B\vee C)\to(A\wedge B)\vee(A\wedge C)$

公理10：$(A\to(B\to C))\to(A\cdot B\to C)$

公理11：$(A\cdot B\to C)\to(A\to(B\to C))$

公理12：$(A\cdot B)\cdot C\to A\cdot(B\cdot C)$

公理13：$A\cdot(B\cdot C)\to(A\cdot B)\cdot C$

公理14：$A\cdot(B\vee C)\to(A\cdot B)\vee(A\cdot C)$

公理15：$(B\vee C)\cdot A\to(B\cdot A)\vee(C\cdot A)$

以及公理1—公理15 的镜像，分别记作公理 1^{τ}—公理 15^{τ}。

2. 变形规则（A、B、C 是任意的公式）

① 分离规则：由 A 和 $A \rightarrow B$ 可推出 B。

② 逆分离规则：由 A 和 $B \leftarrow A$ 可推出 B。

③ 附加规则：由 A 和 B 可推出 $A \wedge B$。

④ 混合传递规则：由 $A \rightarrow B$ 和 $C \leftarrow B$ 可推出 $A \rightarrow C$。

⑤ 逆混合传递规则：由 $B \leftarrow A$ 和 $B \rightarrow C$ 可推出 $C \leftarrow A$。

⑥ 左合成规则：由 $A \rightarrow B$ 可推出 $C \cdot A \rightarrow C \cdot B$。

⑦ 逆右合成规则：由 $B \leftarrow A$ 可推出 $B \cdot C \leftarrow A \cdot C$。

⑧ 去合成规则：由 A 和 $B \cdot A \rightarrow C$ 可推出 $B \rightarrow C$。

⑨ 逆去合成规则：由 A 和 $C \leftarrow A \cdot B$ 可推出 $C \leftarrow B$。

下面证明系统 **B** 的若干重要的元定理和内定理。

命题 4.2.1（镜像定理）：设 $A \in Form(\mathbf{B})$，若 $\vdash_B A$，则 $\vdash_B A^\tau$，其中 A^τ 是 A 的镜像。

证明：

对 $\vdash_B A$ 的证明长度 n 进行归纳证明。

（1）$n=1$，则 A 是系统 **B** 的公理。若 A 是公理 1—公理 15，则 A^τ 是公理 1^τ—公理 15^τ，于是 $\vdash_B A^\tau$ 成立；若 A 是公理 1^τ—公理 15^τ，则 A^τ 是（公理 1^τ）$^\tau$—（公理 15^τ）$^\tau$，由命题 4.1.24 知 A^τ 即为公理 1—公理 15，于是 $\vdash_B A^\tau$ 亦成立。

（2）设 $n<k(k>1)$ 时本命题成立，则当 $n=k$ 时，有下列十种情况。

情况 1：A 是系统 **B** 的公理。由（1）已证 $\vdash_B A^\tau$ 成立。

情况 2：A 是由证明序列中在前的两个公式 B 和 $B \rightarrow A$ 运用分离规则推得的。由归纳假设知 $\vdash_B B^\tau$ 和 $\vdash_B (B \rightarrow A)^\tau$，即 $\vdash_B A^\tau \leftarrow B^\tau$ 成立，再运用逆分离规则即获得 $\vdash_B A^\tau$。

情况 3：A 是由证明序列中在前的两个公式 B 和 $A \leftarrow B$ 运用逆分离规则推得的。参照情况 2 的证明，由归纳假设、定义 4.1.5 和分离规则即获得 $\vdash_B A^\tau$。

情况 4：$A=B \wedge C$，是由证明序列中在前的两个公式 B 和 C 运用附加规则推得的。参照情况 2 的证明，由归纳假设、附加规则和定义 4.1.5 即获得 $\vdash_B A^\tau$。

情况 5：$A=B\to D$，是由证明序列中在前的两个公式 $B\to C$ 和 $D\leftarrow C$ 运用混合传递规则推得的。由归纳假设知 $\vdash_B(B\to C)^\tau$ 和 $\vdash_B(D\leftarrow C)^\tau$，即 $\vdash_B C^\tau\leftarrow B^\tau$ 和 $\vdash_B C^\tau\to D^\tau$ 成立，再运用逆混合传递规则即获得 $\vdash_B D^\tau\leftarrow B^\tau$，即 $\vdash_B(B\to D)^\tau$，亦即 $\vdash_B A^\tau$ 成立。

情况 6：$A=D\leftarrow B$，是由证明序列中在前的两个公式 $C\leftarrow B$ 和 $C\to D$ 运用逆混合传递规则推得的。参照情况 5 的证明，由归纳假设、定义 4.1.5 和混合传递规则即获得 $\vdash_B A^\tau$。

情况 7：$A=D\cdot B\to D\cdot C$，是由证明序列中在前的一个公式 $B\to C$ 运用左合成规则推得的。由归纳假设知 $\vdash_B(B\to C)^\tau$，即 $\vdash_B C^\tau\leftarrow B^\tau$ 成立，再运用逆右合成规则推得 $\vdash_B C^\tau\cdot D^\tau\leftarrow B^\tau\cdot D^\tau$，即 $\vdash_B(D\cdot B\to D\cdot C)^\tau$，亦即 $\vdash_B A^\tau$ 成立。

情况 8：$A=C\cdot D\leftarrow B\cdot D$，是由证明序列中在前的一个公式 $C\leftarrow B$ 运用逆右合成规则推得的。参照情况 7 的证明，由归纳假设、定义 4.1.5 和左合成规则即推得 $\vdash_B A^\tau$。

情况 9：$A=C\to D$，是由证明序列中在前的两个公式 B 和 $C\cdot B\to D$ 运用去合成规则推得的。由归纳假设知 $\vdash_B B^\tau$ 和 $\vdash_B(C\cdot B\to D)^\tau$，即 $\vdash_B D^\tau\leftarrow B^\tau\cdot C^\tau$ 成立，再运用逆去合成规则即获得 $\vdash_B D^\tau\leftarrow C^\tau$，即 $\vdash_B(C\to D)^\tau$，亦即 $\vdash_B A^\tau$ 成立。

情况 10：$A=D\leftarrow C$，是由证明序列中在前的两个公式 B 和 $D\leftarrow B\cdot C$ 运用逆去合成规则推得的。参照情况 9 的证明，由归纳假设、定义 4.1.5 和去合成规则即获得 $\vdash_B A^\tau$。

所以，本命题成立。

定理 4.2.1：$\vdash_B A\to A\wedge A$

证明：

[1] $\vdash_B A\to A$（公理 1）

[2] $\vdash_B A\to A$（公理 1）

[3] $\vdash_B(A\to A)\wedge(A\to A)$([1][2]附加)

[4] $\vdash_B(A\to A)\wedge(A\to A)\to(A\to A\wedge A)$(公理5)

[5] $\vdash_B A\to A\wedge A$([3][4]分离)

定理4.2.2：$\vdash_B A\vee A\to A$

证明：

[1] $\vdash_B A\to A$(公理1)

[2] $\vdash_B A\to A$(公理1)

[3] $\vdash_B(A\to A)\wedge(A\to A)$([1][2]附加)

[4] $\vdash_B(A\to A)\wedge(A\to A)\to(A\vee A\to A)$(公理8)

[5] $\vdash_B A\vee A\to A$([3][4]分离)

定理4.2.3：$\vdash_B A\to(B\to A\cdot B)$

证明：

[1] $\vdash_B A\cdot B\to A\cdot B$(公理1)

[2] $\vdash_B(A\cdot B\to A\cdot B)\to(A\to(B\to A\cdot B))$(公理11)

[3] $\vdash_B A\to(B\to A\cdot B)$([1][2]分离)

定理4.2.4：$\vdash_B(B\cdot A\leftarrow B)\leftarrow A$

证明：

[1] $\vdash_B A^\tau\to(B^\tau\to A^\tau\cdot B^\tau)$(定理4.2.3)

[2] $\vdash_B(A^\tau\to(B^\tau\to A^\tau\cdot B^\tau))^\tau$，即 $\vdash_B(B^\tau\to A^\tau\cdot B^\tau)^\tau\leftarrow(A^\tau)^\tau$，亦即 $\vdash_B((B^\tau)^\tau\cdot(A^\tau)^\tau\leftarrow(B^\tau)^\tau)\leftarrow(A^\tau)^\tau$([1]镜像定理)

[3] $\vdash_B(B\cdot A\leftarrow B)\leftarrow A$([2]命题4.1.24)

命题4.2.2(传递规则)：设A、B、C $\in$ Form(**B**)，若 $\vdash_B A\to B$ 且 $\vdash_B B\to C$，则 $\vdash_B A\to C$ 成立。

证明：

[1] $\vdash_B B\to C$(题设)

[2] $\vdash_B(B\to C)\to((A\to B)\to(A\to C))$(公理2)

[3] $\vdash_B(A\to B)\to(A\to C)$([1][2]分离)

［4］ $\vdash_B A \to B$（题设）

［5］ $\vdash_B A \to C$（［3］［4］分离）

命题 4.2.3（逆传递规则）：设 A、B、C ∈ Form（**B**），若 $\vdash_B B \leftarrow A$ 且 $\vdash_B C \leftarrow B$，则 $\vdash_B C \leftarrow A$ 成立。

证明方法类似于命题 4.2.2，由题设、公理 2^{τ}“$((C \leftarrow A) \leftarrow (B \leftarrow A)) \leftarrow (C \leftarrow B)$”和逆分离规则可推得 $\vdash_B C \leftarrow A$。

命题 4.2.4（右合成规则）：设 A、B、C ∈ Form（**B**），若 $\vdash_B A \to B$，则 $\vdash_B A \cdot C \to B \cdot C$ 成立。

证明：

［1］ $\vdash_B A \to B$（题设）

［2］ $\vdash_B B \to (C \to B \cdot C)$（定理 4.2.3）

［3］ $\vdash_B A \to (C \to B \cdot C)$（［1］［2］传递）

［4］ $\vdash_B (A \to (C \to B \cdot C)) \to (A \cdot C \to B \cdot C)$（公理 10）

［5］ $\vdash_B A \cdot C \to B \cdot C$（［3］［4］分离）

命题 4.2.5（逆左合成规则）：设 A、B、C ∈ Form（**B**），若 $\vdash_B B \leftarrow A$，则 $\vdash_B C \cdot B \leftarrow C \cdot A$ 成立。

证明方法类似于命题 4.2.4，由题设、定理 4.2.4、公理 10^{τ}出发，运用逆传递和逆分离规则可推得 $\vdash_B C \cdot B \leftarrow C \cdot A$。

命题 4.2.6：若 $\vdash_B C \to (B \to A)$ 和 $\vdash_B D \to B$，则 $\vdash_B C \cdot D \to A$ 成立。

证明：

［1］ $\vdash_B D \to B$（题设）

［2］ $\vdash_B C \cdot D \to C \cdot B$（［1］左合成）

［3］ $\vdash_B C \to (B \to A)$（题设）

［4］ $\vdash_B (C \to (B \to A)) \to (C \cdot B \to A)$（公理 10）

［5］ $\vdash_B C \cdot B \to A$（［3］［4］分离）

［6］ $\vdash_B C \cdot D \to A$（［2］［5］传递）

命题 4.2.7：若 $\vdash_B (A \leftarrow B) \leftarrow C$ 和 $\vdash_B B \leftarrow D$，则 $\vdash_B A \leftarrow D \cdot C$ 成立。

证明方法类似于命题4.2.6，由题设和公理10'出发，运用逆右合成、逆分离和逆传递规则，即可推知本定理成立。

命题4.2.8：若 $\vdash_B A\to B$ 和 $\vdash_B C\to D$，则 $\vdash_B A\cdot C\to B\cdot D$ 成立。

证明：

[1] $\vdash_B A\to B$（题设）

[2] $\vdash_B A\cdot C\to B\cdot C$（[1]右合成）

[3] $\vdash_B C\to D$（题设）

[4] $\vdash_B B\cdot C\to B\cdot D$（[3]左合成）

[5] $\vdash_B A\cdot C\to B\cdot D$（[2][4]传递）

命题4.2.9：若 $\vdash_B A\to C$ 和 $\vdash_B B$，则 $\vdash_B A\to C\cdot B$ 成立。

证明：

[1] $\vdash_B A\to C$（题设）

[2] $\vdash_B B$（题设）

[3] $\vdash_B A\cdot B\to C\cdot B$（[1]右合成）

[4] $\vdash_B A\to C\cdot B$（[2][3]去合成）

命题4.2.10：若 $\vdash_B A\to C$ 和 $\vdash_B B$，则 $\vdash_B A\to B\cdot C$ 成立。

证明：

[1] $\vdash_B A\to C$（题设）

[2] $\vdash_B B$（题设）

[3] $\vdash_B B\to(C\to B\cdot C)$（定理4.2.3）

[4] $\vdash_B C\to B\cdot C$（[2][3]分离）

[5] $\vdash_B A\to B\cdot C$（[1][4]传递）

定义4.2.2：设 A、B $\in$ Form(**B**)，若存在系统 **B** 中的公式序列 $A_1, A_2, \cdots, A_n(n\geqslant 1)$，使得 A_n 就是 B，并且每一个 $A_i(i=1,2,3\cdots,n)$ 都满足下列条件之一：

〈i〉 $A_i=A$；

或 〈ii〉 A_i 是由序列中在前的某两个公式运用附加规则推得的；

或 〈iii〉 序列中存在某一个公式 $A_k(k<i)$，使得 $\vdash_B A_k\to A_i$ 或 $\vdash_B A_i\leftarrow A_k$；

则称在系统**B**中“A 可推演 B”，记作“$A\vdash_B B$”，并称公式序列 $A_1, A_2, \cdots, A_n$ 是“以 A 为前提的 B 的一个推演”，推演序列的长度为 n。

命题 4.2.11（演绎定理）：设 A、B $\in$ Form(**B**)，则有以下两个结论成立：

① $A\vdash_B B$ 当且仅当 $\vdash_B A\rightarrow B$；

② $A\vdash_B B$ 当且仅当 $\vdash_B B\leftarrow A$。

证明：

（一）先证明结论①成立。

先设 $\vdash_B A\rightarrow B$，构建公式序列：

（*）A，B

序列（*）中的公式 A 和 B 分别满足定义 4.2.2 的条件〈ⅰ〉和〈ⅲ〉，因而序列（*）是“以 A 为前提的 B 的一个推演”，所以 $A\vdash_B B$ 成立。

再设 $A\vdash_B B$，并设它的推演序列如下：

（**）$A_1, A_2, \cdots, A_n (n\geqslant 1)$

序列（**）中的 $A_n = B$，由定义 4.2.2 知 $A_1 = A$。

以下证 $\vdash_B A\rightarrow B$。对推演序列（**）的长度 n 作归纳证明。

（1）$n=1$，这时 $A_1 = A = B$，$\vdash_B A\rightarrow A$（公理 1），即 $\vdash_B A\rightarrow B$ 成立。

（2）设 $n<k(k\geqslant 2)$ 时 $\vdash_B A\rightarrow B$ 成立，则当 $n=k$ 时有下列三种情况。

情况 1：$B = A_k = A$。$\vdash_B A\rightarrow A$（公理 1），即 $\vdash_B A\rightarrow B$ 成立。

情况 2：$B = A_k = A_i \wedge A_j$，是由序列（**）中在前的某两个公式 A_i 和 $A_j (1\leqslant i<k, 1\leqslant j<k, i\neq j)$ 运用附加规则推得的。由归纳假设知：$\vdash_B A\rightarrow A_i$ 和 $\vdash_B A\rightarrow A_j$，由附加规则推得 $\vdash_B (A\rightarrow A_i)\wedge(A\rightarrow A_j)$，再由公理 5“$(A\rightarrow A_i)\wedge(A\rightarrow A_j)\rightarrow(A\rightarrow A_i\wedge A_j)$”出发，运用分离规则推知 $\vdash_B A\rightarrow A_i\wedge A_j$，即 $\vdash_B A\rightarrow B$。

情况 3：$B = A_k$，序列（**）中存在某一个公式 $A_i (1\leqslant i<k)$，使得 $\vdash_B A_i\rightarrow B$ 或 $\vdash_B B\leftarrow A_i$。由归纳假设知：$\vdash_B A\rightarrow A_i$，再由传递规则或混合传递规则即推知 $\vdash_B A\rightarrow B$。

所以，本命题的结论①成立。

（二）用类似的方法，由公式序列（*）和（**）、归纳假设、公理 1^{r} 和公

理 5^{T} 出发,运用附加、逆分离以及逆传递或逆混合传递规则可证明结论②。

所以,本命题的两个结论成立。

以下的工作是证明结构推理系统 **BL** 和公理系统 **B** 的等价性。

命题 4.2.12：对任何 $A \in Form(\mathbf{B})$,若 $\vdash_{B} A$,则 $\vdash_{BL} A$。

证明：

对 $\vdash_{B} A$ 的证明长度 n 进行归纳证明。

(1) n=1,则 A 是系统 **B** 的公理。由定理 4.1.1—4.1.18 和定理 4.1.21—4.1.32 知：$\vdash_{BL} A$ 成立。

(2) 设 $n<k(k>1)$ 时本命题成立,则当 $n=k$ 时,有下列十种情况。

情况 1：A 是系统 **B** 的公理。由(1)已证 $\vdash_{BL} A$ 成立。

情况 2：A 是由证明序列中在前的两个公式 $B \to A$ 和 B 运用分离规则推得的。由归纳假设知 $\vdash_{BL} B \to A$ 和 $\vdash_{BL} B$ 成立,再运用蕴涵消去规则即获得 $\vdash_{BL} A$。

情况 3：A 是由证明序列中在前的两个公式 $A \leftarrow B$ 和 B 运用逆分离规则推得的。由归纳假设和逆蕴涵消去规则即获得 $\vdash_{BL} A$。

情况 4：$A = B \wedge C$,是由证明序列中在前的两个公式 B 和 C 运用附加规则推得的。由归纳假设和合取引入规则获得 $\vdash_{BL} B \wedge C$,即 $\vdash_{BL} A$。

情况 5：$A = B \to D$,是由证明序列中在前的两个公式 $B \to C$ 和 $D \leftarrow C$ 运用混合传递规则推得的。由归纳假设知 $\vdash_{BL} B \to C$ 和 $\vdash_{BL} D \leftarrow C$,再由同一公理 $B \vdash B$ 和 $C \vdash C$ 出发,根据蕴涵消去和逆蕴涵消去规则推得 $B \vdash C$ 和 $C \vdash D$,再由切割规则知 $B \vdash D$,进而由蕴涵引入规则推得 $\vdash_{BL} B \to D$,即 $\vdash_{BL} A$。

情况 6：$A = D \leftarrow B$,是由证明序列中在前的两个公式 $C \leftarrow B$ 和 $C \to D$ 运用逆混合传递规则推得的。参照情况 5 的方法,由归纳假设、同一公理、逆蕴涵消去、蕴涵消去、切割和逆蕴涵引入规则可推得 $\vdash_{BL} D \leftarrow B$,即 $\vdash_{BL} A$。

情况 7：$A = D \cdot B \to D \cdot C$,是由证明序列中在前的一个公式 $B \to C$ 运用左合成规则推得的。由归纳假设知 $\vdash_{BL} B \to C$,再由同一公理 $B \vdash B$ 出发,根据蕴涵消去规则推得 $B \vdash C$,由命题 4.1.15 知 $D \cdot B \vdash D \cdot C$,进而由蕴涵引入规则推得 $\vdash_{BL} D \cdot B \to D \cdot C$,即 $\vdash_{BL} A$。

情况 8：$A=C\cdot D\leftarrow B\cdot D$，是由证明序列中在前的一个公式 $C\leftarrow B$ 运用逆右合成规则推得的。参照情况 7 的方法，由归纳假设、同一公理、逆蕴涵消去、命题 4.1.15 和逆蕴涵引入规则可推得 $\vdash_{BL}C\cdot D\leftarrow B\cdot D$，即 $\vdash_{BL}A$。

情况 9：$A=C\rightarrow D$，是由证明序列中在前的两个公式 B 和 $C\cdot B\rightarrow D$ 运用去合成规则推得的。由归纳假设知 $\vdash_{BL}B$ 和 $\vdash_{BL}C\cdot B\rightarrow D$，再由同一公理 $C\cdot B\vdash C\cdot B$ 出发，根据蕴涵消去规则推得 $C\cdot B\vdash D$，由命题 4.1.16 知 $C\vdash D$，进而由蕴涵引入规则推得 $\vdash_{BL}C\rightarrow D$，即 $\vdash_{BL}A$。

情况 10：$A=D\leftarrow C$，是由证明序列中在前的两个公式 B 和 $D\leftarrow B\cdot C$ 运用逆去合成规则推得的。参照情况 9 的方法，由归纳假设、同一公理、逆蕴涵消去、命题 4.1.17 和逆蕴涵引入规则可推得 $\vdash_{BL}D\leftarrow C$，即 $\vdash_{BL}A$。

所以，若 $\vdash_{B}A$，必有 $\vdash_{BL}A$ 成立。

命题 4.2.12 表明：**B**⊆**BL**，即系统 **B** 是系统 **BL** 的子系统。

命题 4.2.13：设 X 是系统 **BL** 中任意的结构，$A\in$ Form(**BL**)，若系统 **BL** 中 $X\vdash A$ 成立，则有以下两个结论：

① 若 $X\neq\Phi$，则有 $X^{\#}\vdash_{B}A$，其中的 $X^{\#}$ 是 X 的内涵合取变换式。

② 若 $X=\Phi$，即 $\vdash_{BL}A$，则 $\vdash_{B}A$。

证明：

对系统 **BL** 中获得 $X\vdash A$ 的推导的长度 n 进行归纳证明。

（1）$n=1$，则 $X\vdash A$ 是同一公理 $A\vdash A$，于是 $X=X^{\#}=A$，由公理 1 知 $\vdash_{B}A\rightarrow A$，再根据演绎定理知 $A\vdash_{B}A$，即 $X^{\#}\vdash_{B}A$，所以结论①成立。

（2）$n=2$，获得 $X\vdash A$ 的推导有下列情况。

情况 1：$X\vdash A$ 是由蕴涵引入规则获得的，证明方法参照命题 3.2.6 证明中的(2)情况 1，将其中的 $\vdash_{BCS}$ 改为 $\vdash_{B}$ 即可。

情况 2：$X\vdash A$ 是由蕴涵消去规则获得的，即图式如下：

$$\frac{B\rightarrow A\vdash B\rightarrow A\qquad B\vdash B}{B\rightarrow A,B\vdash A}$$

这时 X 是“$B\rightarrow A,B$”，而 $X^{\#}$是“$(B\rightarrow A)\cdot B$”。由 $\vdash_{B}(B\rightarrow A)\rightarrow(B\rightarrow A)$

(公理 1)和 $\vdash_B((B\to A)\to(B\to A))\to((B\to A)\cdot B\to A)$(公理 10)出发,运用分离规则推得 $\vdash_B(B\to A)\cdot B\to A$,即 $\vdash_B X^{\#}\to A$,再根据演绎定理知 $X^{\#}\vdash_B A$,所以结论①成立。

情况 3: $X\vdash A$ 是由逆蕴涵引入规则获得的,即图式如下:

$$\frac{B\vdash B}{\vdash B\leftarrow B}$$

这时 $X=\Phi$,而 $A=B\leftarrow B$。由公理 1^{τ} 知 $\vdash_B B\leftarrow B$,即 $\vdash_B A$,所以结论②成立。

情况 4: $X\vdash A$ 是由逆蕴涵消去规则获得的,即图式如下:

$$\frac{A\leftarrow B\vdash A\leftarrow B\qquad B\vdash B}{B,A\leftarrow B\vdash A}$$

这时 X 是“$B,A\leftarrow B$”,而 $X^{\#}$ 是“$B\cdot(A\leftarrow B)$”。由 $\vdash_B(A\leftarrow B)\leftarrow(A\leftarrow B)$(公理 1^{τ})和 $\vdash_B(A\leftarrow B\cdot(A\leftarrow B))\leftarrow((A\leftarrow B)\leftarrow(A\leftarrow B))$(公理 10^{τ})出发,运用逆分离规则推得 $\vdash_B A\leftarrow B\cdot(A\leftarrow B)$,即 $\vdash_B A\leftarrow X^{\#}$,再根据演绎定理知 $X^{\#}\vdash_B A$,所以结论①成立。

情况 5: $X\vdash A$ 是由合取引入规则获得的,证明方法参照命题 3.2.6 证明中的(2)情况 5,将其中的 $\vdash_{BCS}$ 改为 $\vdash_B$,并且将定理 3.2.2 改为定理 4.2.1 即可。

情况 6: $X\vdash A$ 是由合取消去规则获得的,证明方法参照命题 3.2.6 证明中的(2)情况 6,将其中的 $\vdash_{BCS}$ 改为 $\vdash_B$,并且将公理 5 和公理 6 分别改为公理 3 和公理 4 即可。

情况 7: $X\vdash A$ 是由析取引入规则获得的,即图式如下:

(形式 1)

$$\frac{B\vdash B}{B\vdash B\vee C}$$

(形式 2)

$$\frac{C\vdash C}{C\vdash B\vee C}$$

这时$X=X^{\#}=B$(形式1)或$X=X^{\#}=C$(形式2),而$A=B\vee C$。对于形式1,由$\vdash_B B\rightarrow B\vee C$(公理6)出发,根据演绎定理知$B\vdash_B B\vee C$,即$X^{\#}\vdash_B A$,所以结论①成立。对于形式2,由$\vdash_B C\rightarrow B\vee C$(公理7)出发,根据演绎定理知$C\vdash_B B\vee C$,即$X^{\#}\vdash_B A$,所以结论①亦成立。

情况8: $X\vdash A$是由析取消去规则获得的,即图式如下:

$$\frac{A\vdash A \qquad A\vdash A \qquad A\vee A\vdash A\vee A}{A\vee A\vdash A}$$

这时$X=X^{\#}=A\vee A$。由$\vdash_B A\vee A\rightarrow A$(定理4.2.2)出发,根据演绎定理知$A\vee A\vdash_B A$,即$X^{\#}\vdash_B A$,所以结论①成立。

情况9: $X\vdash A$是由分配规则获得的,证明方法参照命题3.2.6证明中的(2)情况7,将其中的$\vdash_{BCS}$改为$\vdash_B$,并且将公理8改为公理9即可。

情况10: $X\vdash A$是由内涵合取引入规则获得的,即图式如下:

$$\frac{B\vdash B \qquad C\vdash C}{B,C\vdash B\cdot C}$$

这时X是"B,C",而$A=B\cdot C$。注意到$X^{\#}=(B,C)^{\#}=B\cdot C$,由$\vdash_B B\cdot C\rightarrow B\cdot C$(公理1)出发,根据演绎定理知$B\cdot C\vdash_B B\cdot C$,即$X^{\#}\vdash_B A$,所以结论①成立。

(3) 设$n<k(k>2)$时本命题成立,则当$n=k$时,获得$X\vdash A$的推导有下列十二种情况。

情况1: $X\vdash A$是由结合规则获得的,先考虑形式1,即图式如下:

$$\frac{X_1,(X_2,(X_3,X_4)),X_5\vdash A}{X_1,((X_2,X_3),X_4),X_5\vdash A}$$

这时X是"$X_1,((X_2,X_3),X_4),X_5$",且X_2、X_3和X_4都是非空的结构。有几种可能:

〈 i 〉$X_1\neq\Phi$且$X_5\neq\Phi$。由归纳假设知$(X_1,(X_2,(X_3,X_4)),X_5)^{\#}\vdash_B A$,即$X_1^{\#}\cdot(X_2^{\#}\cdot(X_3^{\#}\cdot X_4^{\#}))\cdot X_5^{\#}\vdash_B A$,根据演绎定理知$\vdash_B X_1^{\#}\cdot(X_2^{\#}\cdot$

$(X_3^{\#} \cdot X_4^{\#})) \cdot X_5^{\#} \rightarrow A$，又 $\vdash_B (X_2^{\#} \cdot X_3^{\#}) \cdot X_4^{\#} \rightarrow X_2^{\#} \cdot (X_3^{\#} \cdot X_4^{\#})$（公理12），运用左合成和右合成规则推知 $\vdash_B X_1^{\#} \cdot ((X_2^{\#} \cdot X_3^{\#}) \cdot X_4^{\#}) \cdot X_5^{\#} \rightarrow X_1^{\#} \cdot (X_2^{\#} \cdot (X_3^{\#} \cdot X_4^{\#})) \cdot X_5^{\#}$，再由传递规则知 $\vdash_B X_1^{\#} \cdot ((X_2^{\#} \cdot X_3^{\#}) \cdot X_4^{\#}) \cdot X_5^{\#} \rightarrow A$，即 $\vdash_B X^{\#} \rightarrow A$，进而由演绎定理知 $X^{\#} \vdash_B A$，所以结论①成立。

〈ⅱ〉$X_1 = \Phi$ 或 $X_5 = \Phi$。参照上述〈ⅰ〉的方法即可证明 $X^{\#} \vdash_B A$（若 $X_1 = \Phi$ 则无须用左合成规则，若 $X_5 = \Phi$ 则无须用右合成规则），所以结论①成立。

再考虑结合规则形式2，用类似的方法，由归纳假设、演绎定理、公理13、左合成、右合成和传递规则可证明形式2的情况。

情况2：$X \vdash A$ 是由蕴涵引入规则获得的，即图式如下：

$$\frac{X, B \vdash C}{X \vdash B \rightarrow C}$$

这时 $A = B \rightarrow C$。有两种可能：

〈ⅰ〉$X \neq \Phi$。由归纳假设知 $(X, B)^{\#} \vdash_B C$，即 $X^{\#} \cdot B \vdash_B C$，根据演绎定理知 $\vdash_B X^{\#} \cdot B \rightarrow C$，再由 $\vdash_B (X^{\#} \cdot B \rightarrow C) \rightarrow (X^{\#} \rightarrow (B \rightarrow C))$（公理11）出发，运用分离规则推知 $\vdash_B X^{\#} \rightarrow (B \rightarrow C)$，进而由演绎定理知 $X^{\#} \vdash_B B \rightarrow C$，即 $X^{\#} \vdash_B A$，所以结论①成立。

〈ⅱ〉$X = \Phi$。由归纳假设知 $B^{\#} \vdash_B C$，即 $B \vdash_B C$，再根据演绎定理推知 $\vdash_B B \rightarrow C$，即 $\vdash_B A$，所以结论②成立。

情况3：$X \vdash A$ 是由蕴涵消去规则获得的，即图式如下：

$$\frac{X_1 \vdash B \rightarrow A \qquad X_2 \vdash B}{X_1, X_2 \vdash A}$$

这时 X 是“X_1, X_2”。有四种可能：

〈ⅰ〉$X_1 \neq \Phi$ 且 $X_2 \neq \Phi$。由归纳假设知 $X_1^{\#} \vdash_B B \rightarrow A$ 和 $X_2^{\#} \vdash_B B$，根据演绎定理知 $\vdash_B X_1^{\#} \rightarrow (B \rightarrow A)$ 和 $\vdash_B X_2^{\#} \rightarrow B$，再由命题4.2.6推得 $\vdash_B X_1^{\#} \cdot X_2^{\#} \rightarrow A$，即 $\vdash_B X^{\#} \rightarrow A$，再根据演绎定理知 $X^{\#} \vdash_B A$，所以结论①成立。

〈ⅱ〉$X_1 \neq \Phi$，而 $X_2 = \Phi$。由归纳假设知 $X_1^{\#} \vdash_B B \rightarrow A$ 和 $\vdash_B B$，根据演绎

定理知 $\vdash_B X_1^{\#} \to (B \to A)$，又 $\vdash_B (X_1 \to (B \to A)) \to (X_1^{\#} \cdot B \to A)$（公理 10），运用分离规则推知 $\vdash_B X_1^{\#} \cdot B \to A$，再由去合成规则知 $\vdash_B X_1^{\#} \to A$，即 $\vdash_B X^{\#} \to A$，进而由演绎定理知 $X^{\#} \vdash_B A$，所以结论①成立。

〈ⅲ〉$X_1 = \Phi$，而 $X_2 \neq \Phi$。由归纳假设、演绎定理和传递规则可推知 $X^{\#} \vdash_B A$，所以结论①成立。

〈ⅳ〉$X_1 = X_2 = \Phi$。由归纳假设和分离规则可推知 $\vdash_B A$，所以结论②成立。

情况 4：$X \vdash A$ 是由逆蕴涵引入规则获得的，即图式如下：

$$\frac{B, X \vdash C}{X \vdash C \leftarrow B}$$

这时 $A = C \leftarrow B$。有两种可能：

〈ⅰ〉$X \neq \Phi$。由归纳假设知 $(B, X)^{\#} \vdash_B C$，即 $B \cdot X^{\#} \vdash_B C$，再由演绎定理知 $\vdash_B C \leftarrow B \cdot X^{\#}$，又 $\vdash_B ((C \leftarrow B) \leftarrow X^{\#}) \leftarrow (C \leftarrow B \cdot X^{\#})$（公理 11^{τ}），运用逆分离规则推知 $\vdash_B (C \leftarrow B) \leftarrow X^{\#}$，即 $\vdash_B A \leftarrow X^{\#}$，进而由演绎定理知 $X^{\#} \vdash_B A$，所以结论①成立。

〈ⅱ〉$X = \Phi$。由归纳假设知 $B \vdash_B C$，再由演绎定理知 $\vdash_B C \leftarrow B$，即 $\vdash_B A$，所以结论②成立。

情况 5：$X \vdash A$ 是由逆蕴涵消去规则获得的，即图式如下：

$$\frac{X_1 \vdash A \leftarrow B \qquad X_2 \vdash B}{X_2, X_1 \vdash A}$$

这时 X 是“X_2, X_1”。有四种可能：

〈ⅰ〉$X_1 \neq \Phi$ 且 $X_2 \neq \Phi$。由归纳假设知 $X_1^{\#} \vdash_B A \leftarrow B$ 和 $X_2^{\#} \vdash_B B$，由演绎定理知 $\vdash_B (A \leftarrow B) \leftarrow X_1^{\#}$ 和 $\vdash_B B \leftarrow X_2^{\#}$，再由命题 4.2.7 推知 $\vdash_B A \leftarrow X_2^{\#} \cdot X_1^{\#}$，即 $\vdash_B A \leftarrow X^{\#}$，进而运用演绎定理推知 $X^{\#} \vdash_B A$，所以结论①成立。

〈ⅱ〉$X_1 \neq \Phi$，而 $X_2 = \Phi$。由归纳假设知 $X_1^{\#} \vdash_B A \leftarrow B$ 和 $\vdash_B B$，由演绎定理知 $\vdash_B (A \leftarrow B) \leftarrow X_1^{\#}$，又 $\vdash_B (A \leftarrow B \cdot X_1^{\#}) \leftarrow ((A \leftarrow B) \leftarrow X_1^{\#})$（公理 10^{τ}），

运用逆分离规则推知 $\vdash_B A \leftarrow B \cdot X_1^{\#}$，再由逆去合成规则推知 $\vdash_B A \leftarrow X_1^{\#}$，即 $\vdash_B A \leftarrow X^{\#}$，进而由演绎定理知 $X^{\#} \vdash_B A$，所以结论①成立。

〈ⅲ〉$X_1 = \Phi$，而 $X_2 \neq \Phi$。由归纳假设知 $\vdash_B A \leftarrow B$ 和 $X_2^{\#} \vdash_B B$，再由演绎定理知 $\vdash_B B \leftarrow X_2^{\#}$，运用逆传递规则推知 $\vdash_B A \leftarrow X_2^{\#}$，即 $\vdash_B A \leftarrow X^{\#}$，进而由演绎定理知 $X^{\#} \vdash_B A$，所以结论①成立。

〈ⅳ〉$X_1 = X_2 = \Phi$。由归纳假设和逆分离规则可推知 $\vdash_B A$，所以结论②成立。

情况 6：$X \vdash A$ 是由合取引入规则获得的，证明方法参照命题 3.2.6 证明中的(3)情况 7，将其中的 $\vdash_{BCS}$ 改为 $\vdash_B$，并且将公理 7 改为公理 5 即可。

情况 7：$X \vdash A$ 是由合取消去规则获得的，证明方法参照命题 3.2.6 证明中的(3)情况 8，将其中的 $\vdash_{BCS}$ 改为 $\vdash_B$，并且将公理 5 和公理 6 分别改为公理 3 和公理 4 即可。

情况 8：$X \vdash A$ 是由析取引入规则获得的，即图式如下：

(形式 1)	(形式 2)
$\dfrac{X \vdash B}{X \vdash B \vee C}$	$\dfrac{X \vdash C}{X \vdash B \vee C}$

这时 $A = B \vee C$。有两种可能：

〈ⅰ〉$X \neq \Phi$。由归纳假设、演绎定理、公理 6"$B \to B \vee C$"(对于形式 1)或公理 7"$C \to B \vee C$"(对于形式 2)，并运用传递规则即可推知 $X^{\#} \vdash_B A$，所以结论①成立。

〈ⅱ〉$X = \Phi$。由归纳假设、公理 6(对于形式 1)或公理 7(对于形式 2)，并运用分离规则可推得 $\vdash_B A$，所以结论②成立。

情况 9：$X \vdash A$ 是由析取消去规则获得的，即图式如下：

$$\frac{X_1, B, X_2 \vdash A \qquad X_1, C, X_2 \vdash A \qquad X_3 \vdash B \vee C}{X_1, X_3, X_2 \vdash A}$$

这时 X 是"X_1, X_3, X_2"。有六种可能：

〈 i 〉$X_1 \neq \Phi$ 且 $X_2 \neq \Phi$ 且 $X_3 \neq \Phi$。由归纳假设知“$X_1^{\#} \cdot B \cdot X_2^{\#} \vdash_B A$”“$X_1^{\#} \cdot C \cdot X_2^{\#} \vdash A$”和“$X_3^{\#} \vdash_B B \vee C$”，由演绎定理知以下的[1]—[3]成立，再从这三个内定理出发证明：

[1] $\vdash_B X_1^{\#} \cdot B \cdot X_2^{\#} \rightarrow A$

[2] $\vdash_B X_1^{\#} \cdot C \cdot X_2^{\#} \rightarrow A$

[3] $\vdash_B X_3^{\#} \rightarrow B \vee C$

[4] $\vdash_B (X_1^{\#} \cdot B \cdot X_2^{\#} \rightarrow A) \wedge (X_1^{\#} \cdot C \cdot X_2^{\#} \rightarrow A)$（[1][2]附加）

[5] $\vdash_B (X_1^{\#} \cdot B \cdot X_2^{\#} \rightarrow A) \wedge (X_1^{\#} \cdot C \cdot X_2^{\#} \rightarrow A) \rightarrow ((X_1^{\#} \cdot B \cdot X_2^{\#}) \vee (X_1^{\#} \cdot C \cdot X_2^{\#}) \rightarrow A)$（公理 8）

[6] $\vdash_B (X_1^{\#} \cdot B \cdot X_2^{\#}) \vee (X_1^{\#} \cdot C \cdot X_2^{\#}) \rightarrow A$（[4][5]分离）

[7] $\vdash_B (X_1^{\#} \cdot B) \vee (X_1^{\#} \cdot C) \cdot X_2^{\#} \rightarrow (X_1^{\#} \cdot B \cdot X_2^{\#}) \vee (X_1^{\#} \cdot C \cdot X_2^{\#})$（公理 15）

[8] $\vdash_B (X_1^{\#} \cdot B) \vee (X_1^{\#} \cdot C) \cdot X_2^{\#} \rightarrow A$（[6][7]传递）

[9] $\vdash_B X_1^{\#} \cdot B \vee C \rightarrow (X_1^{\#} \cdot B) \vee (X_1^{\#} \cdot C)$（公理 14）

[10] $\vdash_B X_1^{\#} \cdot B \vee C \cdot X_2^{\#} \rightarrow (X_1^{\#} \cdot B) \vee (X_1^{\#} \cdot C) \cdot X_2^{\#}$（[9]右合成）

[11] $\vdash_B X_1^{\#} \cdot B \vee C \cdot X_2^{\#} \rightarrow A$（[8][10]传递）

[12] $\vdash_B X_1^{\#} \cdot X_3^{\#} \rightarrow X_1^{\#} \cdot B \vee C$（[3]左合成）

[13] $\vdash_B X_1^{\#} \cdot X_3^{\#} \cdot X_2^{\#} \rightarrow X_1^{\#} \cdot B \vee C \cdot X_2^{\#}$（[12]右合成）

[14] $\vdash_B X_1^{\#} \cdot X_3^{\#} \cdot X_2^{\#} \rightarrow A$，即 $\vdash_B X^{\#} \rightarrow A$（[11][13]传递）

进而由演绎定理知 $X^{\#} \vdash_B A$，所以结论①成立。

〈 ii 〉$X_1 = \Phi$ 或 $X_2 = \Phi$，而 $X_3 \neq \Phi$。参照上述〈 i 〉的方法即可证明 $X^{\#} \vdash_B A$（若 $X_1 = \Phi$ 则无须用公理 14 和左合成规则，若 $X_2 = \Phi$ 则无须用公理 15 和右合成规则），所以结论①成立。

〈 iii 〉$X_1 \neq \Phi$ 且 $X_2 \neq \Phi$，而 $X_3 = \Phi$。由归纳假设知“$X_1^{\#} \cdot B \cdot X_2^{\#} \vdash_B A$”“$X_1^{\#} \cdot C \cdot X_2^{\#} \vdash A$”和“$\vdash_B B \vee C$”，由演绎定理和归纳假设知以下的[1]—[3]成立，再从这三个内定理出发证明：

[1] $\vdash_B X_1^{\#} \cdot B \cdot X_2^{\#} \rightarrow A$

[2] $\vdash_B X_1^{\#} \cdot C \cdot X_2^{\#} \rightarrow A$

[3] $\vdash_B B \vee C$

[4]—[11]同上述〈 i 〉的证明

[12] $\vdash_B (X_1^{\#} \cdot B \vee C \cdot X_2^{\#} \to A) \to (X_1^{\#} \cdot B \vee C \to (X_2^{\#} \to A))$(公理 11)

[13] $\vdash_B X_1^{\#} \cdot B \vee C \to (X_2^{\#} \to A)$([11][12]分离)

[14] $\vdash_B X_1^{\#} \to (X_2^{\#} \to A)$([3][13]去合成)

[15] $\vdash_B (X_1^{\#} \to (X_2^{\#} \to A)) \to (X_1^{\#} \cdot X_2^{\#} \to A)$(公理 10)

[16] $\vdash_B X_1^{\#} \cdot X_2^{\#} \to A$,即 $\vdash_B X^{\#} \to A$([14][15]分离)

进而由演绎定理知 $X^{\#} \vdash_B A$,所以结论①成立。

〈iv〉$X_1 \neq \Phi$ 且 $X_2 = \Phi$ 且 $X_3 = \Phi$。参照上述〈iii〉的方法即可证明 $X^{\#} \vdash_B A$(无须用公理 15、右合成规则、公理 11 和公理 10),所以结论①成立。

〈v〉$X_1 = \Phi$ 且 $X_2 \neq \Phi$ 且 $X_3 = \Phi$。参照上述〈iii〉的方法即可证明 $X^{\#} \vdash_B A$(无须用公理 14、右合成、去合成规则和公理 10),所以结论①成立。

〈vi〉$X_1 = X_2 = X_3 = \Phi$。由归纳假设、演绎定理、附加规则、公理 8 和分离规则可推得 $\vdash_B A$,所以结论②成立。

情况 10:$X \vdash A$ 是由分配规则获得的,证明方法参照命题 3.2.6 证明中的(3)情况 9,将其中的 $\vdash_{BCS}$ 改为 $\vdash_B$,并且将公理 8 改为公理 9 即可。

情况 11:$X \vdash A$ 是由内涵合取引入规则获得的,即图式如下:

$$\frac{X_1 \vdash B \qquad X_2 \vdash C}{X_1, X_2 \vdash B \cdot C}$$

这时 $A = B \cdot C$,且 X 是"X_1, X_2"。有四种可能:

〈 i 〉$X_1 \neq \Phi$ 且 $X_2 \neq \Phi$。由归纳假设知 $X_1^{\#} \vdash_B B$ 和 $X_2^{\#} \vdash_B C$ 成立,根据演绎定理知 $\vdash_B X_1^{\#} \to B$ 和 $\vdash_B X_2^{\#} \to C$ 成立,再由命题 4.2.8 推得 $\vdash_B X_1^{\#} \cdot X_2^{\#} \to B \cdot C$,即 $\vdash_B X^{\#} \to A$,进而由演绎定理知 $X^{\#} \vdash_B A$,所以结论①成立。

〈ii〉$X_1 \neq \Phi$,而 $X_2 = \Phi$。由归纳假设知 $X_1^{\#} \vdash_B B$ 和 $\vdash_B C$ 成立,根据演绎定理知 $\vdash_B X_1^{\#} \to B$,再由命题 4.2.9 推得 $\vdash_B X_1^{\#} \to B \cdot C$,即 $\vdash_B X^{\#} \to A$,进而由演绎定理知 $X^{\#} \vdash_B A$,所以结论①成立。

〈iii〉$X_1 = \Phi$,而 $X_2 \neq \Phi$。由归纳假设知 $\vdash_B B$ 和 $X_2^{\#} \vdash_B C$ 成立,根据演绎

定理知 $\vdash_B X_2^{\#} \to C$，再由命题 4.2.10 推得 $\vdash_B X_2^{\#} \to B \cdot C$，即 $\vdash_B X^{\#} \to A$，进而由演绎定理知 $X^{\#} \vdash_B A$，所以结论①成立。

〈ⅳ〉$X_1 = X_2 = \Phi$。由归纳假设知 $\vdash_B B$ 和 $\vdash_B C$ 成立，又 $\vdash_B B \to (C \to B \cdot C)$（定理 4.2.3），两次运用分离规则可推知 $\vdash_B B \cdot C$，所以结论②成立。

情况 12：$X \vdash A$ 是由内涵合取消去规则获得的，即图式如下：

$$\frac{X_1 \vdash B \cdot C \qquad X_2, (B, C), X_3 \vdash A}{X_2, X_1, X_3 \vdash A}$$

这时 X 是"X_2, X_1, X_3"。有六种可能：

〈ⅰ〉$X_1 \neq \Phi$ 且 $X_2 \neq \Phi$ 且 $X_3 \neq \Phi$。由归纳假设知 $X_1^{\#} \vdash_B B \cdot C$ 和 $X_2^{\#} \cdot (B \cdot C) \cdot X_3^{\#} \vdash_B A$，根据演绎定理知以下的[1][2]成立，再从这两个内定理出发证明：

[1] $\vdash_B X_1^{\#} \to B \cdot C$

[2] $\vdash_B X_2^{\#} \cdot (B \cdot C) \cdot X_3^{\#} \to A$

[3] $\vdash_B X_2^{\#} \cdot X_1^{\#} \to X_2^{\#} \cdot (B \cdot C)$（[1]左合成）

[4] $\vdash_B X_2^{\#} \cdot X_1^{\#} \cdot X_3^{\#} \to X_2^{\#} \cdot (B \cdot C) \cdot X_3^{\#}$（[3]右合成）

[5] $\vdash_B X_2^{\#} \cdot X_1^{\#} \cdot X_3^{\#} \to A$，即 $\vdash_B X^{\#} \to A$（[2][4]传递）

进而由演绎定理知 $X^{\#} \vdash_B A$，所以结论①成立。

〈ⅱ〉$X_1 \neq \Phi$，而 $X_2 = \Phi$ 或 $X_3 = \Phi$。参照上述〈ⅰ〉的方法即可证明 $X^{\#} \vdash_B A$（若 $X_2 = \Phi$ 则无须用左合成规则，若 $X_3 = \Phi$ 则无须用右合成规则），所以结论①成立。

〈ⅲ〉$X_1 = \Phi$，而 $X_2 \neq \Phi$ 且 $X_3 \neq \Phi$。由归纳假设知 $\vdash_B B \cdot C$ 和 $X_2^{\#} \cdot (B \cdot C) \cdot X_3^{\#} \vdash_B A$，根据归纳假设和演绎定理知以下的[1][2]成立，再从这两个内定理出发证明：

[1] $\vdash_B B \cdot C$

[2] $\vdash_B X_2^{\#} \cdot (B \cdot C) \cdot X_3^{\#} \to A$

[3] $\vdash_B (X_2^{\#} \cdot (B \cdot C) \cdot X_3^{\#} \to A) \to (X_2^{\#} \cdot (B \cdot C) \to (X_3^{\#} \to A))$（公理 11）

[4] $\vdash_B X_2^{\#} \cdot (B \cdot C) \rightarrow (X_3^{\#} \rightarrow A)$([2][3]分离)

[5] $\vdash_B X_2^{\#} \rightarrow (X_3^{\#} \rightarrow A)$([1][4]去合成)

[6] $\vdash_B (X_2^{\#} \rightarrow (X_3^{\#} \rightarrow A)) \rightarrow (X_2^{\#} \cdot X_3^{\#} \rightarrow A)$(公理10)

[7] $\vdash_B X_2^{\#} \cdot X_3^{\#} \rightarrow A$,即$\vdash_B X^{\#} \rightarrow A$([5][6]分离)

进而由演绎定理知$X^{\#} \vdash_B A$,所以结论①成立。

〈ⅳ〉$X_1 = \Phi$ 且 $X_2 \neq \Phi$ 且 $X_3 = \Phi$。参照上述〈ⅲ〉的方法,由归纳假设、演绎定理和去合成规则即可证明$X^{\#} \vdash_B A$,所以结论①成立。

〈ⅴ〉$X_1 = \Phi$ 且 $X_2 = \Phi$ 且 $X_3 \neq \Phi$。参照上述〈ⅲ〉的方法,由归纳假设、演绎定理、公理11和分离规则即可证明$X^{\#} \vdash_B A$,所以结论①成立。

〈ⅵ〉$X_1 = X_2 = X_3 = \Phi$。由归纳假设、演绎定理和分离规则即可证明$\vdash_B A$,所以结论②成立。

所以,本命题成立。

命题4.2.13②表明 $\mathbf{BL} \subseteq \mathbf{B}$,即系统 **BL** 是系统 **B** 的子系统。由命题4.2.12和命题4.2.13②即知:

命题4.2.14:系统 **B** 等价于系统 **BL**。

§4.3　择类语义

本节构建正结合演算的择类语义,其特点是采用"择类运算"来刻画逻辑常项,语义运算与逻辑联结词之间有清晰的对应关系,可以从整体上处理一类逻辑,具有普适性。[①]

为了表述"择类运算",要做一些准备工作。我们约定:用Δ、Θ、Ξ、Σ、W、Π、Γ、Δ_1、Δ_2…表示任意的集合,仍以Φ表示空集。

① [冯棉,2010,pp.180－216]构建了相干命题逻辑公理系统 **Min**、**B**、**DW**、**TW**、**T**、**R** 的择类语义。[冯棉,2011]则借助结构规则与有关公理的对应关系,考察了一类命题逻辑公理系统的择类语义。

定义 4.3.1:对于任意的一个集合Δ,记Δ的幂集为 $P(\Delta)$,即 $P(\Delta)=\{\Theta:\Theta\subseteq\Delta\}$。

常用 W 表示非空的可能世界的集合,用 x,y,z…表示 W 中的任意的可能世界(简称为“世界”)。在作语义解释时,我们把命题逻辑系统中的一个个公式视为一个个命题,命题(公式)的真假是依赖于可能世界的。在给定 W 的情况下,作为一种技术处理方式,可以把一个命题(公式)A,看成 A 在其中为真的那些 W 中的世界的集合,即集合$\{x: x\in W$ 且 A 在 x 中为真$\}$,它是 W 的一个子集。反之,W 的任何一个子集Δ(即 P(W) 中的任何一个元素),也可以视为一个命题。

定义 4.3.2:设 W 是一个非空的集合,一个从 $P(W)\times P(W)\times\cdots\times P(W)$(n 个 P(W))到 P(W) 内的映射,称为“P(W)的一个 n 元择类运算”。

从直观上看,“P(W)的一个一元择类运算”,就是为 P(W) 中的每一个元素(命题)选择 P(W) 中的对应元素(命题);“P(W)的一个二元择类运算”,就是为 $P(W)\times P(W)$ 中的每一个元素(有序二元命题组)选择 P(W) 中的对应元素(命题)。

正结合演算择类语义建立在“择类的正逻辑一般弱框架”的基础上,下面是它的定义。

定义 4.3.3:一个“择类的正逻辑一般弱框架”(记作 F^{+})是一个有序的六元组$\langle W_0, W, \Rightarrow, \Leftarrow, \bigcirc, \Pi\rangle$,且满足以下七个条件:

〈ⅰ〉W 是非空的集合,称为可能世界集。用 x,y,z…表示 W 中任意的元素(世界)。

〈ⅱ〉W_0 是 W 的非空子集,称为“逻辑世界集”,其元素称为“逻辑世界”。

〈ⅲ〉$\Rightarrow$是 P(W) 的一个二元择类运算,即对任何$\langle\Delta,\Theta\rangle\in P(W)\times P(W)$,有唯一的$\Delta\Rightarrow\Theta\in P(W)$。$\Rightarrow$称为“语义蕴涵”,$\Delta\Rightarrow\Theta$称为“由$\Delta$导出$\Theta$的蕴涵命题”。

〈ⅳ〉$\Leftarrow$是 P(W) 的一个二元择类运算,即对任何$\langle\Delta,\Theta\rangle\in P(W)\times P(W)$,有唯一的$\Theta\Leftarrow\Delta\in P(W)$。$\Leftarrow$称为“逆语义蕴涵”,$\Theta\Leftarrow\Delta$称为“由$\Delta$导出

Θ的逆蕴涵命题”。

〈ⅴ〉$\bigcirc$是P(W)的一个二元择类运算，即对任何$<\Delta,\Theta>\in P(W)\times P(W)$，有唯一的$\Delta\bigcirc\Theta\in P(W)$。$\bigcirc$称为“语义合成”，$\Delta\bigcirc\Theta$称为“$\Delta$和$\Theta$的合成命题”。

〈ⅵ〉Π是P(W)的非空子集，且Π对于$\cap$、$\cup$、$\Rightarrow$、$\Leftarrow$、$\bigcirc$五种运算都是封闭的，即：对任何Δ、$\Theta\in\Pi$，都有$\Delta\cap\Theta$、$\Delta\cup\Theta$、$\Delta\Rightarrow\Theta$、$\Theta\Leftarrow\Delta$、$\Delta\bigcirc\Theta\in\Pi$成立。

〈ⅶ〉对任何Δ、$\Theta\in\Pi$，都有：$W_0\subseteq(\Delta\Rightarrow\Theta)$当且仅当$W_0\subseteq(\Theta\Leftarrow\Delta)$当且仅当$\Delta\subseteq\Theta$。

对于上述定义中的条件〈ⅱ〉—〈ⅶ〉，还要作一些说明：

(1) 称W_0为“逻辑世界集”，是因为逻辑规律将在W_0中的每一个逻辑世界中为真。框架构件中含有逻辑世界集W_0，是“弱框架”的标志。

(2) 二元择类运算$\Rightarrow$旨在刻画逻辑联结词→。$\Delta\Rightarrow\Theta$的直观意义是：使两个命题Δ、Θ具有蕴涵关系的那些可能世界的集合。

(3) 二元择类运算$\Leftarrow$旨在刻画逻辑联结词←。$\Theta\Leftarrow\Delta$的直观意义是：使两个命题Δ、Θ具有逆蕴涵关系的那些可能世界的集合。

(4) 二元择类运算$\bigcirc$旨在刻画逻辑联结词·。$\Delta\bigcirc\Theta$的直观意义是：使两个命题Δ、Θ具有内涵合取关系的那些可能世界的集合。

(5) 框架构件中含有对各种运算封闭的P(W)的非空子集Π，是“一般框架”的标志。

(6) 条件〈ⅶ〉的直观意义是：Π中的两个命题Δ、Θ在每一个逻辑世界中都满足蕴涵关系（逆蕴涵关系）的充分必要条件是：若Δ为真，则Θ为真。这是蕴涵关系和逆蕴涵关系具有保真性的体现。

定义 4.3.4：一个“**BL** 框架”（记作F_{BL}）$<W_0,W,\Rightarrow,\Leftarrow,\bigcirc,\Pi>$首先是一个“择类的正逻辑一般弱框架”，并要求$<W_0,W,\Rightarrow,\Leftarrow,\bigcirc,\Pi>$满足以下的特性：

特性 F1：对任何Δ、Θ、$\Xi\in\Pi$，都有$((\Delta\bigcirc\Theta)\bigcirc\Xi)=(\Delta\bigcirc(\Theta\bigcirc\Xi))$成立。

特性 F2：对任何Δ、Θ、$\Xi\in\Pi$，都有$((\Delta\bigcirc\Theta)\Rightarrow\Xi)=(\Delta\Rightarrow(\Theta\Rightarrow\Xi))$成立。

特性 F3：对任何Δ、Θ、$\Xi\in\Pi$，都有$(\Xi\Leftarrow(\Theta\bigcirc\Delta))=((\Xi\Leftarrow\Theta)\Leftarrow\Delta)$成立。

特性 F4：对任何Δ、Θ、$\Xi \in \Pi$，都有$(\Delta \bigcirc (\Theta \cup \Xi)) \subseteq ((\Delta \bigcirc \Theta) \cup (\Delta \bigcirc \Xi))$成立。

特性 F5：对任何Δ、Θ、$\Xi \in \Pi$，都有$((\Theta \cup \Xi) \bigcirc \Delta) \subseteq ((\Theta \bigcirc \Delta) \cup (\Xi \bigcirc \Delta))$成立。

特性 F6：对任何Δ、Θ、$\Xi \in \Pi$，如果$\Delta \subseteq \Theta$，则$(\Xi \bigcirc \Delta) \subseteq (\Xi \bigcirc \Theta)$成立。

特性 F7：对任何Δ、Θ、$\Xi \in \Pi$，如果$\Delta \subseteq \Theta$，则$(\Delta \bigcirc \Xi) \subseteq (\Theta \bigcirc \Xi)$成立。

特性 F8：对任何Δ、Θ、$\Xi \in \Pi$，如果$\mathbb{W}_0 \subseteq \Delta$且$(\Theta \bigcirc \Delta) \subseteq \Xi$，则$\Theta \subseteq \Xi$成立。

特性 F9：对任何Δ、Θ、$\Xi \in \Pi$，如果$\mathbb{W}_0 \subseteq \Delta$且$(\Delta \bigcirc \Theta) \subseteq \Xi$，则$\Theta \subseteq \Xi$成立。

为省略括号，特作如下规定：

① 符号$\cap$、$\cup$、$\bigcirc$、$\Rightarrow$、$\Leftarrow$、$\subseteq$、$=$的强弱次序为：$\cap$和$\cup$最强，$\bigcirc$其次，$\Rightarrow$和$\Leftarrow$再其次，$\subseteq$和$=$最弱。例如特性 F3 可简写为：$\Xi \Leftarrow \Theta \bigcirc \Delta = (\Xi \Leftarrow \Theta) \Leftarrow \Delta$，特性 F4 可简写为：$\Delta \bigcirc \Theta \cup \Xi \subseteq (\Delta \bigcirc \Theta) \cup (\Delta \bigcirc \Xi)$。

② 对任何$\Delta_i \in P(\mathbb{W})\ (i=1,2\cdots)$，$(\Delta_1 \bigcirc \Delta_2) \bigcirc \Delta_3$可简写为$\Delta_1 \bigcirc \Delta_2 \bigcirc \Delta_3$，一般地，$(\Delta_1 \bigcirc \Delta_2 \bigcirc \cdots \bigcirc \Delta_{n-1}) \bigcirc \Delta_n\ (n \geqslant 3)$可简写为$\Delta_1 \bigcirc \Delta_2 \bigcirc \cdots \bigcirc \Delta_{n-1} \bigcirc \Delta_n$。

对于定义 4.3.4 中的各种特性，作如下的说明（A、B、C $\in$ Form(**BL**)）：

特性 F1 对应于 $A \cdot B \cdot C$ 与 $A \cdot (B \cdot C)$ 可互推；

特性 F2 对应于 $A \cdot B \rightarrow C$ 与 $A \rightarrow (B \rightarrow C)$ 可互推；

特性 F3 对应于 $C \leftarrow B \cdot A$ 与 $(C \leftarrow B) \leftarrow A$ 可互推；

特性 F4 对应于 $A \cdot (B \vee C) \vdash (A \cdot B) \vee (A \cdot C)$；

特性 F5 对应于 $(B \vee C) \cdot A \vdash (B \cdot A) \vee (C \cdot A)$；

特性 F6 对应于命题 4.1.15 形式 1“由 $A \vdash B$ 为前提可推出 $C \cdot A \vdash C \cdot B$”；

特性 F7 对应于命题 4.1.15 形式 2“由 $A \vdash B$ 为前提可推出 $A \cdot C \vdash B \cdot C$”；

特性 F8 对应于命题 4.1.16“由 $\Phi \vdash A$ 和 $B \cdot A \vdash C$ 为前提可推出 $B \vdash C$”；

特性 F9 对应于命题 4.1.17“由 $\Phi \vdash A$ 和 $A \cdot B \vdash C$ 为前提可推出 $B \vdash C$”。

观测上述对应关系，不难发现，只需对系统 **BL** 中的上述贯列和表达式可互推作如下的改写，即为相对应的特性：

（1）将公式 A、B、C 分别改写为Δ、Θ、Ξ；

（2）将逻辑联结词$\wedge$、$\vee$、$\cdot$、$\rightarrow$、$\leftarrow$分别改写为$\cap$、$\cup$、$\bigcirc$、$\Rightarrow$、$\Leftarrow$；

（3）将推断符号$\vdash$改写为$\subseteq$；

(4) 将"可互推"改写为=;

(5) 将空集 Φ 改写为 W_0。

定义 4.3.4 所述的"**BL** 框架"是存在的,请看实例:

例 4.3.1:构造有序的六元组 $<W_0,W,\Rightarrow,\Leftarrow,\bigcirc,\Pi>$,其中 $W=\{a\}$,是由一个元素 a 组成的单元素集,$W_0=W$,$\Pi=P(W)=\{\Phi,W\}$。$P(W)\times P(W)=\{<\Phi,\Phi>,<\Phi,W>,<W,\Phi>,<W,W>\}$。

$\Rightarrow$是 $P(W)$ 的一个二元择类运算,定义为:$\Phi\Rightarrow\Phi=W,\Phi\Rightarrow W=W,W\Rightarrow\Phi=\Phi,W\Rightarrow W=W$。

$\Leftarrow$是 $P(W)$ 的一个二元择类运算,定义为:$\Phi\Leftarrow\Phi=W,W\Leftarrow\Phi=W,\Phi\Leftarrow W=\Phi,W\Leftarrow W=W$。

$\bigcirc$是 $P(W)$ 的一个二元择类运算,定义为:$\Phi\bigcirc\Phi=\Phi,W\bigcirc\Phi=\Phi,\Phi\bigcirc W=\Phi,W\bigcirc W=W$。

不难验证 $<W_0,W,\Rightarrow,\Leftarrow,\bigcirc,\Pi>$ 满足定义 4.3.3 中的条件〈ⅰ〉-〈ⅶ〉和定义 4.3.4 中的全部特性,因而是一个"**BL** 框架"。

命题 4.3.1:设 $F_{BL}=<W_0,W,\Rightarrow,\Leftarrow,\bigcirc,\Pi>$是一个"**BL** 框架",$\Delta$、$\Theta$、$\Xi\in\Pi$,则以下四个结论成立:

① $(\Delta\Rightarrow\Theta)\bigcirc\Delta\subseteq\Theta$;

② $\Delta\bigcirc(\Theta\Leftarrow\Delta)\subseteq\Theta$;

③ $\Delta\bigcirc\Theta\subseteq\Xi$ 当且仅当 $\Delta\subseteq\Theta\Rightarrow\Xi$;

④ $\Theta\bigcirc\Delta\subseteq\Xi$ 当且仅当 $\Delta\subseteq\Xi\Leftarrow\Theta$。

证明:

(1) 注意到 $\Delta\Rightarrow\Theta\subseteq\Delta\Rightarrow\Theta$,由定义 4.3.3〈ⅵ〉〈ⅶ〉和定义 4.3.4 特性 F2 知:$W_0\subseteq(\Delta\Rightarrow\Theta)\Rightarrow(\Delta\Rightarrow\Theta)=(\Delta\Rightarrow\Theta)\bigcirc\Delta\Rightarrow\Theta$,于是有 $(\Delta\Rightarrow\Theta)\bigcirc\Delta\subseteq\Theta$,即结论①成立。

(2) 注意到 $\Theta\Leftarrow\Delta\subseteq\Theta\Leftarrow\Delta$,由定义 4.3.3〈ⅵ〉〈ⅶ〉和定义 4.3.4 特性 F3 知:$W_0\subseteq(\Theta\Leftarrow\Delta)\Leftarrow(\Theta\Leftarrow\Delta)=\Theta\Leftarrow\Delta\bigcirc(\Theta\Leftarrow\Delta)$,于是有 $\Delta\bigcirc(\Theta\Leftarrow\Delta)\subseteq\Theta$,即结论②成立。

(3) 由定义 4.3.3〈ⅵ〉〈ⅶ〉和特性 F2 知:$\Delta\bigcirc\Theta\subseteq\Xi$ 当且仅当 $W_0\subseteq\Delta\bigcirc$

$\Theta \Rightarrow \Xi$当且仅当 $W_0 \subseteq \Delta \Rightarrow (\Theta \Rightarrow \Xi)$当且仅当$\Delta \subseteq \Theta \Rightarrow \Xi$,即结论③成立。

(4) 由定义 4.3.3〈ⅵ〉〈ⅶ〉和特性 F3 知：$\Theta \bigcirc \Delta \subseteq \Xi$当且仅当 $W_0 \subseteq \Xi \Leftarrow \Theta \bigcirc \Delta$当且仅当 $W_0 \subseteq (\Xi \Leftarrow \Theta) \Leftarrow \Delta$当且仅当$\Delta \subseteq \Xi \Leftarrow \Theta$,即结论④成立。

定义 4.3.5：设 $F_{BL} = <W_0, W, \Rightarrow, \Leftarrow, \bigcirc, \Pi>$是一个"**BL** 框架",$A \in$ Form(**BL**),V 是从 Form(**BL**)到 P(W)内的一个映射,称 V 是"F_{BL}上的一个赋值",当且仅当 V 满足以下六个条件：

〈ⅰ〉若 A 是命题变元 p_i,则 $V(p_i) \in \Pi$。

〈ⅱ〉若 A 是公式 $B \wedge C$,则 $V(B \wedge C) = V(B) \cap V(C)$。

〈ⅲ〉若 A 是公式 $B \vee C$,则 $V(B \vee C) = V(B) \cup V(C)$。

〈ⅳ〉若 A 是公式 $B \rightarrow C$,则 $V(B \rightarrow C) = V(B) \Rightarrow V(C)$。

〈ⅴ〉若 A 是公式 $C \leftarrow B$,则 $V(C \leftarrow B) = V(C) \Leftarrow V(B)$。

〈ⅵ〉若 A 是公式 $B \cdot C$,则 $V(B \cdot C) = V(B) \bigcirc V(C)$。

V(A)的直观意义是：A 在其中为真的那些 W 中的可能世界的集合。下面的命题告诉我们,这样的集合都是Π的元素。

命题 4.3.2：设 $F_{BL} = <W_0, W, \Rightarrow, \Leftarrow, \bigcirc, \Pi>$是一个"**BL** 框架",$A \in$ Form(**BL**),V 是 F_{BL}上的一个赋值,则有 $V(A) \in \Pi$成立。

证明：

对公式 A 中的初始联结词出现的次数 n 进行归纳证明。

(1) n=0,即 A 是一命题变元 p_i,由定义 4.3.5〈ⅰ〉知 $V(p_i) \in \Pi$成立。

(2) 设 $n<k(k \geqslant 1)$时本命题成立,则当 n=k 时有下列五种情况。

情况 1：A 是 $B \wedge C$,由归纳假设知：$V(B) \in \Pi$且 $V(C) \in \Pi$,再根据定义 4.3.5〈ⅱ〉和定义 4.3.3〈ⅵ〉知：$V(B \wedge C) = V(B) \cap V(C) \in \Pi$。

情况 2：A 是 $B \vee C$,类似地,由归纳假设、定义 4.3.5〈ⅲ〉和定义 4.3.3〈ⅵ〉知：$V(B \vee C) = V(B) \cup V(C) \in \Pi$。

情况 3：A 是 $B \rightarrow C$,由归纳假设、定义 4.3.5〈ⅳ〉和定义 4.3.3〈ⅵ〉知：$V(B \rightarrow C) = V(B) \Rightarrow V(C) \in \Pi$。

情况 4：A 是 $C \leftarrow B$,由归纳假设、定义 4.3.5〈ⅴ〉和定义 4.3.3〈ⅵ〉知：$V(C \leftarrow B) = V(C) \Leftarrow V(B) \in \Pi$。

情况 5：A 是 B · C，由归纳假设、定义 4.3.5〈ⅵ〉和定义 4.3.3〈ⅵ〉知：$V(B \cdot C) = V(B) \bigcirc V(C) \in \Pi$。

所以，$V(A) \in \Pi$成立。

定义 4.3.6：$A \in Form(\mathbf{BL})$，称公式 A 是“**BL** 有效的”（记作$\models_{BL} A$），当且仅当对任何“**BL** 框架”$F_{BL} = <W_0, W, \Rightarrow, \Leftarrow, \bigcirc, \Pi>$的任何赋值 V，都有 $W_0 \subseteq V(A)$。换言之，$\models_{BL} A$ 不成立，当且仅当存在某个“**BL** 框架”$F_{BL} = <W_0, W, \Rightarrow, \Leftarrow, \bigcirc, \Pi>$中的某个逻辑世界 $x \in W_0$ 和 F_{BL}上的某个赋值 V，使得 $x \notin V(A)$。

定义 4.3.7：设 X 是系统 **BL** 中任意的非空结构，$X^{\#}$是 X 的内涵合取变换式，$A \in Form(\mathbf{BL})$。称系统 **BL** 中“非空结构 X 可有效地推导公式 A”（记作 $X \models_{BL} A$），当且仅当对任何“**BL** 框架”$F_{BL} = <W_0, W, \Rightarrow, \Leftarrow, \bigcirc, \Pi>$的任何赋值 V，都有 $V(X^{\#}) \subseteq V(A)$。换言之，$X \models_{BL} A$ 不成立，当且仅当存在某个“**BL** 框架”$F_{BL} = <W_0, W, \Rightarrow, \Leftarrow, \bigcirc, \Pi>$中的某个世界 $x \in W$ 和 F_{BL}上的某个赋值 V，使得 $x \in V(X^{\#})$，但 $x \notin V(A)$。

命题 4.3.3（系统 **BL** 的可靠性定理）：设 X 是系统 **BL** 中任意的结构，$X^{\#}$是 X 的内涵合取变换式，$A \in Form(\mathbf{BL})$，系统 **BL** 中 $X \vdash A$ 成立，则有以下两个结论：

① 若 $X \neq \Phi$，则 $X \models_{BL} A$；

② 若 $X = \Phi$，则$\models_{BL} A$，即系统 **BL** 中的每一个内定理都是“**BL** 有效的”。

证明：

对系统 **BL** 中获得 $X \vdash A$ 的推导的长度 n 进行归纳证明。

（1）$n = 1$，这时 $X \vdash A$ 是同一公理 $A \vdash A$，于是 $X^{\#} = X = A$。对任何“**BL** 框架”$F_{BL} = <W_0, W, \Rightarrow, \Leftarrow, \bigcirc, \Pi>$的任何赋值 V，均有 $V(A) \subseteq V(A)$，再根据定义 4.3.7 知：$X \models_{BL} A$，即结论①成立。

（2）$n = 2$，获得 $X \vdash A$ 的推导有下列十种情况。

情况 1：$X \vdash A$ 是由蕴涵引入规则获得的，即图式如下：

$$\frac{B \vdash B}{\vdash B \rightarrow B}$$

这时 $X=\Phi$，而 $B\to B=A$。对任何“**BL** 框架”$F_{BL}=<W_0,W,\Rightarrow,\Leftarrow,\bigcirc,\Pi>$ 的任何赋值 V，均有 $V(B)\subseteq V(B)$，由命题 4.3.2、定义 4.3.3〈ⅶ〉和定义 4.3.5 知：$W_0\subseteq(V(B)\Rightarrow V(B))=V(B\to B)$，再根据定义 4.3.6 知：$\models_{BL}A$，即结论②成立。

情况 2：$X\vdash A$ 是由蕴涵消去规则获得的，即图式如下：

$$\frac{B\to A\vdash B\to A \qquad B\vdash B}{B\to A,B\vdash A}$$

其中“$B\to A,B$”是 X。对任何“**BL** 框架”$F_{BL}=<W_0,W,\Rightarrow,\Leftarrow,\bigcirc,\Pi>$ 的任何赋值 V，由定义 4.3.5、命题 4.3.2 和命题 4.3.1①知：$V(X^{\#})=V((B\to A)\cdot B)=(V(B)\Rightarrow V(A))\bigcirc V(B)\subseteq V(A)$，再根据定义 4.3.7 知：$X\models_{BL}A$，即结论①成立。

情况 3：$X\vdash A$ 是由逆蕴涵引入规则获得的，即图式如下：

$$\frac{B\vdash B}{\vdash B\leftarrow B}$$

这时 $X=\Phi$，而 $B\leftarrow B=A$。对任何“**BL** 框架”$F_{BL}=<W_0,W,\Rightarrow,\Leftarrow,\bigcirc,\Pi>$ 的任何赋值 V，均有 $V(B)\subseteq V(B)$，由命题 4.3.2、定义 4.3.3〈ⅶ〉和定义 4.3.5 知：$W_0\subseteq V(B)\Leftarrow V(B)=V(B\leftarrow B)$，再根据定义 4.3.6 知：$\models_{BL}A$，即结论②成立。

情况 4：$X\vdash A$ 是由逆蕴涵消去规则获得的，即图式如下：

$$\frac{A\leftarrow B\vdash A\leftarrow B \qquad B\vdash B}{B,A\leftarrow B\vdash A}$$

其中“$B,A\leftarrow B$”是 X。对任何“**BL** 框架”$F_{BL}=<W_0,W,\Rightarrow,\Leftarrow,\bigcirc,\Pi>$ 的任何赋值 V，由定义 4.3.5、命题 4.3.2 和命题 4.3.1②知：$V(X^{\#})=V(B\cdot(A\leftarrow B))=V(B)\bigcirc(V(A)\Leftarrow V(B))\subseteq V(A)$，再根据定义 4.3.7 知：$X\models_{BL}A$ 成立，即结论①成立。

情况 5：$X\vdash A$ 是由合取引入规则获得的，即图式如下：

$$\frac{B\vdash B \quad B\vdash B}{B\vdash B\wedge B}$$

这时 $X^{\#}=X=B$，而 $B\wedge B=A$。对任何“**BL** 框架”$F_{BL}=<W_0,W,\Rightarrow,\Leftarrow,\bigcirc,\Pi>$的任何赋值 V，由定义 4.3.5〈ⅱ〉知：$V(B)\subseteq V(B)\cap V(B)=V(B\wedge B)$，再根据定义 4.3.7 知：$X\models_{BL}A$，即结论①成立。

情况 6：$X\vdash A$ 是由合取消去规则获得的，即图式如下：

（形式 1）

$$\frac{A\wedge B\vdash A\wedge B}{A\wedge B\vdash A}$$

（形式 2）

$$\frac{B\wedge A\vdash B\wedge A}{B\wedge A\vdash A}$$

先看形式 1，这时 $X^{\#}=X=A\wedge B$。对任何“**BL** 框架”$F_{BL}=<W_0,W,\Rightarrow,\Leftarrow,\bigcirc,\Pi>$的任何赋值 V，由定义 4.3.5〈ⅱ〉知：$V(A\wedge B)=V(A)\cap V(B)\subseteq V(A)$，再根据定义 4.3.7 知：$X\models_{BL}A$，即结论①成立。

对于形式 2，证明方法类似，亦可推出结论①成立。

情况 7：$X\vdash A$ 是由析取引入规则获得的，即图式如下：

（形式 1）

$$\frac{B\vdash B}{B\vdash B\vee C}$$

（形式 2）

$$\frac{C\vdash C}{C\vdash B\vee C}$$

先看形式 1。这时 $X^{\#}=X=B$，而 $B\vee C=A$。对任何“**BL** 框架”$F_{BL}=<W_0,W,\Rightarrow,\Leftarrow,\bigcirc,\Pi>$的任何赋值 V，由定义 4.3.5〈ⅲ〉知：$V(B)\subseteq V(B)\cup V(C)=V(B\vee C)$，再根据定义 4.3.7 知：$X\models_{BL}A$，即结论①成立。

对于形式 2，证明方法类似，亦可推出结论①成立。

情况 8：$X\vdash A$ 由析取消去规则获得的，即图式如下：

$$\frac{A\vdash A \quad A\vdash A \quad A\vee A\vdash A\vee A}{A\vee A\vdash A}$$

这时 $X^{\#}=X=A\vee A$。对任何“**BL** 框架”$F_{BL}=<W_0,W,\Rightarrow,\Leftarrow,\bigcirc,\Pi>$的任

何赋值 V，由定义 4.3.5〈iii〉知：$V(A \vee A) = V(A) \cup V(A) \subseteq V(A)$，再根据定义 4.3.7 知：$X \models_{BL} A$，即结论①成立。

情况 9：$X \vdash A$ 是由分配规则获得的，即图式如下：

$$\frac{B \wedge (C \vee D) \vdash B \wedge (C \vee D)}{B \wedge (C \vee D) \vdash (B \wedge C) \vee (B \wedge D)}$$

这时 $X^{\#} = X = B \wedge (C \vee D)$，而 $(B \wedge C) \vee (B \wedge D) = A$。对任何“**BL** 框架”$F_{BL} = <W_0, W, \Rightarrow, \Leftarrow, \bigcirc, \Pi>$ 的任何赋值 V，由定义 4.3.5〈ii〉〈iii〉知：$V(B \wedge (C \vee D)) = V(B) \cap (V(C) \cup V(D)) \subseteq (V(B) \cap V(C)) \cup (V(B) \cap V(D)) = V((B \wedge C) \vee (B \wedge D))$，再根据定义 4.3.7 知：$X \models_{BL} A$，即结论①成立。

情况 10：$X \vdash A$ 是由内涵合取引入规则获得的，即图式如下：

$$\frac{B \vdash B \qquad C \vdash C}{B, C \vdash B \cdot C}$$

这时“B，C”是 X，而 $B \cdot C = A$。对任何“**BL** 框架”$F_{BL} = <W_0, W, \Rightarrow, \Leftarrow, \bigcirc, \Pi>$ 的任何赋值 V，均有 $V(X^{\#}) = V(B \cdot C) \subseteq V(B \cdot C)$，再根据定义 4.3.7 知：$X \models_{BL} A$，即结论①成立。

(3) 设 $n<k(k>2)$ 时本命题成立，则当 $n=k$ 时，获得 $X \vdash A$ 的推导有下列十二种情况。

情况 1：$X \vdash A$ 是由结合规则获得的，先考虑形式 1，即图式如下：

$$\frac{X_1, (X_2, (X_3, X_4)), X_5 \vdash A}{X_1, (X_2, X_3, X_4), X_5 \vdash A}$$

其中 X_2、X_3 和 X_4 都是非空的结构，且“$X_1, (X_2, X_3, X_4), X_5$”是 X。这时有两种可能：

〈i〉$X_1 \neq \Phi$ 且 $X_5 \neq \Phi$。设“$X_1, (X_2, (X_3, X_4)), X_5$”是 Y，由归纳假设知：$Y \models_{BL} A$，于是对任何“**BL** 框架”$F_{BL} = <W_0, W, \Rightarrow, \Leftarrow, \bigcirc, \Pi>$ 的任何赋值 V，由定义 4.3.5 和定义 4.3.7 知：$V(Y^{\#}) = V(X_1^{\#} \cdot (X_2^{\#} \cdot (X_3^{\#} \cdot X_4^{\#}))) \cdot$

$X_5^{\#}) = V(X_1^{\#}) \bigcirc (V(X_2^{\#}) \bigcirc (V(X_3^{\#}) \bigcirc V(X_4^{\#}))) \bigcirc V(X_5^{\#}) \subseteq V(A)$。再根据命题 4.3.2 和定义 4.3.4 特性 F1 知：$V(X_2^{\#}) \bigcirc (V(X_3^{\#}) \bigcirc V(X_4^{\#})) = V(X_2^{\#}) \bigcirc V(X_3^{\#}) \bigcirc V(X_4^{\#})$，进而有 $V(Y^{\#}) = V(X_1^{\#}) \bigcirc (V(X_2^{\#}) \bigcirc V(X_3^{\#}) \bigcirc V(X_4^{\#})) \bigcirc V(X_5^{\#}) = V(X_1^{\#} \cdot (X_2^{\#} \cdot X_3^{\#} \cdot X_4^{\#}) \cdot X_5^{\#}) = V(X^{\#}) \subseteq V(A)$。所以 $X \models_{BL} A$，即结论①成立。

〈 ii 〉 $X_1 = \Phi$ 或 $X_5 = \Phi$。参照上述证明，从略。

对于结合规则形式 2，用类似的方法，亦可证明结论①成立。

情况 2：$X \vdash A$ 是由蕴涵引入规则获得的，即图式如下：

$$\frac{X, B \vdash C}{X \vdash B \to C}$$

其中 $B \to C = A$。这时有两种可能：

〈 i 〉 $X \neq \Phi$。设"X，B"是 Y，由归纳假设知：$Y \models_{BL} C$，于是对任何"**BL** 框架"$F_{BL} = <W_0, W, \Rightarrow, \Leftarrow, \bigcirc, \Pi>$ 的任何赋值 V，由定义 4.3.5 和定义 4.3.7 知：$V(Y^{\#}) = V(X^{\#} \cdot B) = V(X^{\#}) \bigcirc V(B) \subseteq V(C)$。再根据命题 4.3.2、命题 4.3.1③和定义 4.3.5 知：$V(X^{\#}) \subseteq V(B) \Rightarrow V(C) = V(B \to C)$。所以 $X \models_{BL} A$，即结论①成立。

〈 ii 〉 $X = \Phi$。由归纳假设知：$B \models_{BL} C$，于是对任何"**BL** 框架"$F_{BL} = <W_0, W, \Rightarrow, \Leftarrow, \bigcirc, \Pi>$ 的任何赋值 V，由定义 4.3.7 知：$V(B) \subseteq V(C)$。再根据命题 4.3.2、定义 4.3.3〈 vii 〉和定义 4.3.5 知：$W_0 \subseteq V(B) \Rightarrow V(C) = V(B \to C)$，进而由定义 4.3.6 推知：$\models_{BL} A$，即结论②成立。

情况 3：$X \vdash A$ 是由蕴涵消去规则获得的，即图式如下：

$$\frac{X_1 \vdash B \to A \qquad X_2 \vdash B}{X_1, X_2 \vdash A}$$

其中"X_1, X_2"是 X。这时有四种可能：

〈 i 〉 $X_1 \neq \Phi$ 且 $X_2 \neq \Phi$。由归纳假设知：$X_1 \models_{BL} B \to A$ 和 $X_2 \models_{BL} B$，于是对任何"**BL** 框架"$F_{BL} = <W_0, W, \Rightarrow, \Leftarrow, \bigcirc, \Pi>$ 的任何赋值 V，由定义 4.3.5 和定义 4.3.7 知：

[1] $V(X_1^{\#}) \subseteq V(B \to A) = V(B) \Rightarrow V(A)$

和 [2] $V(X_2^{\#}) \subseteq V(B)$。

从[1][2]出发，运用定义 4.3.5、命题 4.3.2、特性 F7、特性 F6 和命题 4.3.1 ①推知：

[3] $V(X^{\#}) = V(X_1^{\#} \cdot X_2^{\#}) = V(X_1^{\#}) \bigcirc V(X_2^{\#}) \subseteq (V(B) \Rightarrow V(A)) \bigcirc V(X_2^{\#}) \subseteq (V(B) \Rightarrow V(A)) \bigcirc V(B) \subseteq V(A)$。所以 $X \models_{BL} A$，即结论①成立。

〈ⅱ〉 $X_1 \neq \Phi$ 且 $X_2 = \Phi$。由归纳假设知：$X_1 \models_{BL} B \to A$ 和 $\models_{BL} B$。于是对任何“**BL** 框架”$F_{BL} = <W_0, W, \Rightarrow, \Leftarrow, \bigcirc, \Pi>$的任何赋值 V，由定义 4.3.5—4.3.7知：

[1] $V(X_1^{\#}) \subseteq V(B \to A) = V(B) \Rightarrow V(A)$

和 [2] $W_0 \subseteq V(B)$。

从[1]出发，运用命题 4.3.2 和命题 4.3.1③推知：

[3] $V(X_1^{\#}) \bigcirc V(B) \subseteq V(A)$。

从[2][3]出发，运用特性 F8 推知：

[4] $V(X^{\#}) = V(X_1^{\#}) \subseteq V(A)$。所以 $X \models_{BL} A$，即结论①成立。

〈ⅲ〉 $X_1 = \Phi$ 且 $X_2 \neq \Phi$。由归纳假设知：$\models_{BL} B \to A$ 和 $X_2 \models_{BL} B$，于是对任何“**BL** 框架”$F_{BL} = <W_0, W, \Rightarrow, \Leftarrow, \bigcirc, \Pi>$的任何赋值 V，由定义 4.3.5—4.3.7 知：

[1] $W_0 \subseteq V(B \to A) = V(B) \Rightarrow V(A)$

和 [2] $V(X_2^{\#}) \subseteq V(B)$。

从[1]出发，运用命题 4.3.2 和定义 4.3.3〈ⅶ〉推知：

[3] $V(B) \subseteq V(A)$。

从[2][3]出发推知：$V(X^{\#}) = V(X_2^{\#}) \subseteq V(A)$。所以 $X \models_{BL} A$，即结论①成立。

〈ⅳ〉 $X_1 = X_2 = \Phi$。参照上述证明，由归纳假设、定义 4.3.5、定义 4.3.6、命题 4.3.2 和定义 4.3.3〈ⅶ〉出发，可推知$\models_{BL} A$，即结论②成立。

情况 4：$X \vdash A$ 是由逆蕴涵引入规则获得的，即图式如下：

$$\frac{B, X \vdash C}{X \vdash C \leftarrow B}$$

其中 $C \leftarrow B = A$。这时有两种可能：

〈ⅰ〉$X \neq \Phi$。设"B,X"是 Y,由归纳假设知：$Y \models_{BL} C$,于是对任何"**BL** 框架"$F_{BL} = <W_0, W, \Rightarrow, \Leftarrow, \bigcirc, \Pi>$的任何赋值 V,由定义 4.3.5 和定义 4.3.7 知：$V(Y^{\#}) = V(B \cdot X^{\#}) = V(B) \bigcirc V(X^{\#}) \subseteq V(C)$。再根据命题 4.3.2、命题 4.3.1④和定义 4.3.5 知：$V(X^{\#}) \subseteq V(C) \Leftarrow V(B) = V(C \leftarrow B)$。所以 $X \models_{BL} A$,即结论①成立。

〈ⅱ〉$X = \Phi$。由归纳假设知：$B \models_{BL} C$,于是对任何"**BL** 框架"$F_{BL} = <W_0, W, \Rightarrow, \Leftarrow, \bigcirc, \Pi>$的任何赋值 V,由定义 4.3.7 知：$V(B) \subseteq V(C)$。再根据命题 4.3.2、定义 4.3.3〈ⅶ〉和定义 4.3.5 知：$W_0 \subseteq V(C) \Leftarrow V(B) = V(C \leftarrow B)$,进而由定义 4.3.6 推知：$\models_{BL} A$,即结论②成立。

情况 5：$X \vdash A$ 是由逆蕴涵消去规则获得的,即图式如下：

$$\frac{X_1 \vdash A \leftarrow B \quad X_2 \vdash B}{X_2, X_1 \vdash A}$$

其中"X_2, X_1"是 X。这时有四种可能：

〈ⅰ〉$X_1 \neq \Phi$ 且 $X_2 \neq \Phi$。由归纳假设知：$X_1 \models_{BL} A \leftarrow B$ 和 $X_2 \models_{BL} B$,于是对任何"**BL** 框架"$F_{BL} = <W_0, W, \Rightarrow, \Leftarrow, \bigcirc, \Pi>$的任何赋值 V,由定义 4.3.5 和定义 4.3.7 知：

[1] $V(X_1^{\#}) \subseteq V(A \leftarrow B) = V(A) \Leftarrow V(B)$

和　[2] $V(X_2^{\#}) \subseteq V(B)$。

从[1][2]出发,运用定义 4.3.5、命题 4.3.2、特性 F6、特性 F7 和命题 4.3.1②推知：

[3] $V(X^{\#}) = V(X_2^{\#} \cdot X_1^{\#}) = V(X_2^{\#}) \bigcirc V(X_1^{\#}) \subseteq V(X_2^{\#}) \bigcirc (V(A) \Leftarrow V(B)) \subseteq V(B) \bigcirc (V(A) \Leftarrow V(B)) \subseteq V(A)$。所以 $X \models_{BL} A$,即结论①成立。

〈ⅱ〉$X_1 \neq \Phi$ 且 $X_2 = \Phi$。由归纳假设知：$X_1 \models_{BL} A \leftarrow B$ 和$\models_{BL} B$,于是对任何"**BL** 框架"$F_{BL} = <W_0, W, \Rightarrow, \Leftarrow, \bigcirc, \Pi>$的任何赋值 V,由定义 4.3.5—

4.3.7 知：

[1] $V(X_1^{\#}) \subseteq V(A \leftarrow B) = V(A) \Leftarrow V(B)$

和 [2] $W_0 \subseteq V(B)$。

从[1]出发，运用命题 4.3.2 和命题 4.3.1④推知：

[3] $V(B) \bigcirc V(X_1^{\#}) \subseteq V(A)$。

从[2][3]出发，运用特性 F9 推知：

[4] $V(X^{\#}) = V(X_1^{\#}) \subseteq V(A)$。所以 $X \models_{BL} A$，即结论①成立。

〈ⅲ〉 $X_1 = \Phi$ 且 $X_2 \neq \Phi$。由归纳假设知：$\models_{BL} A \leftarrow B$ 和 $X_2 \models_{BL} B$，于是对任何"**BL** 框架"$F_{BL} = <W_0, W, \Rightarrow, \Leftarrow, \bigcirc, \Pi>$的任何赋值 V，由定义 4.3.5—4.3.7 知：

[1] $W_0 \subseteq V(A \leftarrow B) = V(A) \Leftarrow V(B)$

和 [2] $V(X_2^{\#}) \subseteq V(B)$。

从[1]出发，运用命题 4.3.2 和定义 4.3.3〈ⅶ〉推知：

[3] $V(B) \subseteq V(A)$。

从[2][3]出发推知：$V(X^{\#}) = V(X_2^{\#}) \subseteq V(A)$，所以 $X \models_{BL} A$，即结论①成立。

〈ⅳ〉 $X_1 = X_2 = \Phi$。参照上述证明，由归纳假设、定义 4.3.5、定义 4.3.6、命题 4.3.2 和定义 4.3.3〈ⅶ〉出发，可推知$\models_{BL} A$，即结论②成立。

情况 6：$X \vdash A$ 是由合取引入规则获得的，即图式如下：

$$\frac{X \vdash B \qquad X \vdash C}{X \vdash B \wedge C}$$

其中的 $B \wedge C = A$，这时有两种可能：

〈ⅰ〉 $X \neq \Phi$。由归纳假设知 $X \models_{BL} B$ 和 $X \models_{BL} C$，于是对任何"**BL** 框架"$F_{BL} = <W_0, W, \Rightarrow, \Leftarrow, \bigcirc, \Pi>$的任何赋值 V，由定义 4.3.7 知：$V(X^{\#}) \subseteq V(B)$ 且 $V(X^{\#}) \subseteq V(C)$，进而由定义 4.3.5 推知：$V(X^{\#}) \subseteq V(B) \cap V(C) = V(B \wedge C)$，所以 $X \models_{BL} A$，即结论①成立。

〈ⅱ〉 $X = \Phi$。参照上述证明，由归纳假设、定义 4.3.6 和定义 4.3.5 出发，可推知$\models_{BL} A$，即结论②成立。

情况 7：$X \vdash A$ 是由合取消去规则获得的，即图式如下：

（形式 1）　　　　　　（形式 2）

$$\frac{X \vdash A \wedge B}{X \vdash A} \qquad \frac{X \vdash B \wedge A}{X \vdash A}$$

这时有两种可能：

〈 i 〉$X \neq \Phi$。先看形式 1，由归纳假设知 $X \models_{BL} A \wedge B$，于是对任何“**BL** 框架”$F_{BL} = <W_0, W, \Rightarrow, \Leftarrow, \bigcirc, \Pi>$的任何赋值 V，由定义 4.3.5 和定义 4.3.7 知：$V(X^{\#}) \subseteq V(A \wedge B) = V(A) \cap V(B) \subseteq V(A)$，所以 $X \models_{BL} A$，即结论①成立。类似地，对于形式 2，亦可证明结论①成立。

〈 ii 〉$X^{\#} = X = \Phi$。参照上述证明，由归纳假设、定义 4.3.5 和定义 4.3.6 出发，可推知$\models_{BL} A$，即结论②成立。

情况 8：$X \vdash A$ 是由析取引入规则获得的，即图式如下：

（形式 1）　　　　　　（形式 2）

$$\frac{X \vdash B}{X \vdash B \vee C} \qquad \frac{X \vdash C}{X \vdash B \vee C}$$

其中 $B \vee C = A$。这时有两种可能：

〈 i 〉$X \neq \Phi$。先看形式 1，由归纳假设知 $X \models_{BL} B$，于是对任何“**BL** 框架”$F_{BL} = <W_0, W, \Rightarrow, \Leftarrow, \bigcirc, \Pi>$的任何赋值 V，由定义 4.3.5 和定义 4.3.7 知：$V(X^{\#}) \subseteq V(B) \subseteq V(B) \cup V(C) = V(B \vee C)$，所以 $X \models_{BL} A$，即结论①成立。类似地，对于形式 2，亦可证明结论①成立。

〈 ii 〉$X = \Phi$。参照上述证明，由归纳假设、定义 4.3.5 和定义 4.3.6 出发，可推知$\models_{BL} A$，即结论②成立。

情况 9：$X \vdash A$ 由析取消去规则获得的，即图式如下：

$$\frac{X_1, B, X_2 \vdash A \qquad X_1, C, X_2 \vdash A \qquad X_3 \vdash B \vee C}{X_1, X_3, X_2 \vdash A}$$

其中的“X_1, X_3, X_2”是 X。这时有四种可能：

〈ⅰ〉$X_1 \neq \Phi$ 且 $X_2 \neq \Phi$ 且 $X_3 \neq \Phi$。设“X_1, B, X_2”是 Y，“X_1, C, X_2”是 Z，由归纳假设知：$Y \models_{BL} A$ 且 $Z \models_{BL} A$ 且 $X_3 \models_{BL} B \vee C$，于是对任何“**BL** 框架”$F_{BL} = <W_0, W, \Rightarrow, \Leftarrow, \bigcirc, \Pi>$的任何赋值 V，由定义 4.3.5 和定义 4.3.7 知：

[1] $V(Y^{\#}) = V(X_1^{\#} \cdot B \cdot X_2^{\#}) = V(X_1^{\#}) \bigcirc V(B) \bigcirc V(X_2^{\#}) \subseteq V(A)$

和 [2] $V(Z^{\#}) = V(X_1^{\#} \cdot C \cdot X_2^{\#}) = V(X_1^{\#}) \bigcirc V(C) \bigcirc V(X_2^{\#}) \subseteq V(A)$

和 [3] $V(X_3^{\#}) \subseteq V(B \vee C) = V(B) \cup V(C)$。

从[1][2]出发推得：

[4] $(V(X_1^{\#}) \bigcirc V(B) \bigcirc V(X_2^{\#})) \cup (V(X_1^{\#}) \bigcirc V(C) \bigcirc V(X_2^{\#})) \subseteq V(A)$。

从[3]出发，运用命题 4.3.2、特性 F6 和特性 F4 推知：

[5] $V(X_1^{\#}) \bigcirc V(X_3^{\#}) \subseteq V(X_1^{\#}) \bigcirc V(B) \cup V(C) \subseteq (V(X_1^{\#}) \bigcirc V(B)) \cup (V(X_1^{\#}) \bigcirc V(C))$。

从[5]出发，运用命题 4.3.2、特性 F7 和特性 F5 推知：

[6] $V(X_1^{\#}) \bigcirc V(X_3^{\#}) \bigcirc V(X_2^{\#}) \subseteq (V(X_1^{\#}) \bigcirc V(B)) \cup (V(X_1^{\#}) \bigcirc V(C)) \bigcirc V(X_2^{\#}) \subseteq (V(X_1^{\#}) \bigcirc V(B) \bigcirc V(X_2^{\#})) \cup (V(X_1^{\#}) \bigcirc V(C) \bigcirc V(X_2^{\#}))$。

从[6][4]出发，运用定义 4.3.5 推得：

[7] $V(X^{\#}) = V(X_1^{\#} \cdot X_3^{\#} \cdot X_2^{\#}) = V(X_1^{\#}) \bigcirc V(X_3^{\#}) \bigcirc V(X_2^{\#}) \subseteq V(A)$。所以 $X \models_{BL} A$，即结论①成立。

〈ⅱ〉$X_1 = \Phi$ 或 $X_2 = \Phi$，但 $X_3 \neq \Phi$。证明方法参照上述〈ⅰ〉，从略。

〈ⅲ〉$X_1 \neq \Phi$ 且 $X_2 \neq \Phi$，但 $X_3 = \Phi$。设“X_1, B, X_2”是 Y，“X_1, C, X_2”是 Z，由归纳假设知：$Y \models_{BL} A$ 且 $Z \models_{BL} A$ 且$\models_{BL} B \vee C$，于是对任何“**BL** 框架”$F_{BL} = <W_0, W, \Rightarrow, \Leftarrow, \bigcirc, \Pi>$的任何赋值 V，由定义 4.3.5—4.3.7 知：

[1] $V(Y^{\#}) = V(X_1^{\#} \cdot B \cdot X_2^{\#}) = V(X_1^{\#}) \bigcirc V(B) \bigcirc V(X_2^{\#}) \subseteq V(A)$

和 [2] $V(Z^{\#}) = V(X_1^{\#} \cdot C \cdot X_2^{\#}) = V(X_1^{\#}) \bigcirc V(C) \bigcirc V(X_2^{\#}) \subseteq V(A)$

和 [3] $W_0 \subseteq V(B \vee C) = V(B) \cup V(C)$。

从[1][2]出发推得：

[4] $(V(X_1^{\#}) \bigcirc V(B) \bigcirc V(X_2^{\#})) \cup (V(X_1^{\#}) \bigcirc V(C) \bigcirc V(X_2^{\#})) \subseteq V(A)$。

又由命题 4.3.2 和特性 F4 推知：

[5] $V(X_1^{\#}) \bigcirc V(B) \cup V(C) \subseteq (V(X_1^{\#}) \bigcirc V(B)) \cup (V(X_1^{\#}) \bigcirc V(C))$。

从[5]出发,运用命题4.3.2、特性F7和特性F5推知:

[6] $V(X_1^{\#})\bigcirc V(B)\cup V(C)\bigcirc V(X_2^{\#})\subseteq(V(X_1^{\#})\bigcirc V(B))\cup(V(X_1^{\#})\bigcirc V(C))\bigcirc V(X_2^{\#})\subseteq(V(X_1^{\#})\bigcirc V(B)\bigcirc V(X_2^{\#}))\cup(V(X_1^{\#})\bigcirc V(C)\bigcirc V(X_2^{\#}))$。

从[4][6]出发推得:

[7] $V(X_1^{\#})\bigcirc V(B)\cup V(C)\bigcirc V(X_2^{\#})\subseteq V(A)$。

从[7]出发,运用命题4.3.1③推知:

[8] $V(X_1^{\#})\bigcirc V(B)\cup V(C)\subseteq V(X_2^{\#})\Rightarrow V(A)$。

从[3][8]出发,运用特性F8推得:

[9] $V(X_1^{\#})\subseteq V(X_2^{\#})\Rightarrow V(A)$。

从[9]出发,运用定义4.3.5和命题4.3.1③推知:

[10] $V(X^{\#})=V(X_1^{\#}\cdot X_2^{\#})=V(X_1^{\#})\bigcirc V(X_2^{\#})\subseteq V(A)$。所以$X\models_{BL}A$,结论①成立。

〈ⅳ〉$X_1=\Phi$或$X_2=\Phi$,且$X_3=\Phi$。证明方法参照上述〈ⅲ〉,从略。

情况10:$X\vdash A$是由分配规则获得的,即图式如下:

$$\frac{X\vdash B\wedge(C\vee D)}{X\vdash(B\wedge C)\vee(B\wedge D)}$$

其中的$(B\wedge C)\vee(B\wedge D)=A$,这时有两种可能:

〈ⅰ〉$X\neq\Phi$。由归纳假设知$X\models_{BL}B\wedge(C\vee D)$,于是对任何“**BL**框架”$F_{BL}=<W_0,W,\Rightarrow,\Leftarrow,\bigcirc,\Pi>$的任何赋值V,由定义4.3.5和定义4.3.7知:$V(X^{\#})\subseteq V(B\wedge(C\vee D))=V(B)\cap(V(C)\cup V(D))\subseteq(V(B)\cap V(C))\cup(V(B)\cap V(D))=V((B\wedge C)\vee(B\wedge D))$。所以$X\models_{BL}A$,即结论①成立。

〈ⅱ〉$X=\Phi$。证明方法类似于上述〈ⅰ〉,由归纳假设、定义4.3.5和定义4.3.6出发,可推知$\models_{BL}A$,即结论②成立。

情况11:$X\vdash A$是由内涵合取引入规则获得的,即图式如下:

$$\frac{X_1\vdash B\qquad X_2\vdash C}{X_1,X_2\vdash B\cdot C}$$

其中$A=B\cdot C$且“X_1,X_2”是X。这时有四种可能:

〈 i 〉 $X_1 \neq \Phi$ 且 $X_2 \neq \Phi$。由归纳假设知：$X_1 \models_{BL} B$ 和 $X_2 \models_{BL} C$，于是对任何"**BL** 框架"$\mathbf{F}_{BL} = <W_0, W, \Rightarrow, \Leftarrow, \bigcirc, \Pi>$的任何赋值 V，由定义 4.3.7 知：

[1] $V(X_1^{\#}) \subseteq V(B)$

和 [2] $V(X_2^{\#}) \subseteq V(C)$。

从[1]出发，运用命题 4.3.2 和特性 F7 推知：

[3] $V(X_1^{\#}) \bigcirc V(X_2^{\#}) \subseteq V(B) \bigcirc V(X_2^{\#})$。

从[2]出发，运用命题 4.3.2 和特性 F6 推知：

[4] $V(B) \bigcirc V(X_2^{\#}) \subseteq V(B) \bigcirc V(C)$。

从[3][4]出发，由定义 4.3.5 推得：

[5] $V(X^{\#}) = V(X_1^{\#} \cdot X_2^{\#}) = V(X_1^{\#}) \bigcirc V(X_2^{\#}) \subseteq V(B) \bigcirc V(C) = V(B \cdot C)$。所以 $X \models_{BL} A$，即结论①成立。

〈 ii 〉 $X_1 \neq \Phi$，而 $X_2 = \Phi$。由归纳假设知：$X_1 \models_{BL} B$ 和$\models_{BL} C$，于是对任何"**BL** 框架"$F_{BL} = <W_0, W, \Rightarrow, \Leftarrow, \bigcirc, \Pi>$的任何赋值 V，由定义 4.3.6 和定义 4.3.7 知：

[1] $V(X_1^{\#}) \subseteq V(B)$

和 [2] $W_0 \subseteq V(C)$。

从[1]出发，运用命题 4.3.2 和特性 F7 推知：

[3] $V(X_1^{\#}) \bigcirc V(C) \subseteq V(B) \bigcirc V(C)$。

从[2][3]出发，运用命题 4.3.2、特性 F8 和定义 4.3.5 推得：

[4] $V(X^{\#}) = V(X_1^{\#}) \subseteq V(B) \bigcirc V(C) = V(B \cdot C)$。所以 $X \models_{BL} A$，即结论①成立。

〈 iii 〉 $X_1 = \Phi$，而 $X_2 \neq \Phi$。证明方法类似于上述〈 ii 〉，由归纳假设、定义 4.3.6—4.3.7 出发，运用命题 4.3.2、特性 F6、特性 F9 和定义 4.3.5 可推知 $X \models_{BL} A$，即结论①成立。

〈 iv 〉 $X_1 = X_2 = X = \Phi$。由归纳假设知：$\models_{BL} B$ 和$\models_{BL} C$，于是对任何"**BL** 框架"$F_{BL} = <W_0, W, \Rightarrow, \Leftarrow, \bigcirc, \Pi>$的任何赋值 V，由定义 4.3.6 知：

[1] $W_0 \subseteq V(B)$

和 [2] $W_0 \subseteq V(C)$。

又有[3] $V(B) \bigcirc V(C) \subseteq V(B) \bigcirc V(C)$。

从[1][3]出发,运用命题4.3.2和特性F9推得:

[4] $V(C)\subseteq V(B)\bigcirc V(C)$。

从[2][4]出发,运用定义4.3.5推得:

[5] $W_0\subseteq V(B)\bigcirc V(C)=V(B\cdot C)$。所以$\models_{BL}A$,即结论②成立。

情况12:$X\vdash A$是由内涵合取消去规则获得的,即图式如下:

$$\frac{X_1\vdash B\cdot C\qquad X_2,(B,C),X_3\vdash A}{X_2,X_1,X_3\vdash A}$$

其中“X_2,X_1,X_3”是X。这时有四种可能:

〈ⅰ〉$X_1\neq\Phi$且$X_2\neq\Phi$且$X_3\neq\Phi$。设“$X_2,(B,C),X_3$”是Y,由归纳假设知:$X_1\models_{BL}B\cdot C$且$Y\models_{BL}A$,于是对任何“**BL**框架”$F_{BL}=<W_0,W,\Rightarrow,\Leftarrow,\bigcirc,\Pi>$的任何赋值V,由定义4.3.5和定义4.3.7知:

[1] $V(X_1^{\#})\subseteq V(B\cdot C)=V(B)\bigcirc V(C)$

和 [2] $V(Y^{\#})=V(X_2^{\#}\cdot(B\cdot C)\cdot X_3^{\#})=V(X_2^{\#})\bigcirc(V(B)\bigcirc V(C))\bigcirc V(X_3^{\#})\subseteq V(A)$。

从[1]出发,运用命题4.3.2、特性F6和特性F7推知:

[3] $V(X_2^{\#})\bigcirc V(X_1^{\#})\bigcirc V(X_3^{\#})\subseteq V(X_2^{\#})\bigcirc(V(B)\bigcirc V(C))\bigcirc V(X_3^{\#})$。

从[3][2]出发,运用定义4.3.5推得:

[4] $V(X^{\#})=V(X_2^{\#}\cdot X_1^{\#}\cdot X_3^{\#})=V(X_2^{\#})\bigcirc V(X_1^{\#})\bigcirc V(X_3^{\#})\subseteq V(A)$。所以$X\models_{BL}A$,即结论①成立。

〈ⅱ〉$X_1\neq\Phi$,而$X_2=\Phi$或$X_3=\Phi$。证明方法参照上述〈ⅰ〉,从略。

〈ⅲ〉$X_1=\Phi$,而$X_2\neq\Phi$且$X_3\neq\Phi$。设“$X_2,(B,C),X_3$”是Y,由归纳假设知:$\models_{BL}B\cdot C$且$Y\models_{BL}A$,于是对任何“**BL**框架”$F_{BL}=<W_0,W,\Rightarrow,\Leftarrow,\bigcirc,\Pi>$的任何赋值V,由定义4.3.5—4.3.7知:

[1] $W_0\subseteq V(B\cdot C)=V(B)\bigcirc V(C)$

和 [2] $V(Y^{\#})=V(X_2^{\#}\cdot(B\cdot C)\cdot X_3^{\#})=V(X_2^{\#})\bigcirc(V(B)\bigcirc V(C))\bigcirc V(X_3^{\#})\subseteq V(A)$。

从[2]出发,运用命题4.3.2和命题4.3.1③推知:

[3] $V(X_2^{\#})\bigcirc(V(B)\bigcirc V(C))\subseteq V(X_3^{\#})\Rightarrow V(A)$。

从[1][3]出发，运用特性 F8 推知：

[4] $V(X_2^{\#})\subseteq V(X_3^{\#})\Rightarrow V(A)$。

从[4]出发，运用命题 4.3.1③和定义 4.3.5 推知：

[5] $V(X^{\#})=V(X_2^{\#}\cdot X_3^{\#})=V(X_2^{\#})\bigcirc V(X_3^{\#})\subseteq V(A)$。所以 $X\models_{BL}A$，即结论①成立。

〈ⅳ〉 $X_1=\Phi$，且 $X_2=\Phi$ 或 $X_3=\Phi$。证明方法参照上述〈ⅲ〉，从略。

所以，本命题成立。

将§3.4 节命题 3.4.1—3.4.8 中的 **BCSL** 改成 **BL**，采用同样的证明方法，即可证得系统 **BL** 的如下的对应命题 4.3.4—命题 4.3.11。

命题 4.3.4：系统 **BL** 的所有内定理的集合 Th(**BL**)是一个“**BL** 理论”。

命题 4.3.5：设$\Gamma\subseteq$Form(**BL**)且$\Sigma\subseteq$Form(**BL**)，则有：$<\Gamma,\Sigma>$是系统 **BL** 中的一个“可推演对”，当且仅当存在各不相同的 A_1、A_2、…、$A_n\in\Gamma(n\geqslant 1)$和存在各不相同的 B_1、B_2、…、$B_m\in\Sigma(m\geqslant 1)$，使得 $A_1\wedge A_2\wedge\cdots\wedge A_n\vdash B_1\vee B_2\vee\cdots\vee B_m$。

命题 4.3.6：设 $A\in$Form(**BL**)，Γ是一个“**BL** 理论”，$A\notin\Gamma$，则$<\Gamma,\{A\}>$是系统 **BL** 中的一个“不可推演对”。

命题 4.3.7：设$<\Gamma,\Sigma>$是系统 **BL** 中的一个“不可推演对”，则Γ和Σ的交集$\Gamma\cap\Sigma=\Phi$。

命题 4.3.8：设$<\Gamma,\Sigma>$是系统 **BL** 中的一个“极大的不可推演对”，则Γ是一个“素的 **BL** 理论”。

命题 4.3.9（扩充定理）：设$<\Gamma,\Sigma>$是系统 **BL** 中的一个“不可推演对”，则存在系统 **BL** 中的“极大的不可推演对”$<\Gamma',\Sigma'>$，使得$<\Gamma,\Sigma>\subseteq<\Gamma',\Sigma'>$成立。换言之，系统 **BL** 中的一个“不可推演对”可以扩充为一个“极大的不可推演对”。

命题 4.3.10：设 $A\in$Form(**BL**)，$\Gamma\subseteq$Form(**BL**)，若$<\Gamma,\{A\}>$是系统 **BL** 中的一个“不可推演对”，则存在“素的 **BL** 理论”Γ'，使得$\Gamma\subseteq\Gamma'$且 $A\notin\Gamma'$。

命题 4.3.11：设 $A\in$Form(**BL**)，若 $\vdash_{BL}A$ 不成立，则存在“素的、正规的

BL 理论”Γ,使得 $A \notin \Gamma$。

命题 4.3.12:设非空集$\Gamma \subseteq$ Form(**BL**)且Γ是一个“**BL** 理论”,A、B $\in$ Form(**BL**),则有:$A \wedge B \in \Gamma$当且仅当 $A \in \Gamma$且 $B \in \Gamma$。

证明:

已知非空集Γ是一个“**BL** 理论”。先设 $A \wedge B \in \Gamma$,由 $A \wedge B \vdash A$(例 4.1.3)、$A \wedge B \vdash B$(例 4.1.4)和定义 3.4.1〈ⅱ〉推知:$A \in \Gamma$且 $B \in \Gamma$成立。反之,设 $A \in \Gamma$且 $B \in \Gamma$,由定义 3.4.1〈ⅰ〉知:$A \wedge B \in \Gamma$。所以,$A \wedge B \in \Gamma$当且仅当 $A \in \Gamma$且 $B \in \Gamma$。

命题 4.3.13:设非空集$\Gamma \subseteq$ Form(**BL**)且Γ是一个“素的 **BL** 理论”,A、B $\in$ Form(**BL**),则有:$A \vee B \in \Gamma$当且仅当 $A \in \Gamma$或 $B \in \Gamma$。

证明:

已知非空集Γ是一个“素的 **BL** 理论”。先设 $A \vee B \in \Gamma$,由定义 3.4.2〈ⅰ〉知:$A \in \Gamma$或 $B \in \Gamma$成立。反之,设 $A \in \Gamma$或 $B \in \Gamma$,由 $A \vdash A \vee B$(例 4.1.7)、$B \vdash A \vee B$(例 4.1.8)和定义 3.4.1〈ⅱ〉推知:$A \vee B \in \Gamma$。所以,$A \vee B \in \Gamma$当且仅当 $A \in \Gamma$或 $B \in \Gamma$。

定义 4.3.8:设 $A \in$ Form(**BL**),构造集合$[A]_{BL} = \{\Gamma$: Γ是“素的 **BL** 理论”且 $A \in \Gamma\}$,称$[A]_{BL}$为“含有公式 A 的素的 **BL** 理论集”。

由定义 4.3.8,立即获得如下的命题:

命题 4.3.14:设 $A \in$ Form(**BL**),Γ是“素的 **BL** 理论”。则有:$\Gamma \in [A]_{BL}$当且仅当 $A \in \Gamma$。

命题 4.3.15:设 $A \in$ Form(**BL**),则有:$[A]_{BL} \neq \Phi$。

证明:

显而易见 Form(**BL**)是“素的 **BL** 理论”,又 $A \in$ Form(**BL**),由命题 4.3.14 推知:Form(**BL**) $\in [A]_{BL}$,这表明$[A]_{BL} \neq \Phi$。

命题 4.3.16:设 A、B $\in$ Form(**BL**),则以下两个结论成立:

① $[A \wedge B]_{BL} = [A]_{BL} \cap [B]_{BL}$,

② $[A \vee B]_{BL} = [A]_{BL} \cup [B]_{BL}$。

证明:

（1）设“素的 **BL** 理论”$\Gamma \in [A \wedge B]_{BL}$，由命题 4.3.14 知：$A \wedge B \in \Gamma$，进而根据命题 4.3.12 推知：$A \in \Gamma$ 且 $B \in \Gamma$，再次运用命题 4.3.14 推得：$\Gamma \in [A]_{BL}$ 且 $\Gamma \in [B]_{BL}$，于是有 $\Gamma \in ([A]_{BL} \cap [B]_{BL})$。上述过程是可逆的，即当“素的 **BL** 理论”$\Gamma \in ([A]_{BL} \cap [B]_{BL})$ 时，亦可推知 $\Gamma \in [A \wedge B]_{BL}$。所以结论①成立。

（2）设“素的 **BL** 理论”$\Gamma \in [A \vee B]_{BL}$，由命题 4.3.14 知：$A \vee B \in \Gamma$，进而根据命题 4.3.13 推知：$A \in \Gamma$ 或 $B \in \Gamma$，再次运用命题 4.3.14 推得：$\Gamma \in [A]_{BL}$ 或 $\Gamma \in [B]_{BL}$，于是有 $\Gamma \in ([A]_{BL} \cup [B]_{BL})$。上述过程是可逆的，即当“素的 **BL** 理论”$\Gamma \in ([A]_{BL} \cup [B]_{BL})$ 时，亦可推知 $\Gamma \in [A \vee B]_{BL}$。所以结论②亦成立。

命题 4.3.17：设 $A、B \in \mathrm{Form}(\mathbf{BL})$，系统 **BL** 中 $A \vdash B$ 不成立，则存在“素的 **BL** 理论”Γ，使得 $A \in \Gamma$ 且 $B \notin \Gamma$。

证明：

已知系统 **BL** 中 $A \vdash B$ 不成立，由命题 4.3.5 知：$<\{A\}, \{B\}>$ 是系统 **BL** 中的一个“不可推演对”，再根据命题 4.3.10 知：存在“素的 **BL** 理论”Γ，使得 $\{A\} \subseteq \Gamma$ 且 $B \notin \Gamma$，于是有 $A \in \Gamma$ 且 $B \notin \Gamma$。

命题 4.3.18：设 $A、B \in \mathrm{Form}(\mathbf{BL})$，则以下两个结论成立：

① 系统 **BL** 中 $A \vdash B$，当且仅当 $\vdash_{BL} A \rightarrow B$，当且仅当 $\vdash_{BL} B \leftarrow A$。

② 系统 **BL** 中 A 与 B 可互推，当且仅当 $\vdash_{BL} A \rightarrow B$ 且 $\vdash_{BL} B \rightarrow A$，当且仅当 $\vdash_{BL} B \leftarrow A$ 且 $\vdash_{BL} A \leftarrow B$。

证明：

（1）从系统 **BL** 中 $A \vdash B$ 出发，分别运用蕴涵引入和逆蕴涵引入规则可推得 $\vdash_{BL} A \rightarrow B$ $\vdash_{BL} B \leftarrow A$。反之，从 $\vdash_{BL} A \rightarrow B$ 出发，由同一公理 $A \vdash A$ 和蕴涵消去规则可推得 $A \vdash B$；从 $\vdash_{BL} B \leftarrow A$ 出发，由同一公理 $A \vdash A$ 和逆蕴涵消去规则亦可推得 $A \vdash B$。所以，结论①成立。

（2）结论②是结论①的直接推论。

命题 4.3.19：设 $A、B \in \mathrm{Form}(\mathbf{BL})$，则有：$[A]_{BL} \subseteq [B]_{BL}$ 当且仅当系统 **BL** 中 $A \vdash B$，当且仅当 $\vdash_{BL} A \rightarrow B$，当且仅当 $\vdash_{BL} B \leftarrow A$。

证明：

（1）先设$[A]_{BL} \subseteq [B]_{BL}$，用反证法。倘若系统**BL**中$A \vdash B$不成立，由命题4.3.17知：存在“素的**BL**理论”Γ，使得$A \in \Gamma$且$B \notin \Gamma$。再运用命题4.3.14推得：$\Gamma \in [A]_{BL}$且$\Gamma \notin [B]_{BL}$，但这与$[A]_{BL} \subseteq [B]_{BL}$矛盾。所以$A \vdash B$成立。

（2）再设系统**BL**中$A \vdash B$且“素的**BL**理论”$\Gamma \in [A]_{BL}$，由命题4.3.14推知：$A \in \Gamma$；进而根据定义3.4.1〈ii〉知：$B \in \Gamma$，于是$\Gamma \in [B]_{BL}$，这表明$[A]_{BL} \subseteq [B]_{BL}$成立。

所以，$[A]_{BL} \subseteq [B]_{BL}$当且仅当$A \vdash B$。再运用命题4.3.18①推得：本命题成立。

命题4.3.20：设A、$B \in Form(\mathbf{BL})$，则有：$[A]_{BL} = [B]_{BL}$当且仅当系统**BL**中A与B可互推，当且仅当$\vdash_{BL} A \rightarrow B$且$\vdash_{BL} B \rightarrow A$，当且仅当$\vdash_{BL} B \leftarrow A$且$\vdash_{BL} A \leftarrow B$。

证明：

设$[A]_{BL} = [B]_{BL}$，于是有$[A]_{BL} \subseteq [B]_{BL}$且$[B]_{BL} \subseteq [A]_{BL}$，由命题4.3.19知：系统**BL**中$A \vdash B$且$B \vdash A$成立，即A与B可互推。上述过程是可逆的，即当系统**BL**中A与B可互推时，亦可推知$[A]_{BL} = [B]_{BL}$。所以，$[A]_{BL} = [B]_{BL}$当且仅当A与B可互推。再运用命题4.3.18②推得：本命题成立。

定义4.3.9：对于系统**BL**，称如下方式定义的有序六元组$<W_{BL0}, W_{BL}, \Rightarrow, \Leftarrow, \bigcirc, \Pi_{BL}>$为“**BL**典范框架”，记作$FC_{BL}$：

〈i〉$W_{BL} = \{\Gamma: \Gamma$是“素的**BL**理论”$\}$。

〈ii〉$W_{BL0} = \{\Gamma: \Gamma$是“素的、正规的**BL**理论”$\}$。

〈iii〉对任何“素的**BL**理论”$\Gamma \in W_{BL}$，记$\Gamma\rightarrow = \{<[A]_{BL}, [B]_{BL}>: A \rightarrow B \in \Gamma\}$。⇒是$P(W_{BL})$的一个二元择类运算，定义为：对任何$<\Delta, \Theta> \in P(W_{BL}) \times P(W_{BL})$，有$\Delta \Rightarrow \Theta = \{\Gamma: \Gamma \in W_{BL}$且$<\Delta, \Theta> \in \Gamma\rightarrow\}$。

〈iv〉对任何“素的**BL**理论”$\Gamma \in W_{BL}$，记$\Gamma\leftarrow = \{<[A]_{BL}, [B]_{BL}>: B \leftarrow A \in \Gamma\}$。⇐是$P(W_{BL})$的一个二元择类运算，定义为：对任何$<\Delta, \Theta> \in P(W_{BL}) \times P(W_{BL})$，有$\Theta \Leftarrow \Delta = \{\Gamma: \Gamma \in W_{BL}$且$<\Delta, \Theta> \in \Gamma\leftarrow\}$。

〈ⅴ〉对任何“素的 **BL** 理论”$\Gamma \in W_{BL}$,记$\Gamma\cdot = \{<[A]_{BL},[B]_{BL}>: A\cdot B \in \Gamma\}$。○是 $P(W_{BL})$的一个二元择类运算,定义为:对任何$<\Delta,\Theta> \in P(W_{BL})\times P(W_{BL})$,有$\Delta ○ \Theta = \{\Gamma: \Gamma \in W_{BL}$且$<\Delta,\Theta> \in \Gamma\cdot\}$。

〈ⅵ〉$\Pi_{BL} = \{[A]_{BL}: A \in Form(\mathbf{BL})\}$。

由定义 4.3.9〈ⅲ〉〈ⅳ〉〈ⅴ〉,立即获得如下的命题:

命题 4.3.21:设 A、B ∈ Form(**BL**),$FC_{BL} = <W_{BL0}, W_{BL}, \Rightarrow, \Leftarrow, ○, \Pi_{BL}>$是“**BL** 典范框架”,“素的 **BL** 理论”$\Gamma \in W_{BL}$,则有

① $<[A]_{BL},[B]_{BL}> \in \Gamma\rightarrow$当且仅当 $A\rightarrow B \in \Gamma$。

② $<[A]_{BL},[B]_{BL}> \in \Gamma\leftarrow$当且仅当 $B\leftarrow A \in \Gamma$。

③ $<[A]_{BL},[B]_{BL}> \in \Gamma\cdot$当且仅当 $A\cdot B \in \Gamma$。

命题 4.3.22:设 A、B ∈ Form(**BL**),$FC_{BL} = <W_{BL0}, W_{BL}, \Rightarrow, \Leftarrow, ○, \Pi_{BL}>$是“**BL** 典范框架”,则以下三个结论成立:

① $[A\rightarrow B]_{BL} = [A]_{BL} \Rightarrow [B]_{BL}$。

② $[B\leftarrow A]_{BL} = [B]_{BL} \Leftarrow [A]_{BL}$。

③ $[A\cdot B]_{BL} = [A]_{BL} ○ [B]_{BL}$。

证明:

(1) 设“素的 **BL** 理论”$\Gamma \in [A\rightarrow B]_{BL}$,由命题 4.3.14 知:$A\rightarrow B \in \Gamma$,再根据命题 4.3.21①推知:$<[A]_{BL},[B]_{BL}> \in \Gamma\rightarrow$,进而由定义 4.3.9〈ⅲ〉知:$\Gamma \in [A]_{BL} \Rightarrow [B]_{BL}$。上述过程是可逆的,即当“素的 **BL** 理论”$\Gamma \in [A]_{BL} \Rightarrow [B]_{BL}$时,亦可推知$\Gamma \in [A\rightarrow B]_{BL}$。所以结论①成立。

(2) 设“素的 **BL** 理论”$\Gamma \in [B\leftarrow A]_{BL}$,由命题 4.3.14 知:$B\leftarrow A \in \Gamma$,再根据命题 4.3.21②推知:$<[A]_{BL},[B]_{BL}> \in \Gamma\leftarrow$,进而由定义 4.3.9〈ⅳ〉知:$\Gamma \in [B]_{BL} \Leftarrow [A]_{BL}$。上述过程是可逆的,即当“素的 **BL** 理论”$\Gamma \in [B]_{BL} \Leftarrow [A]_{BL}$时,亦可推知$\Gamma \in [B\leftarrow A]_{BL}$。所以结论②成立。

(3) 设“素的 **BL** 理论”$\Gamma \in [A\cdot B]_{BL}$,由命题 4.3.14 知:$A\cdot B \in \Gamma$,再根据命题 4.3.21③推知:$<[A]_{BL},[B]_{BL}> \in \Gamma\cdot$,进而由定义 4.3.9〈ⅴ〉知:$\Gamma \in [A]_{BL} ○ [B]_{BL}$。上述过程是可逆的,即当“素的 **BL** 理论”$\Gamma \in [A]_{BL} ○ [B]_{BL}$时,亦可推知$\Gamma \in [A\cdot B]_{BL}$。所以结论③成立。

命题 4.3.23：设 $A \in Form(\mathbf{BL})$，$FC_{BL} = <W_{BL0}, W_{BL}, \Rightarrow, \Leftarrow, \bigcirc, \Pi_{BL}>$是"**BL** 典范框架"，则有：$W_{BL0} \subseteq [A]_{BL}$当且仅当$\vdash_{BL} A$。

证明：

(1) 设 $W_{BL0} \subseteq [A]_{BL}$，用反证法。倘若$\vdash_{BL} A$不成立，则由命题 4.3.11 知：存在"素的、正规的 **BL** 理论"Γ，使得 $A \notin \Gamma$。于是$\Gamma \in W_{BL0}$，又由命题 4.3.14 推知：$\Gamma \notin [A]_{BL}$。但这与 $W_{BL0} \subseteq [A]_{BL}$矛盾，所以$\vdash_{BL} A$成立。

(2) 再设$\vdash_{BL} A$。对任何"素的、正规的 **BL** 理论"$\Gamma \in W_{BL0}$，都有 $A \in \Gamma$，再由命题 4.3.14 知：$\Gamma \in [A]_{BL}$。这表明 $W_{BL0} \subseteq [A]_{BL}$。

所以，$W_{BL0} \subseteq [A]_{BL}$当且仅当$\vdash_{BL} A$。

命题 4.3.24："**BL** 典范框架"$FC_{BL} = <W_{BL0}, W_{BL}, \Rightarrow, \Leftarrow, \bigcirc, \Pi_{BL}>$是一个"择类的正逻辑一般弱框架"。

证明：

即证明 FC_{BL}满足定义 4.3.3 中的七个条件。

(1) 由定义 4.3.9〈ⅰ〉〈ⅱ〉知 $W_{BL} = \{\Gamma: \Gamma$是"素的 **BL** 理论"$\}$，$W_{BL0} = \{\Gamma: \Gamma$是"素的、正规的 **BL** 理论"$\}$，于是 $W_{BL0} \subseteq W_{BL}$。又 $Form(\mathbf{BL})$是"素的、正规的 **BL** 理论"，因而 $Form(\mathbf{BL}) \in W_{BL0}$且 $Form(\mathbf{BL}) \in W_{BL}$，这表明 $W_{BL0} \neq \Phi$且 $W_{BL} \neq \Phi$。所以，定义 4.3.3 条件〈ⅰ〉〈ⅱ〉成立。

(2) 由定义 4.3.9〈ⅲ〉〈ⅳ〉〈ⅴ〉知：定义 4.3.3 条件〈ⅲ〉〈ⅳ〉〈ⅴ〉成立。

(3) 由定义 4.3.9〈ⅵ〉知：$\Pi_{BL} = \{[A]_{BL}: A \in Form(\mathbf{BL})\}$。又由定义 4.3.8知：$[A]_{BL} = \{\Gamma: \Gamma$是"素的 **BL** 理论"且 $A \in \Gamma\}$，于是$\Pi_{BL} \subseteq P(W_{BL})$且$\Pi_{BL} \neq \Phi$。设$\Delta$、$\Theta \in \Pi_{BL}$，则存在 A、$B \in Form(\mathbf{BL})$，使得$\Delta = [A]_{BL}$且$\Theta = [B]_{BL}$。再运用命题 4.3.16 和命题 4.3.22 推知：$\Delta \cap \Theta = [A]_{BL} \cap [B]_{BL} = [A \wedge B]_{BL} \in \Pi_{BL}$；$\Delta \cup \Theta = [A]_{BL} \cup [B]_{BL} = [A \vee B]_{BL} \in \Pi_{BL}$；$\Delta \Rightarrow \Theta = [A]_{BL} \Rightarrow [B]_{BL} = [A \rightarrow B]_{BL} \in \Pi_{BL}$；$\Theta \Leftarrow \Delta = [B]_{BL} \Leftarrow [A]_{BL} = [B \leftarrow A]_{BL} \in \Pi_{BL}$；$\Delta \bigcirc \Theta = [A]_{BL} \bigcirc [B]_{BL} = [A \cdot B]_{BL} \in \Pi_{BL}$。所以，定义 4.3.3 条件〈ⅵ〉成立。

(4) 设Δ、$\Theta \in \Pi_{BL}$，由定义 4.3.9〈ⅵ〉知：存在 A、$B \in Form(\mathbf{BL})$，使得$\Delta = [A]_{BL}$且$\Theta = [B]_{BL}$。

① 若 $W_{BL0} \subseteq \Delta \Rightarrow \Theta$,则由命题 4.3.22①知：$W_{BL0} \subseteq [A]_{BL} \Rightarrow [B]_{BL} = [A \to B]_{BL}$。根据命题 4.3.23 知：$\vdash_{BL} A \to B$,再由命题 4.3.19 推知：$[A]_{BL} \subseteq [B]_{BL}$,即$\Delta \subseteq \Theta$成立。上述过程是可逆的,即当$\Delta \subseteq \Theta$时,亦可推知 $W_{BL0} \subseteq \Delta \Rightarrow \Theta$。所以,$W_{BL0} \subseteq \Delta \Rightarrow \Theta$当且仅当$\Delta \subseteq \Theta$。

② 若 $W_{BL0} \subseteq \Theta \Leftarrow \Delta$,则由命题 4.3.22②知：$W_{BL0} \subseteq [B]_{BL} \Leftarrow [A]_{BL} = [B \leftarrow A]_{BL}$。根据命题 4.3.23 知：$\vdash_{BL} B \leftarrow A$,再由命题 4.3.19 推知：$[A]_{BL} \subseteq [B]_{BL}$,即$\Delta \subseteq \Theta$成立。上述过程是可逆的,即当$\Delta \subseteq \Theta$时,亦可推知 $W_{BL0} \subseteq \Theta \Leftarrow \Delta$。所以,$W_{BL0} \subseteq \Theta \Leftarrow \Delta$当且仅当$\Delta \subseteq \Theta$。这表明定义 4.3.3 条件〈ⅶ〉亦成立。

所以,FC_{BL}是一个“择类的正逻辑一般弱框架”。

命题 4.3.25:“**BL** 典范框架”$FC_{BL} = \langle W_{BL0}, W_{BL}, \Rightarrow, \Leftarrow, \bigcirc, \Pi_{BL} \rangle$是一个“**BL** 框架”。

证明：

由命题 4.3.24 知：FC_{BL}是一个“择类的正逻辑一般弱框架”。以下证 FC_{BL}还满足定义 4.3.4 中的特性 F1—F9。

(1) 设Δ、Θ、$\Xi \in \Pi_{BL}$,则存在 A、B、C $\in$ Form(**BL**),使得$\Delta = [A]_{BL}$且$\Theta = [B]_{BL}$且$\Xi = [C]_{BL}$。又$\vdash_{BL} A \cdot B \cdot C \to A \cdot (B \cdot C)$(定理 4.1.25)和$\vdash_{BL} A \cdot (B \cdot C) \to A \cdot B \cdot C$(定理 4.1.27),再由命题 4.3.20 和命题 4.3.22③推知：$\Delta \bigcirc \Theta \bigcirc \Xi = [A]_{BL} \bigcirc [B]_{BL} \bigcirc [C]_{BL} = [A \cdot B \cdot C]_{BL} = [A \cdot (B \cdot C)]_{BL} = [A]_{BL} \bigcirc ([B]_{BL} \bigcirc [C]_{BL}) = \Delta \bigcirc (\Theta \bigcirc \Xi)$。这表明特性 F1 成立。

(2) 设Δ、Θ、$\Xi \in \Pi_{BL}$,则存在 A、B、C $\in$ Form(**BL**),使得$\Delta = [A]_{BL}$且$\Theta = [B]_{BL}$且$\Xi = [C]_{BL}$。又$\vdash_{BL} (A \cdot B \to C) \to (A \to (B \to C))$(定理 4.1.23)和$\vdash_{BL} (A \to (B \to C)) \to (A \cdot B \to C)$(定理 4.1.21),再由命题 4.3.20 和命题 4.3.22①③推知：$\Delta \bigcirc \Theta \Rightarrow \Xi = [A]_{BL} \bigcirc [B]_{BL} \Rightarrow [C]_{BL} = [A \cdot B \to C]_{BL} = [A \to (B \to C)]_{BL} = [A]_{BL} \Rightarrow ([B]_{BL} \Rightarrow [C]_{BL}) = \Delta \Rightarrow (\Theta \Rightarrow \Xi)$。这表明特性 F2 成立。

(3) 设Δ、Θ、$\Xi \in \Pi_{BL}$,则存在 A、B、C $\in$ Form(**BL**),使得$\Delta = [A]_{BL}$且$\Theta = [B]_{BL}$且$\Xi = [C]_{BL}$。又$\vdash_{BL} ((C \leftarrow B) \leftarrow A) \leftarrow (C \leftarrow B \cdot A)$(定理 4.1.24)和

$\vdash_{BL}(C\leftarrow B\cdot A)\leftarrow((C\leftarrow B)\leftarrow A)$(定理 4.1.22),再由命题 4.3.20 和命题 4.3.22②③推知：$\Xi\Leftarrow\Theta\bigcirc\Delta=[C]_{BL}\Leftarrow[B]_{BL}\bigcirc[A]_{BL}=[C\leftarrow B\cdot A]_{BL}=[(C\leftarrow B)\leftarrow A]_{BL}=([C]_{BL}\Leftarrow[B]_{BL})\Leftarrow[A]_{BL}=(\Xi\Leftarrow\Theta)\Leftarrow\Delta$。这表明特性 F3 成立。

(4) 设Δ、Θ、$\Xi\in\Pi_{BL}$,则存在 A、B、C ∈ Form(**BL**),使得$\Delta=[A]_{BL}$且$\Theta=[B]_{BL}$且$\Xi=[C]_{BL}$。又$\vdash_{BL}A\cdot(B\vee C)\rightarrow(A\cdot B)\vee(A\cdot C)$(定理 4.1.29),再由命题 4.3.19、命题 4.3.16②和命题 4.3.22③推知：$\Delta\bigcirc(\Theta\cup\Xi)=[A]_{BL}\bigcirc([B]_{BL}\cup[C]_{BL})=[A\cdot(B\vee C)]_{BL}\subseteq[(A\cdot B)\vee(A\cdot C)]_{BL}=([A]_{BL}\bigcirc[B]_{BL})\cup([A]_{BL}\bigcirc[C]_{BL})=(\Delta\bigcirc\Theta)\cup(\Delta\bigcirc\Xi)$。这表明特性 F4 成立。

(5) 设Δ、Θ、$\Xi\in\Pi_{BL}$,参照上述(4)的证明方法,运用定理 4.1.31、命题 4.3.19、命题 4.3.16②和命题 4.3.22③可推知：$(\Theta\cup\Xi)\bigcirc\Delta\subseteq(\Theta\bigcirc\Delta)\cup(\Xi\bigcirc\Delta)$,即特性 F5 成立。

(6) 设Δ、Θ、$\Xi\in\Pi_{BL}$且$\Delta\subseteq\Theta$,则存在 A、B、C ∈ Form(**BL**),使得$\Delta=[A]_{BL}$且$\Theta=[B]_{BL}$且$\Xi=[C]_{BL}$。于是有$[A]_{BL}\subseteq[B]_{BL}$,由命题 4.3.19 推知：系统 **BL** 中 $A\vdash B$,根据命题 4.1.15 形式 1 推得：$C\cdot A\vdash C\cdot B$,再运用命题 4.3.19 和命题 4.3.22③推知：$\Xi\bigcirc\Delta=[C]_{BL}\bigcirc[A]_{BL}=[C\cdot A]_{BL}\subseteq[C\cdot B]_{BL}=[C]_{BL}\bigcirc[B]_{BL}=\Xi\bigcirc\Theta$。这表明特性 F6 成立。

(7) 设Δ、Θ、$\Xi\in\Pi_{BL}$且$\Delta\subseteq\Theta$,参照上述(6)的证明方法,运用命题4.3.19、命题 4.1.15 形式 2 和命题 4.3.22③可推知：$\Delta\bigcirc\Xi\subseteq\Theta\bigcirc\Xi$,即特性 F7 成立。

(8) 设Δ、Θ、$\Xi\in\Pi_{BL}$且 $W_{BL0}\subseteq\Delta$且$\Theta\bigcirc\Delta\subseteq\Xi$,则存在 A、B、C ∈ Form(**BL**),使得$\Delta=[A]_{BL}$且$\Theta=[B]_{BL}$且$\Xi=[C]_{BL}$。于是由题设和命题 4.3.22③知：

[1] $W_{BL0}\subseteq[A]_{BL}$

和　[2] $[B\cdot A]_{BL}=[B]_{BL}\bigcirc[A]_{BL}\subseteq[C]_{BL}$。

从[1]出发,运用命题 4.3.23 推知：

[3] $\vdash_{BL}A$。

从[2]出发,运用命题 4.3.19 推得：

[4] 系统 **BL** 中 $B\cdot A\vdash C$。

从[3][4]出发,运用命题 4.1.16 推知：

[5] 系统 **BL** 中 B $\vdash$C。

从[5]出发，运用命题 4.3.19 推得：

[6] $[B]_{BL}\subseteq[C]_{BL}$，即$\Theta\subseteq\Xi$。这表明特性 F8 成立。

(9) 设Δ、Θ、$\Xi\in\Pi_{BL}$且 $W_{BL0}\subseteq\Delta$且$\Delta\bigcirc\Theta\subseteq\Xi$，参照上述(8)的证明方法，运用命题 4.3.22③、命题 4.3.23、命题 4.3.19 和命题 4.1.17 可推知：$\Theta\subseteq\Xi$，即特性 F9 成立。

所以，FC_{BL}是一个“**BL** 框架”。

定义 4.3.10：设 $FC_{BL}=<W_{BL0},W_{BL},\Rightarrow,\Leftarrow,\bigcirc,\Pi_{BL}>$是“**BL** 典范框架”，$A\in$ Form(**BL**)，V_{BL}是从 Form(**BL**)到 $P(W_{BL})$内的一个映射，称 V_{BL}是“FC_{BL}典范赋值”，当且仅当 V_{BL}满足以下六个条件：

〈ⅰ〉若 A 是命题变元 p_i，则 $V_{BL}(p_i)=[p_i]_{BL}\in\Pi_{BL}$。

〈ⅱ〉若 A 是公式 $B\wedge C$，则 $V_{BL}(B\wedge C)=V_{BL}(B)\cap V_{BL}(C)$。

〈ⅲ〉若 A 是公式 $B\vee C$，则 $V_{BL}(B\vee C)=V_{BL}(B)\cup V_{BL}(C)$。

〈ⅳ〉若 A 是公式 $B\rightarrow C$，则 $V_{BL}(B\rightarrow C)=V_{BL}(B)\Rightarrow V_{BL}(C)$。

〈ⅴ〉若 A 是公式 $C\leftarrow B$，则 $V_{BL}(C\leftarrow B)=V_{BL}(C)\Leftarrow V_{BL}(B)$。

〈ⅵ〉若 A 是公式 $B\cdot C$，则 $V_{BL}(B\cdot C)=V_{BL}(B)\bigcirc V_{BL}(C)$。

由定义 4.3.10、定义 4.3.5 和命题 4.3.25，立即获得如下的命题：

命题 4.3.26：设 $FC_{BL}=<W_{BL0},W_{BL},\Rightarrow,\Leftarrow,\bigcirc,\Pi_{BL}>$是“**BL** 典范框架”，则“$FC_{BL}$典范赋值”$V_{BL}$满足定义 4.3.5 的六个条件，因而是“$FC_{BL}$上的一个赋值”。

命题 4.3.27：设 $FC_{BL}=<W_{BL0},W_{BL},\Rightarrow,\Leftarrow,\bigcirc,\Pi_{BL}>$是“**BL** 典范框架”，$V_{BL}$是“$FC_{BL}$典范赋值”，则对任何 $A\in$ Form(**BL**)，都有 $V_{BL}(A)=[A]_{BL}$成立。

证明：

对公式 A 中的初始联结词出现的次数 n 进行归纳证明。

(1) $n=0$，即 A 是一命题变元 p_i，由定义 4.3.10〈ⅰ〉知 $V_{BL}(p_i)=[p_i]_{BL}$。

(2) 设 $n<k(k\geqslant1)$时本命题成立，则当 $n=k$ 时，有下列五种情况。

情况 1：A 是 $B\wedge C$，由归纳假设知：$V_{BL}(B)=[B]_{BL}$且 $V_{BL}(C)=[C]_{BL}$，

再根据定义 4.3.10〈ii〉和命题 4.3.16①推得：$V_{BL}(B\wedge C)=V_{BL}(B)\cap V_{BL}(C)=[B]_{BL}\cap[C]_{BL}=[B\wedge C]_{BL}$。

情况 2：A 是 B∨C，类似地，由归纳假设、定义 4.3.10〈iii〉和命题 4.3.16②推得：$V_{BL}(B\vee C)=V_{BL}(B)\cup V_{BL}(C)=[B]_{BL}\cup[C]_{BL}=[B\vee C]_{BL}$。

情况 3：A 是 B→C，由归纳假设、定义 4.3.10〈iv〉和命题 4.3.22①推得：$V_{BL}(B\rightarrow C)=V_{BL}(B)\Rightarrow V_{BL}(C)=[B]_{BL}\Rightarrow[C]_{BL}=[B\rightarrow C]_{BL}$。

情况 4：A 是 C←B，由归纳假设、定义 4.3.10〈v〉和命题 4.3.22②推得：$V_{BL}(C\leftarrow B)=V_{BL}(C)\Leftarrow V_{BL}(B)=[C]_{BL}\Leftarrow[B]_{BL}=[C\leftarrow B]_{BL}$。

情况 5：A 是 B·C，由归纳假设、定义 4.3.10〈vi〉和命题 4.3.22③推得：$V_{BL}(B\cdot C)=V_{BL}(B)\bigcirc V_{BL}(C)=[B]_{BL}\bigcirc[C]_{BL}=[B\cdot C]_{BL}$。

所以，对任何 $A\in\text{Form}(\mathbf{BL})$，都有 $V_{BL}(A)=[A]_{BL}$成立。

命题 4.3.28：设 $FC_{BL}=<W_{BL0},W_{BL},\Rightarrow,\Leftarrow,\bigcirc,\Pi_{BL}>$是“**BL** 典范框架”，$V_{BL}$是“$FC_{BL}$ 典范赋值”，则对任何 $A\in\text{Form}(\mathbf{BL})$，都有 $\vdash_{BL}A$ 当且仅当 $W_{BL0}\subseteq V_{BL}(A)$。

证明：

对任何 $A\in\text{Form}(\mathbf{BL})$，由命题 4.3.23 知：$\vdash_{BL}A$ 当且仅当 $W_{BL0}\subseteq[A]_{BL}$，又由命题 4.3.27 知：$V_{BL}(A)=[A]_{BL}$，所以，$\vdash_{BL}A$ 当且仅当 $W_{BL0}\subseteq V_{BL}(A)$。

命题 4.3.29（系统 **BL** 的完全性定理）：设 $A\in\text{Form}(\mathbf{BL})$，若$\models_{BL}A$，则 $\vdash_{BL}A$。即“**BL** 有效的”公式都是系统 **BL** 中的内定理。

证明：

设$\models_{BL}A$，用反证法。倘若 $\vdash_{BL}A$ 不成立，则由命题 4.3.28 知：对于“**BL** 典范框架”$FC_{BL}=<W_{BL0},W_{BL},\Rightarrow,\Leftarrow,\bigcirc,\Pi_{BL}>$的“$FC_{BL}$ 典范赋值”V_{BL}，有 $W_{BL0}\subseteq V_{BL}(A)$不成立。又由命题 4.3.25 和命题 4.3.26 知：FC_{BL}是一个“**BL** 框架”且 V_{BL}是“FC_{BL}上的一个赋值”，再根定义 4.3.6 即知：$\models_{BL}A$ 不成立。但这与已知$\models_{BL}A$ 矛盾，因而 $\vdash_{BL}A$ 成立。

将命题 4.3.3 结论②和命题 4.3.29 合并起来，即为如下的命题：

命题 4.3.30：设 $A\in\text{Form}(\mathbf{BL})$，则有：$\vdash_{BL}A$ 当且仅当$\models_{BL}A$。

§4.4 正结合演算结构推理系统 BL－D 的可判定性

定义 4.4.1：以正结合演算结构推理系统 **BL** 为基础，删去其中的分配规则，获得的正结合演算结构推理系统称为“系统 **BL－D**”，可表示为：“**BL－D＝BL**—分配规则”。

显而易见，采用同样的方法，即可证明系统 **BL** 中的例 4.1.1—4.1.16、例 4.1.18、定理 4.1.1—4.1.16、定理 4.1.19—4.1.32、命题 4.1.1（切割规则）—4.1.12 和命题 4.1.14—4.1.21 在系统 **BL－D** 中亦成立。仍用同样的编号标记系统 **BL－D** 中的这些实例、定理和命题。

正结合演算系统 **BL－D** 是可判定的，即对任何结构 X 和任何公式 A，存在能行的方法（即机械的并且能在有限步内完成的方法），判断系统 **BL－D** 中是否可获得贯列 X ⊢A 的推导。为了证明这一结果，要做一些准备工作。

定义 4.4.2：设 **SL** 是任意给定的一个结构推理系统，在系统 **SL** 的结构 Y(A) 中有子结构 A 的一次或多次出现，用结构 X 取代 Y(A) 中子结构 A 的某一次出现而获得的结构可记作 $Y^1(X)$，并称 $Y^1(X)$ 中的 X 对 Y(A) 中的 A 的该次出现作了替换。

定义 4.4.3：在带二元标点逗号的形式语言 $\mathcal{L}_{\mathcal{B}}{}^{+}$ 的基础之上，再添加下列公理、结构规则和联结词规则，即构成根岑型的正结合演算结构推理系统 **GBL－D**：

1. 公理（A 是任意的公式）

A ⊢A（同一公理）

2. 结构规则

① 结合规则：形式同定义 1.1.5。

② 切割规则：由 X ⊢A 和 Y(A) ⊢B 为前提可推出 $Y^1(X)$ ⊢B，其中结

构 Y(A)中有子结构 A 的一次或多次出现,$Y^1(X)$是用 X 取代 Y(A)中的子结构 A 的某一次出现而获得的结构。图式如下:

$$\frac{X \vdash A \qquad Y(A) \vdash B}{Y^1(X) \vdash B}$$

3. 联结词规则(X、Y、Z 是任意的结构,A、B、C 是任意的公式)

① 右蕴涵规则:形式同定义 1.1.5 蕴涵引入规则。

② 左蕴涵规则:

$$\frac{X \vdash A \qquad Y, B, Z \vdash C}{Y, A \to B, (X, Z) \vdash C}$$

③ 右逆蕴涵规则:形式同定义 4.1.3 逆蕴涵引入规则。

④ 左逆蕴涵规则:

$$\frac{X \vdash A \qquad Y, B, Z \vdash C}{Y, X, B \leftarrow A, Z \vdash C}$$

⑤ 右合取规则:形式同定义 2.1.3 合取引入规则。

⑥ 左合取规则:有两种形式,图式分别如下:

(形式 1)

$$\frac{X, A, Y \vdash C}{X, A \wedge B, Y \vdash C}$$

(形式 2)

$$\frac{X, B, Y \vdash C}{X, A \wedge B, Y \vdash C}$$

⑦ 右析取规则:形式同定义 2.1.3 析取引入规则。

⑧ 左析取规则:

$$\frac{X, A, Y \vdash C \qquad X, B, Y \vdash C}{X, A \vee B, Y \vdash C}$$

⑨ 右内涵合取规则:形式同定义 4.1.3 内涵合取引入规则。

⑩ 左内涵合取规则:

$$\frac{X,(A,B),Y \vdash C}{X,A\cdot B,Y \vdash C}$$

系统 **GBL－D** 中的联结词规则①③⑤⑦⑨统称为“右规则”，联结词规则②④⑥⑧⑩统称为“左规则”。

以下的工作是证明系统 **BL－D** 与系统 **GBL－D** 的等价性。先证明系统 **GBL－D** 中的左规则都是系统 **BL－D** 的导出规则，即如下的命题 4.4.1—4.4.5。

命题 4.4.1（左蕴涵规则）：在系统 **BL－D** 中，如下的导出规则成立：

$$\frac{X \vdash A \qquad Y,B,Z \vdash C}{Y,A\rightarrow B,(X,Z) \vdash C}$$

证明：

先假设 $X\neq\Phi$ 且 $Y\neq\Phi$ 且 $Z\neq\Phi$。

$$\cfrac{\cfrac{\cfrac{A\rightarrow B \vdash A\rightarrow B \qquad X \vdash A\text{（题设）}}{A\rightarrow B,X \vdash B\text{（蕴涵消去）}} \qquad Y,B,Z \vdash C\text{（题设）}}{Y,(A\rightarrow B,X),Z \vdash C\text{（切割）}}}{Y,A\rightarrow B,(X,Z) \vdash C\text{（多次结合）}}$$

若 $X=\Phi$ 或 $Y=\Phi$ 或 $Z=\Phi$，可用类似的方法证明本规则。

命题 4.4.2（左逆蕴涵规则）：在系统 **BL－D** 中，如下的导出规则成立：

$$\frac{X \vdash A \qquad Y,B,Z \vdash C}{Y,X,B\leftarrow A,Z \vdash C}$$

证明方法类似于命题 4.4.1，由题设和同一公理出发，运用逆蕴涵消去、切割和结合规则，即可证明本命题成立。

命题 4.4.3(左合取规则):在系统 **BL－D** 中,如下的导出规则形式 1 和形式 2 成立:

(形式 1)

$$\frac{X, A, Y \vdash C}{X, A \wedge B, Y \vdash C}$$

(形式 2)

$$\frac{X, B, Y \vdash C}{X, A \wedge B, Y \vdash C}$$

证明:

从 A∧B ⊢A(例 4.1.3)和题设"X,A,Y ⊢C"出发,运用切割规则推知"X,A∧B,Y ⊢C",即形式 1 成立。从 A∧B ⊢B(例 4.1.4)和题设"X,B,Y ⊢C"出发,运用切割规则推知"X,A∧B,Y ⊢C",即形式 2 亦成立。

命题 4.4.4(左析取规则):在系统 **BL－D** 中,如下的导出规则成立:

$$\frac{X, A, Y \vdash C \qquad X, B, Y \vdash C}{X, A \vee B, Y \vdash C}$$

证明:

从题设"X,A,Y ⊢C"、"X,B,Y ⊢C"和同一公理 A∨B ⊢A∨B 出发,运用析取消去规则即推知"X,A∨B,Y ⊢C"成立。

命题 4.4.5(左内涵合取规则):在系统 **BL－D** 中,如下的导出规则成立:

$$\frac{X, (A, B), Y \vdash C}{X, A \cdot B, Y \vdash C}$$

证明:

从同一公理 A · B ⊢A · B 和题设"X,(A,B),Y ⊢C"出发,运用内涵合取消去规则即推知"X,A · B,Y ⊢C"成立。

命题 4.4.6:系统 **GBL－D** 是系统 **BL－D** 的子系统,即 **GBL－D⊆BL－D**。

证明:

命题 4.4.1—4.4.5 表明:系统 **GBL－D** 的左规则都是系统 **BL－D** 的导

出规则，而系统 **GBL－D** 的公理、结合规则和右规则分别是系统 **BL－D** 的公理、结构规则和联结词规则，系统 **GBL－D** 的切割规则是系统 **BL－D** 的切割规则的特例，所以 **GBL－D⊆BL－D**。

再证明系统 **BL－D** 的联结词消去规则都是系统 **GBL－D** 的导出规则，即如下的命题 4.4.7—4.4.11。

命题 4.4.7（蕴涵消去规则）：在系统 **GBL－D** 中，如下的导出规则成立：

$$\frac{X\vdash A\to B \qquad Y\vdash A}{X,Y\vdash B}$$

证明：

$$\dfrac{Y\vdash A\text{（题设）} \qquad \dfrac{X\vdash A\to B\text{（题设）} \qquad \dfrac{A\vdash A \qquad B\vdash B}{A\to B,A\vdash B\text{（左蕴涵）}}}{X,A\vdash B\text{（切割）}}}{X,Y\vdash B\text{（切割）}}$$

命题 4.4.8（逆蕴涵消去规则）：在系统 **GBL－D** 中，如下的导出规则成立：

$$\frac{X\vdash B\leftarrow A \qquad Y\vdash A}{Y,X\vdash B}$$

证明方法类似于命题 4.4.7，由同一公理和题设出发，运用左逆蕴涵和切割规则，即可证明本命题成立。

命题 4.4.9（合取消去规则）：在系统 **GBL－D** 中，如下的导出规则形式 1 和形式 2 成立：

（形式 1）　　　　　　　　（形式 2）

$X\vdash A\wedge B$　　　　　　　　$X\vdash A\wedge B$

$$\frac{\overline{\quad}}{X\vdash A}\qquad\qquad \frac{\overline{\quad}}{X\vdash B}$$

证明形式 1：

$$\frac{X\vdash A\wedge B(\text{题设})\qquad \dfrac{A\vdash A}{A\wedge B\vdash A(\text{左合取形式 1})}}{X\vdash A(\text{切割})}$$

类似地，由题设和同一公理出发，运用左合取形式 2 和切割规则，可证明本命题形式 2。

命题 4.4.10（析取消去规则）：在系统 **GBL - D** 中，如下的导出规则成立：

$$\frac{X,A,Y\vdash C\qquad X,B,Y\vdash C\qquad Z\vdash A\vee B}{X,Z,Y\vdash C}$$

证明：

$$\frac{Z\vdash A\vee B(\text{题设})\qquad \dfrac{X,A,Y\vdash C(\text{题设})\qquad X,B,Y\vdash C(\text{题设})}{X,A\vee B,Y\vdash C(\text{左析取})}}{X,Z,Y\vdash C(\text{切割})}$$

命题 4.4.11（内涵合取消去规则）：在系统 **GBL - D** 中，如下的导出规则成立：

$$\frac{X\vdash A\cdot B\qquad Y,(A,B),Z\vdash C}{Y,X,Z\vdash C}$$

由题设出发，运用左内涵合取和切割规则，即可证明本命题。

命题 4.4.12：系统 **BL - D** 是系统 **GBL - D** 的子系统，即 **BL - D**⊆**GBL - D**。

证明：

命题 4.4.7—4.4.11 表明：系统 **BL－D** 的联结词消去规则都是系统 **GBL－D** 的导出规则，而系统 **BL－D** 的公理、结构规则和联结词引入规则分别是系统 **GBL－D** 的公理、结构规则和右规则，所以 **BL－D**⊆**GBL－D**。

由命题 4.4.6 和命题 4.4.12 即知：

命题 4.4.13：系统 **GBL－D** 等价于系统 **BL－D**。

定义 4.4.4：对于系统 **GBL－D** 中的任意一个结构 X，称 X 中出现的联结词的总次数为"X 的联词数"，记作 d(X)。定义如下：

〈ⅰ〉若 X 是空集 Φ，则 d(X)＝d(Φ)＝0。

〈ⅱ〉若 X 是一公式 A，而 A 中的联结词出现的次数是 n，则 d(X)＝d(A)＝n。

〈ⅲ〉若 X 是结构"Y，Z"，则 d(X)＝d(Y)＋d(Z)，其中的 d(Y)、d(Z) 分别是"Y 的联词数"和"Z 的联词数"。

例如，设结构 X 是"p，(q→r∧p)→p，(r∨q)∧p←r·q·p"，则 d(X)＝d(p)＋d((q→r∧p)→p)＋d((r∨q)∧p←r·q·p)＝0＋3＋5＝8。

定义 4.4.5：对于系统 **GBL－D** 中的切割规则"由 X⊢A 和 Y(A)⊢B 为前提可推出 Y^1(X)⊢B"，定义它的"切割度"是 d(Y^1(X))＋d(A)＋d(B)。

命题 4.4.14[①]：设系统 **GBL－D** 中的贯列 Y^1(X)⊢B 是由两个前提贯列 X⊢A(前提 1)和 Y(A)⊢B(前提 2)运用切割规则推得的，当两个切割前提均由联结词规则推得时，该切割可以被切割度更小的一个或两个切割所替代。

证明：

两个切割前提均由联结词规则推得，根据联结词规则的不同情况进行讨论。

(1) 切割前提 X⊢A 是由左规则推得的。又有以下五种情况。

情况 1：X⊢A 是使用左蕴涵规则由〈ⅰ〉式和〈ⅱ〉式获得的，该切割的

① 证明方法参考了[Lambek，1958，pp.165－169]。

推导图式如下：

$$\dfrac{\dfrac{X' \vdash C(\langle \text{i} \rangle\text{式}) \qquad Y',D,Z' \vdash A(\langle \text{ii} \rangle\text{式})}{Y',C\to D,(X',Z') \vdash A(\text{左蕴涵})} \qquad Y(A) \vdash B(\text{前提 2})}{Y^1(Y',C\to D,(X',Z')) \vdash B(\text{切割})}$$

其中 X=“Y′,C→D,(X′,Z′)”。

先设 Y(A)≠A 且 Y′≠Φ 且 Z′≠Φ,构建新的推导图式如下：

$$\dfrac{X' \vdash C(\langle \text{i} \rangle\text{式}) \qquad \dfrac{\dfrac{Y',D,Z' \vdash A(\langle \text{ii} \rangle\text{式}) \qquad Y(A) \vdash B(\text{前提 2})}{Y^1(Y',D,Z') \vdash B(\text{切割})}}{(U,Y'),D,(Z',Z) \vdash B(\text{结合或多次结合})}}{\dfrac{(U,Y'),C\to D,(X',(Z',Z)) \vdash B(\text{左蕴涵})}{Y^1(Y',C\to D,(X',Z')) \vdash B(\text{结合或多次结合})}}$$

在上述推导中,新的切割与原切割替换的是 Y(A)中的 A 的同一次出现,新的切割比原切割有更小的切割度。

再设 Y(A)=A 或 Y′=Φ 或 Z′=Φ,用类似的方法亦可推知本命题成立。

情况 2：X ⊢A 是使用左逆蕴涵规则获得的,推导方法类似于(1)情况 1,亦可推知本命题成立。

情况 3：X ⊢A 是使用左合取规则获得的,先考虑形式 1,该切割的推导图式如下：

$$\dfrac{\dfrac{X',C,Y' \vdash A(\langle \text{i} \rangle\text{式})}{X',C\wedge D,Y' \vdash A(\text{左合取形式 1})} \qquad Y(A) \vdash B(\text{前提 2})}{Y^1(X',C\wedge D,Y') \vdash B(\text{切割})}$$

其中 X="X′,C∧D,Y′"。

先设 Y(A)≠A 且 X′≠Φ 且 Y′≠Φ,构建新的推导图式如下:

$$\dfrac{\dfrac{\dfrac{X',C,Y' \vdash A(\langle\text{i}\rangle\text{式}) \qquad Y(A) \vdash B(\text{前提2})}{Y^1(X',C,Y') \vdash B(\text{切割})}}{(U,X'),C,(Y',Z) \vdash B(\text{结合或多次结合})}}{\dfrac{(U,X'),C\wedge D,(Y',Z) \vdash B(\text{左合取形式1})}{Y^1(X',C\wedge D,Y') \vdash B(\text{结合或多次结合})}}$$

在上述推导中,新的切割与原切割替换的是 Y(A)中的 A 的同一次出现,新的切割比原切割有更小的切割度。

再设 Y(A)=A 或 X′=Φ 或 Y′=Φ,用类似的方法亦可推知本命题成立。

对于左合取规则形式 2,推导方法类似,亦可推知本命题成立。

情况 4:X ⊢A 是使用左析取规则由〈ⅰ〉式和〈ⅱ〉式获得的,该切割的推导图式如下:

$$\dfrac{\dfrac{X',C,Y' \vdash A(\langle\text{i}\rangle\text{式}) \qquad X',D,Y' \vdash A(\langle\text{ii}\rangle\text{式})}{X',C\vee D,Y' \vdash A(\text{左析取})} \qquad Y(A) \vdash B(\text{前提2})}{Y^1(X',C\vee D,Y') \vdash B(\text{切割})}$$

其中 X="X′,C∨D,Y′"。

先设 Y(A)≠A 且 X′≠Φ 且 Y′≠Φ,构建新的推导图式如下:

$$\dfrac{X',C,Y' \vdash A(\langle\text{i}\rangle\text{式}) \quad Y(A) \vdash B(\text{前提2})}{Y^1(X',C,Y') \vdash B(\text{切割})} \qquad \dfrac{X',D,Y' \vdash A(\langle\text{ii}\rangle\text{式}) \quad Y(A) \vdash B(\text{前提2})}{Y^1(X',D,Y') \vdash B(\text{切割})}$$

$$\frac{\dfrac{(U,X'),C,(Y',Z)\vdash B\ (\text{结合或多次结合}) \qquad (U,X'),D,(Y',Z)\vdash B\ (\text{结合或多次结合})}{(U,X'),C\vee D,(Y',Z))\vdash B(\text{左析取})}}{Y^1(X',C\vee D,Y')\vdash B(\text{结合或多次结合})}$$

在上述推导中,两个新的切割与原切割替换的是 Y(A)中的 A 的同一次出现,两个新的切割都比原切割有更小的切割度。

再设 Y(A)= A 或 X′=Φ 或 Y′=Φ,用类似的方法亦可推知本命题成立。

情况 5: X ⊢A 是使用左内涵合取规则获得的,推导方法类似于(1)情况 3,亦可推知本命题成立。

(2) 切割前提 Y(A) ⊢B 是由右规则推得的。又可分为以下五种情况。

情况 1: Y(A) ⊢B 是使用右蕴涵规则获得的,该切割的推导图式如下:

$$\frac{X\vdash A(\text{前提 1}) \qquad \dfrac{Y(A),C\vdash D(\langle \text{i} \rangle\text{式})}{Y(A)\vdash C\to D(\text{右蕴涵})}}{Y^1(X)\vdash C\to D(\text{切割})}$$

其中 B 是 C→D。

构建新的推导图式如下:

$$\frac{\dfrac{X\vdash A(\text{前提 1}) \qquad Y(A),C\vdash D(\langle \text{i} \rangle\text{式})}{Y^1(X),C\vdash D(\text{切割})}}{Y^1(X)\vdash C\to D(\text{右蕴涵})}$$

在上述推导中,新的切割比原切割有更小的切割度。

情况 2: Y(A) ⊢B 是使用右逆蕴涵规则获得的,推导方法类似于(2)情况 1,亦可推知本命题成立。

情况 3：Y(A) ⊢B 是使用右合取规则由〈ⅰ〉式和〈ⅱ〉式获得的，该切割的推导图式如下：

$$\dfrac{X \vdash A(\text{前提 }1) \quad \dfrac{Y(A) \vdash C(\langle \text{i} \rangle\text{式}) \quad Y(A) \vdash D(\langle \text{ii} \rangle\text{式})}{Y(A) \vdash C \wedge D(\text{右合取})}}{Y^1(X) \vdash C \wedge D(\text{切割})}$$

其中 B 是 C∧D。

构建新的推导图式如下：

$$\dfrac{\dfrac{X \vdash A(\text{前提 }1) \quad Y(A) \vdash C(\langle \text{i} \rangle\text{式})}{Y^1(X) \vdash C(\text{切割})} \quad \dfrac{X \vdash A(\text{前提 }1) \quad Y(A) \vdash D(\langle \text{ii} \rangle\text{式})}{Y^1(X) \vdash D(\text{切割})}}{Y^1(X) \vdash C \wedge D(\text{右合取})}$$

在上述推导中，两个新的切割都比原切割有更小的切割度。

情况 4：Y(A) ⊢B 是使用右析取规则获得的，推导方法类似于(2)情况 1，亦可推知本命题成立。

情况 5：Y(A) ⊢B 是使用右内涵合取规则获得的，该切割的推导图式如下：

$$\dfrac{X \vdash A(\text{前提 }1) \quad \dfrac{Z \vdash C(\langle \text{i} \rangle\text{式}) \quad U \vdash D(\langle \text{ii} \rangle\text{式})}{Z,U \vdash C \cdot D(\text{右内涵合取})}}{Y^1(X) \vdash C \cdot D(\text{切割})}$$

其中 Y(A)=“Z,U”，而 B 是 C·D。又有两种可能性。

可能性 1：Z=Z(A)且 $Y^1(X)$=“$Z^1(X)$,U”，其中的 $Z^1(X)$ 是用结构 X 取代 Z(A)中子结构 A 的某一次出现获得的。

构建新的推导图式如下：

$$\frac{\dfrac{X \vdash A(\text{前提 1}) \quad Z(A) \vdash C(\langle \text{i} \rangle\text{式})}{Z^1(X) \vdash C(\text{切割})} \quad U \vdash D(\langle \text{ii} \rangle\text{式})}{Z^1(X), U \vdash C \cdot D(\text{右内涵合取})}$$

在上述推导中,新的切割比原切割有更小的切割度。

可能性 2: $U=U(A)$ 且 $Y^1(X)=$ “$Z,U^1(X)$”,其中的 $U^1(X)$ 是用结构 X 取代 U(A) 中子结构 A 的某一次出现获得的。

构建新的推导图式如下:

$$\frac{Z \vdash C(\langle \text{i} \rangle\text{式}) \quad \dfrac{X \vdash A(\text{前提 1}) \quad U(A) \vdash D(\langle \text{ii} \rangle\text{式})}{U^1(X) \vdash D(\text{切割})}}{Z, U^1(X) \vdash C \cdot D(\text{右内涵合取})}$$

在上述推导中,新的切割比原切割有更小的切割度。

(3) 切割前提 $X \vdash A$ 是由右蕴涵规则推得,而切割前提 $Y(A) \vdash B$ 是由左蕴涵规则推得的。该切割的推导图式如下:

$$\frac{\dfrac{X, C \vdash D(\langle \text{i} \rangle\text{式})}{X \vdash C \rightarrow D(\text{右蕴涵})} \quad \dfrac{U \vdash E(\langle \text{ii} \rangle\text{式}) \quad Z, F, Z' \vdash B(\langle \text{iii} \rangle\text{式})}{Z, E \rightarrow F, (U, Z') \vdash B(\text{左蕴涵})}}{Y^1(X) \vdash B(\text{切割})}$$

其中 A 是 $C \rightarrow D$,而 $Y(A)=$ “$Z, E \rightarrow F, (U, Z')$”。又可分为以下四种情况。

情况 1: $E=C$ 且 $F=D$ 且 $Y^1(X)=$ “$Z, X, (U, Z')$”。

先设 $X \neq \Phi$ 且 $U \neq \Phi$ 且 $Z \neq \Phi$ 且 $Z' \neq \Phi$,构建新的推导图式如下:

$$\frac{X, C \vdash D(\langle \text{i} \rangle\text{式}) \quad Z, D, Z' \vdash B(\langle \text{iii} \rangle\text{式})}{\quad}$$

$$\frac{\dfrac{U\vdash C(\langle\text{ii}\rangle\text{式})\qquad Z,(X,C),Z'\vdash B(\text{切割})}{Z,(X,U),Z'\vdash B(\text{切割})}}{Z,X,(U,Z')\vdash B(\text{多次结合})}$$

在上述推导中,两个新的切割都比原切割有更小的切割度。

再设 $X=\Phi$ 或 $U=\Phi$ 或 $Z=\Phi$ 或 $Z'=\Phi$,用类似的方法亦可推知本命题成立。

情况 2: $U=U(C\to D)$ 且 $Y^1(X)=$“$Z,E\to F,(U^1(X),Z')$”,其中的 $U^1(X)$ 是用结构 X 取代 $U(C\to D)$ 中子结构 $C\to D$ 的某一次出现获得的。

构建新的推导图式如下:

$$\frac{\dfrac{\dfrac{X,C\vdash D(\langle\text{i}\rangle\text{式})}{X\vdash C\to D(\text{右蕴涵})}\qquad U(C\to D)\vdash E(\langle\text{ii}\rangle\text{式})}{U^1(X)\vdash E(\text{切割})}\qquad Z,F,Z'\vdash B(\langle\text{iii}\rangle\text{式})}{Z,E\to F,(U^1(X),Z')\vdash B(\text{左蕴涵})}$$

在上述推导中,新的切割比原切割有更小的切割度。

情况 3: $Z=Z(C\to D)$ 且 $Y^1(X)=$“$Z^1(X),E\to F,(U,Z')$”,其中的 $Z^1(X)$ 是用结构 X 取代 $Z(C\to D)$ 中子结构 $C\to D$ 的某一次出现获得的。

构建新的推导图式如下:

$$\frac{U\vdash E(\langle\text{ii}\rangle\text{式})\qquad \dfrac{\dfrac{X,C\vdash D(\langle\text{i}\rangle\text{式})}{X\vdash C\to D(\text{右蕴涵})}\qquad Z(C\to D),F,Z'\vdash B(\langle\text{iii}\rangle\text{式})}{Z^1(X),F,Z'\vdash B(\text{切割})}}{Z^1(X),E\to F,(U,Z')\vdash B(\text{左蕴涵})}$$

在上述推导中,新的切割比原切割有更小的切割度。

情况 4：$Z'=Z'(C\to D)$ 且 $Y^1(X)=$ “$Z,E\to F,(U,Z'^1(X))$”，其中的 $Z'^1(X)$ 是用结构 X 取代 $Z'(C\to D)$ 中子结构 $C\to D$ 的某一次出现获得的。

推导方法参照(3)情况 3，亦可推知本命题成立。

(4) 切割前提 $X\vdash A$ 是使用右蕴涵规则获得的，而切割前提 $Y(A)\vdash B$ 是由左逆蕴涵或左合取或左析取或左内涵合取规则推得的。推导方法参照(3)情况 2 和情况 3，亦可推知本命题成立。

(5) 切割前提 $X\vdash A$ 是使用右逆蕴涵规则获得的，而切割前提 $Y(A)\vdash B$ 是由左逆蕴涵规则推得的。推导方法类似于(3)，亦可推知本命题成立。

(6) 切割前提 $X\vdash A$ 是使用右逆蕴涵规则获得的，而切割前提 $Y(A)\vdash B$ 是由左蕴涵或左合取或左析取或左内涵合取规则推得的。推导方法参照(3)情况 2 和情况 3，亦可推知本命题成立。

(7) 切割前提 $X\vdash A$ 是由右合取规则推得，而切割前提 $Y(A)\vdash B$ 是由左合取规则推得的。先考虑左合取规则形式 1，该切割的推导图式如下：

$$\dfrac{\dfrac{X\vdash C(\langle \text{i} \rangle\text{式}) \qquad X\vdash D(\langle \text{ii} \rangle\text{式})}{X\vdash C\wedge D(\text{右合取})} \qquad \dfrac{U,E,Z\vdash B \quad (\langle \text{iii} \rangle\text{式})}{U,E\wedge F,Z\vdash B(\text{左合取形式 1})}}{Y^1(X)\vdash B(\text{切割})}$$

其中 A 是 $C\wedge D$，而 $Y(A)=$ “$U,E\wedge F,Z$”。又可分为以下三种情况。

情况 1：$E=C$ 且 $F=D$ 且 $Y^1(X)=$ “U,X,Z”。

构建新的推导图式如下：

$$\dfrac{X\vdash C(\langle \text{i} \rangle\text{式}) \qquad U,C,Z\vdash B(\langle \text{iii} \rangle\text{式})}{U,X,Z\vdash B(\text{切割})}$$

在上述推导中，新的切割比原切割有更小的切割度。

情况 2：$U=U(C\wedge D)$ 且 $Y^1(X)=$ “$U^1(X),E\wedge F,Z$”，其中的 $U^1(X)$ 是用结构 X 取代 $U(C\wedge D)$ 中子结构 $C\wedge D$ 的某一次出现获得的。

构建新的推导图式如下：

X ⊢C(〈ⅰ〉式)　　X ⊢D(〈ⅱ〉式)

X ⊢C∧D(右合取)　　U^1(C∧D),E,Z ⊢B(〈ⅲ〉式)

U^1(X),E,Z ⊢B(切割)

U^1(X),E∧F,Z ⊢B(左合取)

在上述推导中,新的切割比原切割有更小的切割度。

情况 3：Z=Z(C∧D)且 Y^1(X)=“U,E∧F,Z^1(X)”,其中的 Z^1(X)是用结构 X 取代 Z(C∧D)中子结构 C∧D 的某一次出现获得的。

推导方法参照(7)情况 2,亦可推知本命题成立。

对于左合取规则形式 2,推导方法类似,亦可推知本命题成立。

(8) 切割前提 X ⊢A 是使用右合取规则获得的,而切割前提 Y(A) ⊢B 是由左蕴涵或左逆蕴涵或左析取或左内涵合取规则推得的。参照上述方法,亦可推知本命题成立。

(9) 切割前提 X ⊢A 是使用右析取规则获得的,而切割前提 Y(A) ⊢B 是使用左析取规则获得的,先考虑右析取规则形式 1,该切割的推导图式如下：

X ⊢C(〈ⅰ〉式)　　U,E,Z ⊢B(〈ⅱ〉式)　　U,F,Z ⊢B(〈ⅲ〉式)

X ⊢C∨D(右析取形式 1)　　U,E∨F,Z ⊢B(左析取)

Y^1(X) ⊢B(切割)

其中 A 是 C∨D,而 Y(A)=“U,E∨F,Z”。又可分为以下三种情况。

情况 1：E=C 且 F=D 且 Y^1(X)=“U,X,Z”。

构建新的推导图式如下：

X ⊢C(〈ⅰ〉式)　　U,C,Z ⊢B(〈ⅱ〉式)

U,X,Z ⊢B(切割)

在上述推导中,新的切割比原切割有更小的切割度。

情况 2: U=U(C∨D)且 Y^1(X)=“U^1(X),E∨F,Z”,其中的 U^1(X)是用结构 X 取代 U(C∨D)中子结构 C∨D 的某一次出现获得的。

构建新的推导图式如下:

X ⊢C(〈ⅰ〉式)　　　　　　X ⊢C(〈ⅰ〉式)

————　　　　　　　　　————

X ⊢C∨D(右析取)　　　　　X ⊢C∨D(右析取)

U^1(C∨D),E,Z ⊢B(〈ⅱ〉式)　　U^1(C∨D),F,Z ⊢B(〈ⅲ〉式)

————————————　　————————————

U^1(X),E,Z ⊢B(切割)　　U^1(X),F,Z ⊢B(切割)

————————————————

U^1(X),E∨F,Z ⊢B(左析取)

在上述推导中,两个新的切割都比原切割有更小的切割度。

情况 3: Z=Z(C∨D)且 Y^1(X)=“U,E∨F,Z^1(X)”,其中的 Z^1(X)是用结构 X 取代 Z(C∨D)中子结构 C∨D 的某一次出现获得的。

推导方法参照(9)情况 2,亦可推知本命题成立。

对于右析取规则形式 2,推导方法类似,亦可推知本命题成立。

(10) 切割前提 X ⊢A 是使用右析取规则获得的,而切割前提 Y(A) ⊢B 是由左蕴涵或左逆蕴涵或左合取或左内涵合取规则推得的。参照上述方法,亦可推知本命题成立。

(11) 切割前提 X ⊢A 是使用右内涵合取规则获得的,而切割前提 Y(A) ⊢B 是使用左内涵合取规则获得的,该切割的推导图式如下:

X′ ⊢C(〈ⅰ〉式)　　Y′ ⊢D(〈ⅱ〉式)　　U,(E,F),Z ⊢B(〈ⅲ〉式)

————————————　　————————

X′,Y′ ⊢C · D(右内涵合取)　　U,E · F,Z ⊢B(左内涵合取)

————————————————————

Y^1(X) ⊢B(切割)

其中 A 是 C · D,而 X=“X′,Y′”,Y(A)=“U,E · F,Z”。又可分为以下三种情况。

情况 1：$E=C$ 且 $F=D$ 且 $Y^1(X)=$“$U,(X',Y'),Z$”。

构建新的推导图式如下：

$$\dfrac{X'\vdash C(\langle\text{i}\rangle\text{式})\qquad \dfrac{Y'\vdash D(\langle\text{ii}\rangle\text{式})\qquad U,(C,D),Z\vdash B(\langle\text{iii}\rangle\text{式})}{U,(C,Y'),Z\vdash B(\text{切割})}}{U,(X',Y'),Z\vdash B\quad(\text{切割})}$$

在上述推导中，两个新的切割都比原切割有更小的切割度。

情况 2：$U=U(C\cdot D)$ 且 $Y^1(X)=$“$U^1(X',Y'),E\cdot F,Z$”，其中的 $U^1(X',Y')$ 是用结构“X',Y'”取代 $U(C\cdot D)$ 中子结构 $C\cdot D$ 的某一次出现获得的。

构建新的推导图式如下：

$$\dfrac{\dfrac{\dfrac{X'\vdash C(\langle\text{i}\rangle\text{式})\qquad Y'\vdash D(\langle\text{ii}\rangle\text{式})}{X',Y'\vdash C\cdot D(\text{右内涵合取})}\qquad U(C\cdot D),(E,F),Z\vdash B(\langle\text{iii}\rangle\text{式})}{U^1(X',Y'),(E,F),Z\vdash B(\text{切割})}}{U^1(X',Y'),E\cdot F,Z\vdash B(\text{左内涵合取})}$$

在上述推导中，新的切割比原切割有更小的切割度。

情况 3：$Z=Z(C\cdot D)$ 且 $Y^1(X)=$“$U,E\cdot F,Z^1(X',Y')$”，其中的 $Z^1(X',Y')$ 是用结构“X',Y'”取代 $Z(C\cdot D)$ 中子结构 $C\cdot D$ 的某一次出现获得的。

推导方法参照（11）情况 2，亦可推知本命题成立。

（12）切割前提 $X\vdash A$ 是使用右内涵合取规则获得的，而切割前提 $Y(A)\vdash B$ 是由左蕴涵或左逆蕴涵或左合取或左析取规则推得的。参照上述方法，亦可推知本命题成立。

所以，本命题成立。

命题 4.4.15：设系统 **GBL－D** 中贯列 $Y^1(X)\vdash B$ 是由两个前提贯列

$X \vdash A$ 和 $Y(A) \vdash B$ 运用切割规则推得的，获得 $X \vdash A$ 的推导长度为 n，获得 $Y(A) \vdash B$ 的推导长度为 m，若 $X \vdash A$ 或 $Y(A) \vdash B$ 是由结合规则获得的，则该切割可以被新的切割度相同的切割所替代，新切割的两个切割前提的推导长度之和小于 n+m。

证明：

有两种情况。

情况 1：$X \vdash A$ 是由结合规则获得的，先考虑形式 1，该切割的推导图式如下：

$$\dfrac{\dfrac{X_1,(X_2,(X_3,X_4)),X_5 \vdash A}{X_1,((X_2,X_3),X_4),X_5 \vdash A\text{（结合形式 1）}} \qquad Y(A) \vdash B}{Y^1(X_1,((X_2,X_3),X_4),X_5) \vdash B\text{（切割）}}$$

其中 X_2、X_3 和 X_4 都是非空的结构，而 $X=$“$X_1,((X_2,X_3),X_4),X_5$”。构建新的推导图式如下：

$$\dfrac{\dfrac{X_1,(X_2,(X_3,X_4)),X_5 \vdash A \qquad Y(A) \vdash B}{Y^1(X_1,(X_2,(X_3,X_4)),X_5) \vdash B\text{（切割）}}}{Y^1(X_1,((X_2,X_3),X_4),X_5) \vdash B\text{（结合或多次结合）}}$$

在上述推导中，新的切割与原切割替换的是 $Y(A)$ 中的 A 的同一次出现。新的切割与原切割有同样的切割度，新切割的两个切割前提的推导长度之和小于 n+m。

若 $X \vdash A$ 是由结合规则形式 2 获得的，用类似的方法亦可证明本命题成立。

情况 2：$Y(A) \vdash B$ 是由结合规则获得的，先考虑形式 1，该切割的推导图式如下：

$$\dfrac{X_1,(X_2,(X_3,X_4)),X_5 \vdash B}{}$$

$$\frac{X \vdash A \qquad X_1,((X_2,X_3),X_4),X_5 \vdash B(\text{结合形式 }1)}{Y^1(X) \vdash B(\text{切割})}$$

其中 X_2、X_3 和 X_4 都是非空的结构，而 $Y(A)$ = “$X_1,((X_2,X_3),X_4),X_5$”。设 $Z(A)$ = “$X_1,(X_2,(X_3,X_4)),X_5$”，构建新的推导图式如下：

$$\frac{\dfrac{X \vdash A \qquad X_1,(X_2,(X_3,X_4)),X_5 \vdash B}{Z^1(X) \vdash B(\text{切割})}}{Y^1(X) \vdash B(\text{结合形式 }1)}$$

在上述推导中，新的切割与原切割替换的是 A 的同一次出现，即在获得 $Y^1(X)$ 时，若使用了 X 对 $Y(A)$ 中的某个 $X_i(1 \leqslant i \leqslant 5)$ 的子结构 A 的某次出现作了替换，则在获得 $Z^1(X)$ 时，也需使用 X 对 $Z(A)$ 中这个 X_i 的子结构 A 的这次出现作同样的替换。新的切割与原切割有同样的切割度，新切割的两个切割前提的推导长度之和小于 n+m。

若 $Y(A) \vdash B$ 是由结合规则形式 2 获得的，用类似的方法亦可证明本命题成立。

所以，本命题成立。

定义 4.4.6：设系统 **GBL－D** 中贯列 $Y^1(X) \vdash B$ 是由两个前提贯列 $X \vdash A$ 和 $Y(A) \vdash B$ 运用切割规则推得的，获得 $Y^1(X) \vdash B$ 的推导长度称为该切割的推导长度。

命题 4.4.16（系统 **GBL－D** 的切割消除定理）：在系统 **GBL－D** 中，任何使用切割规则的推导，都可以转换为不使用切割规则的推导，即切割规则的使用都是可以消除的。

证明：

设系统 **GBL－D** 中贯列 $Z \vdash C$ 的推导使用了切割规则，而推导中使用切割规则的次数是有限的，先处理推导长度最短的切割（注：若推导长度最短的有多个切割，则处理其中的一个），设该切割的两个切割前提是 $X \vdash A$ 和

Y(A) ⊢B，切割结论是 Y^1(X) ⊢B。这时 X ⊢A 和 Y(A) ⊢B 都不是由切割推得的，有以下几种情况。

情况 1：X ⊢A 是同一公理 A ⊢A，即 X=A，则切割结论 Y^1(X) ⊢B 等同于另一切割前提 Y(A) ⊢B，该切割是可以消除的。

情况 2：Y(A) ⊢B 是同一公理 A ⊢A，即 Y(A)=A=B，则切割结论 Y^1(X) ⊢B 等同于另一切割前提 X ⊢A，该切割也是可以消除的。

情况 3：X ⊢A 或 Y(A) ⊢B 是由结合规则推得的。设获得 X ⊢A 的推导长度为 n，获得 Y(A) ⊢B 的推导长度为 m，采用命题 4.4.15 的方式，构建贯列 Z ⊢C 的新的推导，用新切割来替代该切割，新切割的两个切割前提的推导长度之和小于 n+m。

情况 4：X ⊢A 和 Y(A) ⊢B 均由联结词规则推得。采用命题 4.4.14 的方式，构建贯列 Z ⊢C 的新的推导，用切割度更小的一个或两个切割来替代该切割。

按照上述情况 1—4 的方式，继续处理贯列 Z ⊢C 的新的推导中推导长度最短的切割。鉴于任何切割的两个切割前提的推导长度之和⩾2，任何切割的切割度⩾0，不断重复这一过程，即可将获得贯列 Z ⊢C 的某个推导中的推导长度最短的切割最终消除。

注意到获得贯列 Z ⊢C 的推导中使用切割规则的次数是有限的，将推导中出现的各个切割按照推导长度从小到大排列，采用上述方法依次逐个处理，最终可消除这些切割，转换为不使用切割规则的推导。

所以，本命题成立。

定义 4.4.7：若系统 **GBL－D** 中可获得 X ⊢A，则用 d(X ⊢A)表示“X ⊢A 的联词数”，d(X ⊢A)=d(X)+d(A)，即“X 的联词数”与“A 的联词数”之和。

定义 4.4.8：设系统 **GBL－D** 中的贯列 X ⊢A 可作为结合规则的前提贯列，由 X ⊢A 出发，运用一次或多次结合规则，推得的不同于 X ⊢A 且彼此亦不相同的贯列，称为“X ⊢A 的结合变形”。对于给定的贯列 X ⊢A，它的结合变形的种类是有限的。

例 4.4.1：系统 **GBL－D** 中的贯列“B,C,D,E ⊢A”可作为结合规则的前提贯列，它的结合变形有“B,(C,D),E ⊢A”“B,C,(D,E) ⊢A”“B,(C,D,E) ⊢A”和“B,(C,(D,E)) ⊢A”。

命题 4.4.17（系统 **GBL－D** 的可判定性定理）：系统 **GBL－D** 是可判定的，即对任何结构 X 和任何公式 A，存在能行的方法，判断系统 **GBL－D** 中是否可推得贯列 X ⊢A。

证明：

设 d(X)+d(A)=n，进行归纳证明。

(1) n=0。显而易见，系统 **GBL－D** 中判定可推得 X ⊢A，当且仅当 X=A=p_i，即只有同一公理 p_i ⊢p_i（i=1,2,⋯）是可推导的，其他情况则不可推导，例如系统 **GBL－D** 中不能推得“ ⊢p_i”、“p_i ⊢p_j”（i≠j）、“p_i,p_j ⊢p_i”（i≠j）和“p_i,p_i ⊢p_i”。

(2) 设 n<k(k>0)时本命题成立，则当 n=k 时，有下列两种情况。

情况 1：X=A。这时同一公理 A ⊢A 即为 X ⊢A 的推导树，是可判定的。

情况 2：X≠A。倘若系统 **GBL－D** 中可获得贯列 X ⊢A 的推导，则由命题 4.4.16（切割消除定理）知：可构造以 X ⊢A 为底的不使用切割规则的推导树，对于推导树的每一个如下形式的分枝

α_1（同一公理）

α_2

⋮

α_m（=X ⊢A），

有以下特点：

贯列 α_i(i=1,2,⋯,m−1)中的前提公式和结论公式，都是 α_{i+1} 中的前提公式或结论公式的子公式；当 α_{i+1} 由联结词规则推出时，$d(\alpha_i)<d(\alpha_{i+1})$，当 α_{i+1} 由结合规则推出时，$d(\alpha_i)=d(\alpha_{i+1})$。

设以 $X\vdash A$ 为底的不使用切割规则的推导树中，$X\vdash A$ 或它的结合变形是由联结词规则推得的，向上回溯其推导前提。注意到 $X\vdash A$ 及其结合变形的联词数是有限的，可以推得 $X\vdash A$ 及其结合变形的联结词规则也是有限的，向上回溯的过程，也就是消除联结词的过程。对 X 和 A 中出现的联结词逐个审查，寻找可推得 $X\vdash A$ 及其结合变形的联结词规则。有以下两种情况。

情况 1：不存在这样的联结词规则。即判定系统 **GBL－D** 中不可推导 $X\vdash A$。

情况 2：存在这样的联结词规则。列出这些联结词规则，其数量是有限的，分别记作规则 R_1、…、$R_t(t\geqslant 1)$，逐个审查。先审查规则 R_1，有下列两种可能性：

可能性 1：$X\vdash A$ 或它的结合变形是由 $Y\vdash B$ 运用规则 R_1 推得的。这时 $d(Y)+d(B)<k$，由归纳假设知：系统 **GBL－D** 中是否可推导 $Y\vdash B$ 是可判定的。若 $Y\vdash B$ 可推导，则判定 $X\vdash A$ 或它的结合变形亦可推导，当结合变形可推导时，再运用结合规则即推得 $X\vdash A$，总之，都可判定 $X\vdash A$ 可推导，这时称“规则 R_1 被采用”，不再审查其余的联结词规则；若判定不可推导 $Y\vdash B$，则称“规则 R_1 不采用”，再继续审查规则 R_2。

可能性 2：$X\vdash A$ 或它的结合变形可以由 $Y\vdash B$ 和 $Z\vdash C$ 运用规则 R_1 推得的。这时 $d(Y)+d(B)<k$ 且 $d(Z)+d(C)<k$，由归纳假设知：系统 **GBL－D** 中是否可推导 $Y\vdash B$ 和 $Z\vdash C$ 是可判定的。若 $Y\vdash B$ 和 $Z\vdash C$ 都是可推导的，则判定 $X\vdash A$ 或它的结合变形亦可推导，当结合变形可推导时，再运用结合规则即推得 $X\vdash A$，总之，都可判定 $X\vdash A$ 可推导，这时称“规则 R_1 被采用”，不再审查其余的联结词规则；若判定不可推导 $Y\vdash B$ 或判定不可推导 $Z\vdash C$，则称“规则 R_1 不采用”，再继续审查规则 R_2。

重复上述过程，若规则 $R_i(2\leqslant i\leqslant t-1)$ 不采用，再继续审查规则 R_{i+1}。若某个规则 R_i 被采用，即表明 $X\vdash A$ 可以用该规则推出，是可判定的，不再审查其余的联结词规则。当规则 R_1、…、R_t 都不采用时，则判定系统 **GBL－D** 中不可推导 $X\vdash A$。

所以，系统 **GBL－D** 是可判定的。

例 4.4.2：设系统 **GBL－D** 中的结构 X＝“q，p←q”，公式 A 是 $q \wedge r \rightarrow (p \vee q) \cdot r$，判定是否可推得贯列 X ⊢A。

解：

注意到 X≠A。倘若系统 **GBL－D** 中可获得贯列 X ⊢A 的推导，设以 X⊢A 为底的不使用切割规则的推导树中，X ⊢A 是由联结词规则推得的（X ⊢A 没有结合变形），向上回溯其推导前提。可推导 X ⊢A 的联结词规则有：左逆蕴涵和右蕴涵规则。

首先审查推导 X ⊢A 的左逆蕴涵规则，有两种可能的图式。图式 1 如下：

$$\frac{\vdash q \qquad q, p \vdash q \wedge r \rightarrow (p \vee q) \cdot r}{q, p \leftarrow q \vdash q \wedge r \rightarrow (p \vee q) \cdot r}$$

注意到不能推得 ⊢q，所以图式 1 不采用。

图式 2 如下：

$$\frac{q \vdash q \qquad p \vdash q \wedge r \rightarrow (p \vee q) \cdot r}{q, p \leftarrow q \vdash q \wedge r \rightarrow (p \vee q) \cdot r}$$

注意到 q ⊢q 可推导，而可推导 p ⊢A 的联结词规则只有右蕴涵规则，图式如下：

$$\frac{p, q \wedge r \vdash (p \vee q) \cdot r}{p \vdash q \wedge r \rightarrow (p \vee q) \cdot r}$$

令结构 Y＝“p，q∧r”，公式 B 是 $(p \vee q) \cdot r$，可推导 Y ⊢B 的联结词规则有：左合取规则形式 1、形式 2 和右内涵合取规则。

先审查推导 Y ⊢B 的左合取规则形式 1，图式如下：

$$\frac{p, q \vdash (p \vee q) \cdot r}{p, q \wedge r \vdash (p \vee q) \cdot r}$$

令结构 Z＝“p，q”，可推导 Z ⊢B 的联结词规则只有右内涵合取规则，图式如下：

$$\frac{p \vdash p \vee q \qquad q \vdash r}{p, q \vdash (p \vee q) \cdot r}$$

注意到不能推得 q ⊢r,所以推导 Z ⊢B 的右内涵合取规则不采用,进而知推导 Y ⊢B 的左合取规则形式 1 亦不采用。

再审查推导 Y ⊢B 的左合取规则形式 2,图式如下:

$$\frac{p, r \vdash (p \vee q) \cdot r}{p, q \wedge r \vdash (p \vee q) \cdot r}$$

令结构 U="p,r",可推导 U ⊢B 的联结词规则只有右内涵合取规则,图式如下:

$$\frac{p \vdash p \vee q \qquad r \vdash r}{p, r \vdash (p \vee q) \cdot r}$$

注意到 r ⊢r 可推导,而可推导 p ⊢p∨q 的联结词规则有:右析取规则形式 1 和形式 2。易见采用右析取规则形式 1,从同一公理 p ⊢p 出发可推得 p ⊢p∨q。所以,推导 U ⊢B 的右内涵合取规则被采用,进而知推导 Y ⊢B 的左合取规则形式 2、推导 p ⊢A 的右蕴涵规则和推导 X ⊢A 的左逆蕴涵规则图式 2 亦被采用,由此判定系统 **GBL－D** 中 X ⊢A 可推导。

上述以 X ⊢A 为底,向上回溯其推导前提的过程,构建了如下的推导树:

$$\cfrac{\cfrac{\cfrac{p \vdash p}{p \vdash p \vee q\text{(右析取形式 1)} \qquad r \vdash r}}{p, r \vdash (p \vee q) \cdot r\text{(右内涵合取)}}}{p, q \wedge r \vdash (p \vee q) \cdot r\text{(左合取形式 2)}}$$

$q \vdash q$ $\qquad$ $p \vdash q \wedge r \rightarrow (p \vee q) \cdot r$（右蕴涵）

$$\frac{q \vdash q \qquad p \vdash q \wedge r \rightarrow (p \vee q) \cdot r}{q, p \leftarrow q \vdash q \wedge r \rightarrow (p \vee q) \cdot r}$$

$q, p \leftarrow q \vdash q \wedge r \rightarrow (p \vee q) \cdot r$（左逆蕴涵）

例 4.4.3：设系统 **GBL－D** 中的结构 X＝"p∧q，(p，q∨p)"，公式 A 是 q·p，判定是否可推得贯列 X⊢A。

解：

注意到 X≠A。倘若系统 **GBL－D** 中可获得贯列 X⊢A 的推导，设以 X⊢A 为底的不使用切割规则的推导树中，X⊢A 及其结合变形是由联结词规则推得的，向上回溯其推导前提。注意到 X⊢A 的结合变形只有一种，记作 X′⊢A，其中的 X′＝"p∧q，p，q∨p"。

（1）可推导 X⊢A 的联结词规则有：左合取规则形式 1、形式 2 和右内涵合取规则。

① 先审查推导 X⊢A 的左合取规则形式 1，图式如下：

$$\frac{p, (p, q \vee p) \vdash q \cdot p}{p \wedge q, (p, q \vee p) \vdash q \cdot p}$$

令结构 Y＝"p，(p，q∨p)"，可推导 Y⊢A 的联结词规则只有右内涵合取规则，图式如下：

$$\frac{p \vdash q \qquad p, q \vee p \vdash p}{p, (p, q \vee p) \vdash q \cdot p}$$

但不能推得 p⊢q，所以推导 Y⊢A 的右内涵合取规则不采用。

注意到 Y⊢A 的结合变形只有一种，记作 Y′⊢A，其中的 Y′＝"p，p，q∨p"。可推导 Y′⊢A 的联结词规则有：左析取规则和右内涵合取规则。

先审查推导 Y′⊢A 的左析取规则，图式如下：

$$\frac{p, p, q \vdash q \cdot p \qquad p, p, p \vdash q \cdot p}{p, p, q \vee p \vdash q \cdot p}$$

令结构 Z＝"p，p，q"，可推导 Z⊢A 的联结词规则只有右内涵合取规则，图式如下：

$$\frac{p,p\vdash q\qquad q\vdash p}{p,p,q\vdash q\cdot p}$$

但不能推得 q ⊢p，所以推导 Z ⊢A 的右内涵合取规则不采用。

注意到 Z ⊢A 的结合变形只有一种，记作 Z′ ⊢A，其中的 Z′ = “p，(p，q)”。可推导 Z′ ⊢A 的联结词规则只有右内涵合取规则，图式如下：

$$\frac{p\vdash q\qquad p,q\vdash p}{p,(p,q)\vdash q\cdot p}$$

但不能推得 p ⊢q，所以推导 Z′ ⊢A 的右内涵合取规则不采用，进而知推导 Y′ ⊢A 的左析取规则不采用。

再审查推导 Y′ ⊢A 的右内涵合取规则，图式如下：

$$\frac{p,p\vdash q\qquad q\vee p\vdash p}{p,p,q\vee p\vdash q\cdot p}$$

但不能推得“p，p ⊢q”，所以推导 Y′ ⊢A 的右内涵合取规则亦不采用，进而知推导 X ⊢A 的左合取规则形式 1 不采用。

② 再审查推导 X ⊢A 的左合取规则形式 2，图式如下：

$$\frac{q,(p,q\vee p)\vdash q\cdot p}{p\wedge q,(p,q\vee p)\vdash q\cdot p}$$

用上述①类似的方法可推知：推导 X ⊢A 的左合取规则形式 2 不采用。

③ 最后审查推导 X ⊢A 的右内涵合取规则，图式如下：

$$\frac{p\wedge q\vdash q\qquad p,q\vee p\vdash p}{p\wedge q,(p,q\vee p)\vdash q\cdot p}$$

可推导 p∧q ⊢q 的联结词规则有：左合取规则形式 1 和形式 2。其中的形式 2 是：由 q ⊢q 出发推出 p∧q ⊢q，推导成立。

令结构 U=“p,q∨p”，可推导 U ⊢p 的联结词规则只有左析取规则，图式如下：

$$\frac{p,q\vdash p \qquad p,p\vdash p}{p,q\vee p\vdash p}$$

但不能推得“p,q ⊢p”，于是亦不能推得 U ⊢p，进而知推导 X ⊢A 的右内涵合取规则亦不采用。

上述①—③表明：X ⊢A 不能由联结词规则推得。

（2）可推导 X′ ⊢A 的联结词规则有：左析取和右内涵合取规则。用类似的方法可推知：推导 X′ ⊢A 的这两条规则都不采用，即 X′ ⊢A 亦不能由联结词规则推得。

所以，由（1）（2）判定：系统 **GBL－D** 中不能推得贯列 X ⊢A。

命题 4.4.18（系统 **BL－D** 的可判定性定理）：正结合演算系统 **BL－D** 是可判定的。

证明：

由命题 4.4.13 知：正结合演算结构推理系统 **BL－D** 等价于系统 **GBL－D**。又由命题 4.4.17 知：系统 **GBL－D** 是可判定的。所以系统 **BL－D** 也是可判定的。

参考文献

[1] [Anderson and Belnap, 1975] Anderson, A. R. and Belnap, N. D. Jr., ***Entailment*: *The Logic of Relevance and Necessity* , *Vol.* Ⅰ**, Princeton University Press, 1975.

[2] [Brady, 2003] Brady, R.T.(ed), ***Relevant Logics and their Rivals*, *Vol.* Ⅱ**, Ashgate Publishing Limited, 2003.

[3] [Dunn and Restall, 2002] Dunn, J. M. and Restall, G., "**Relevance Logic**", in D. M. Gabbay and F. Guenthner(eds), ***Handbook of Philosophical Logic*, *2nd Edition*, *Vol.6***, Kluwer Academic Publishers, 2002, pp.1 – 128.

[4] [Goble, 2003] Goble, L., "**Neighborhoods for Entailment**", ***Journal of Philosophical Logic 32***, 2003, pp.483 – 529.

[5] [Hamilton, 1978] Hamilton, A.G., ***Logic for Mathematicians***, Cambridge University Press, 1978.

[6] [Kripke, 1965] Kripke, S.A., "**Semantical Analysis of Intuitionistic Logic I**", in J. Crossley and M. Dummett (eds.) ***Formal Systems and Recursive Functions***, North-Holland, Amsterdam, pp.92 – 129.

[7] [Lambek, 1958] Lambek, J., "**The Mathematics of Sentence Structure**", ***American Mathematical Monthly***, **65**, 1958, pp.154 – 170.

[8] [Mares, 1997] Mares, E. D., "**Relevant Logic and the Theory of Information**", ***Synthese 109***, 1997, pp.345 – 360.

[9] [Restall, 2000] Restall, G., ***An Introduction to Substructural Logics***, Routledge, 2000.

[10] [Routley *et al.*, 1982] Routley, R., Plumwood, V., Meyer, R.K., and Brady, R. T., ***Relevant Logics and their Rivals*, *Vol. I***, Ridgeview Publishing Company, 1982.

[11] [Schroeder-Heister & Došen, 1993] Schroeder-Heister, P. & Došen, K., eds., ***Substructural Logics***, Clarendon Press, Oxford, 1993.

[12] [Szabo, 1969] Szabo, M.E. (ed), ***The Collected Papers of Gerhard Gentzen***, Horth-Holland, 1969, pp.68 – 131.

[13] [冯棉,1989]冯棉:《经典逻辑与直觉主义逻辑》,上海人民出版社,1989年。

[14] [冯棉,2010]冯棉:《相干逻辑研究》,华东师范大学出版社,2010年。

[15] [冯棉,2011]冯棉:《一类命题逻辑的一般弱框架择类语义》,《逻辑学研究》2011年第2期,第20—34页。

[16] [刘东宁等,2008]刘东宁、汤庸:《自然语言时态句型的模态 Lambek 演算》,《逻辑学研究》2008年第3期,第51—65页。

符号表

编排的顺序：逻辑与集合论符号，英文与希腊文符号，标示了本书中第一次出现该符号的页码和符号的定义页码。

逻辑与集合论符号：

¬（否定）前言 2,1

∧（合取）前言 2,1

∨（析取）前言 2,1

→（蕴涵）前言 2,1

←（逆蕴涵）141

↔（等值）1

·（内涵合取，亦称“合成”）65,141

†（内涵析取）65

,（二元标点“逗号”）2

⊢（推断符号，X ⊢A 意为“以 X 为前提可推出 A”，⊢A 意为“A 是内定理”，Γ ⊢A 意为“Γ可推演 A”，A ⊢B 意为“A 可推演 B”）前言 4,3,6,17,18,81,164

⊨（语义有效，⊨A 意为“A 是有效的”，X⊨A 意为“X 可有效地推导 A”）48,104,181

|⇒（递推，Γ|⇒A 意为“公式集Γ递推公式 A”）55

⇒（语义蕴涵）176

⇐（逆语义蕴涵）176

○（语义合成）176,177

∈（属于）17

∉（不属于）59

⊂（真包含）19

⊆（包含）17,19

∪（并）18,128

英文与希腊文符号：

索　引

以汉语拼音为序,标示了本书中第一次出现该术语的页码和术语的定义页码。

F

G

H

J

L

M

N

W

X

Y

初版后记

本书完稿于台湾大学客座公寓。2013 年下半年，应台湾大学哲学系彭孟尧教授的邀请，携夫人出访，担任台大客座教授，授课之余，加紧写作。台大浓厚的学术氛围，良好的工作与生活环境，为静心研究创造了条件，在此一并向彭教授致谢。

2015 年于上海

综合医院项目
全过程管理与实践

惠守江　房　海　卢彬彬　主　编

刘　文　周光辉　于　强　副主编

中国建筑工业出版社

图书在版编目（CIP）数据

综合医院项目全过程管理与实践 / 惠守江，房海，卢彬彬主编；刘文，周光辉，于强副主编 . —北京：中国建筑工业出版社，2023.11

ISBN 978-7-112-29179-3

Ⅰ . ①综…　Ⅱ . ①惠…　②房…　③卢…　④刘…　⑤周…　⑥于…　Ⅲ . ①医院－建筑工程－工程项目管理　Ⅳ . ①TU246.1

中国国家版本馆 CIP 数据核字（2023）第 180911 号

责任编辑：张智芊
责任校对：芦欣甜

综合医院项目全过程管理与实践
惠守江　房　海　卢彬彬　主　编
刘　文　周光辉　于　强　副主编

*

中国建筑工业出版社出版、发行（北京海淀三里河路 9 号）
各地新华书店、建筑书店经销
华之逸品书装设计制版
河北鹏润印刷有限公司印刷

*

开本：787 毫米 ×1092 毫米　1/16　印张：21½　字数：397 千字
2024 年 1 月第一版　　2024 年 1 月第一次印刷
定价：**98.00** 元

ISBN 978-7-112-29179-3
（41903）

本书编委会

主　任：徐鹏强

副主任：朱九洲

委　员：房　海　吴　杰　惠守江　孟宪礼　王建波　杨成国　刘　文

主　编：惠守江　房　海　卢彬彬

副主编：刘　文　周光辉　于　强

编　委：张　炜　刘志伟　付光文　白云星　刘德远　孟庆辉　王　尊
潘修君　孙勇勇　武　峰　郭宝生　何伟强　张　超　戴　戈
马海良　孙风林　张春娟　彭　娟　杨春辉　陈　鹏　黑玉强
贾钦文　耿慧茹

目录

CONTENTS

第一编　绪论

第二编　建设流程

第三编　项目管理

第一编

绪论

本部分对医院建设进行全景式介绍。首先从医学模式发展角度介绍医院建筑的形态，然后介绍医院建设的发展历程，接着从利益相关者角度介绍医院建设工程项目的组织方式，以及医院建设管理模式。

第一章　医学模式与医院建筑

医学模式是人们对社会的某一发展阶段医学形态的总体概括和看法。其大体经历了经验医学模式、实验医学模式、现代生物医学模式等发展阶段[①]。特别是在现代生物医学模式下，医院建筑与医疗技术、建筑技术的结合更加紧密，成为生物、心理、社会的整体医学模式。为适应现代医学模式的特点，医院建筑必须体现社会伦理依据，体现为医学伦理、建筑伦理和经济伦理的综合体；在建筑形态上也体现了伦理观念和医学模式的变化。

本章从医院建筑伦理和医学模式的角度，阐述医院建筑形态的流变。

第一节　医院建筑伦理

医院建设需要遵循建筑伦理、医学伦理和经济伦理。建筑不仅是具体的实物，也在一定程度上反映了当时社会发展的客观情况，医院建筑应当反映所在特定地域和城市的独特精神风貌；当代医学也逐步从"生物医学"理念转向"社会医学"发展，医学伦理体现为"技术为本"向"人文关怀"的转型，"以人为本"视角下的医学建筑，是生命得到救治和身心得到呵护的综合场所；经济伦理视角下的医院建筑主要是从医院收益与道德、公平与效率和医院作为营利性机构的社会责任三个角度去研究。

本小节从建筑伦理、医学伦理和经济伦理三个角度阐述医院建筑的核心理念。

① 罗运湖．现代医院建筑设计 [M]. 北京：中国建筑工业出版社，2002.

一、建筑伦理下的医院建筑

建筑不仅是具体的实物，也在一定程度上反映了一个地区在特定时空维度下的社会发展情况，这也就将建筑的意义和价值从实物本体延伸至社会精神，产生了“建筑伦理”这一理念。在西方建筑理论史中，古罗马时代维特鲁威在《建筑十书》中提出“坚固”“实用”与“美观”的建筑三原则，一直被奉为建筑的核心价值原则，流传至今，影响深远。

“坚固”原则在建筑伦理中最重要的内涵是，房屋能够保持安全、稳固、耐用。“处于技术层面的建筑之坚固，在一系列自然和人为的各种灾害面前，具有很重要的与安全相联属的物质保证性意义。”维特鲁威说：“若稳固地打好建筑物的基础，对建筑材料做出慎重的选择而又不过分节俭，便是遵循了坚固的原则。”[①] 可见，他在当时的建筑技术条件下，重视的是从地基和建筑材料两方面保证建筑的坚固和耐久，现代建筑具有更高程度的复杂性，特别是具有特殊功能的医院建筑，更加重视建筑本身的坚固性、配套设施的安全、医疗设备的耐用。

医院建筑特别强调实用性。维特鲁威认为，“实用的原则就是在空间布局设计时不出错，没有障碍，空间类型配置的方向适合、恰当和舒适”。因此，建筑在使用上的便利性、适宜性和舒适性就是医院建筑强调的实用性。对医院建筑而言，其“实用性”可能比“坚固”“美观”处于更重要、更应优先考虑的位置，这便对医院建筑的实用性提出了要求：既要兼顾满足病患医疗需求，又要兼顾医院各部门之间的效率。传统的医院建筑在布局时缺乏思考，往往仅考虑医生的需求和患者普通日常就诊需要，对就诊人流量、医院各部门之间的配合程度等问题缺乏足够关注，导致医院就医体验差、管理效率低。

新冠疫情的暴发让我们看到传统医院的弊端，人流量的暴增可能导致医院运营瘫痪，因此，医院在进行建筑设计时，需要考虑到医院特殊时期的就诊人流量，使建筑在保证基本功能的同时，也要考虑病患的舒适程度，符合建筑伦理的“人本原则”。疫情期间，随着患者人数的增长，许多医院运行艰难，设备、物资、病房都出现了紧张状况，因此，在医院建设过程中，需要考虑医疗设备和物资储备室，同时也要有储备病房和床位，以便在公共卫生事件暴发时能够有一定的缓冲能力。

① 秦红岭 . 论建筑伦理的基本原则 [J]. 伦理学研究，2015（6）：92-96.

医院建筑要考虑各部门的配合度。病患得病的轻重缓急程度不同，针对病情较为严重的病患，需要去不同科室就诊。在建筑设计的过程中，根据就近原则把这些科室放到一起，合理安排所有科室，以便病危患者能够尽快就诊。

医院建筑最基本的要求是功能合理、结构安全，医院建筑审美价值也以此为基础。建筑的美感体现在功能与构造相适应，在追求纯粹美感的同时，也应该考虑物质性的实用功能和构造的技术。建筑伦理的要求是遵循建筑的基本物理规律，注重功能的有效性和构造的合理性。

二、医学伦理下的医院建筑

医学伦理是指运用一般伦理学原理和主要准则，解决医学实践中人与人之间、医学与社会之间、医学与生态之间的道德问题。随着医疗技术和社会心理的发展，医学伦理关注的重点由以前的“技术”转向现在的“人文关怀”，当代医学也逐步从“生物医学”理念转向“社会医学”。医院的服务对象是人，“为人造物”，医院建筑要彰显“以人为本”的理念，就要在建设过程中考虑整体设计和布局，除了满足医院作为公共医疗服务场所的基本需求，还要注重医院的人文关怀，不仅将医院打造成一个实用、优质和人性化的医疗卫生服务场所，更要为病患提供更便捷和更优质的服务。医院建筑中“以人为本”的理念主要体现在以下三个方面。

第一，以病患为中心。医院建筑在建设过程中要注重病患的情感需求以及就诊人员活动科学合理的设计，充分体现人文关怀。比如结合医院的诊疗程序，科学布局诊疗室；结合医疗设备的使用需要进行合理的布局；医院还应该将门诊部科室进行分类，将不同科室设置在不同的楼层，从而为医疗活动的顺利开展提供便利，使得医院建筑设计能满足病人就诊的需要[①]。

第二，关照病患家属。家属不仅要陪伴病患，也是病患的感情需要。比如，在设计医院的过程中须考虑一些公共区域，如为住院部规划充足的空间，以便为病患家属看护病人放置床位提供空间。

第三，满足医护人员的休息需要。在设计医院的时候，要考虑到医务人员的工作和休息需要。工作诊室要保证阳光充足，医护人员为了照顾病人，经常会值班，无法休息，所以必须要给医护人员提供休息空间，让她们能够在忙碌中得到

① 赵妆凝，李坤．医院以人为本的建筑设计理念探讨 [J]. 建材与装饰，2019（26）：118-119.

放松。对于医院的下班职工，也应提供一定的休息场所，方便放置职工的个人物品或者给职工休息。除此之外，还要为医护人员提升专业技能和内部交流提供场所，所以还要设置会议室、演示室和研讨室。

随着建筑材料以及医疗设备的更新，医院建筑也进入了新的阶段。许多学者对此进行了探究，比如病房容纳的适宜人数，医院管理方式，医院诊断流程优化等。为医院建筑的人性化发展做出了巨大的贡献。科技与社会的进步带动着医疗卫生事业的发展，人们的健康也有了保证。

三、经济伦理下的医院建筑

经济伦理考量的是经济制度、经济体制、经济政策、经济决策、经济行为的伦理合理性。亚当·斯密在《国富论》中阐述了“经济人”在满足自身利益的经济活动中使整个社会福利增加的过程。这表明，经济活动背后是由道德原则支撑的，因此，经济伦理是经济与道德、效率与公平的权衡。

医院作为一种营利性社会机构，其经济伦理一般指其营利目标与社会责任之间的关系。医院建筑的经济伦理，主要体现在绿色建筑、质量责任、公共利益维护等方面。医院建筑在设计、建造、使用、运营维护的过程中，采用绿色设计、绿色建材、绿色建造技术，以短期高投入获得长期使用，成本下降，以建筑的绿色投入获得社区和环境的可持续发展；医院建筑的质量责任主要体现在前期设计方案选择、施工方选择、设施设备供应商选择上，愿意通过合理的投资规模、完善的项目管理，在工程成本和质量之间实现平衡，切实承担工程质量责任；在公共利益维护方面，医院在保证正常稳定运营的前提下，基于特定社会需求，对于保障公共卫生、医疗服务品质以及履行公益事业职能和其他实现社会效益提升等所承担的责任[①]。我国大部分医院是公立医院，公立医院是政府实行社会福利政策的重要载体，旨在救死扶伤、防病治病，以维护人民群众的生命健康权益。因此，医院不仅仅以营利为目的，还具有明显的社会公益性质[②]。“社会责任”来源于企业中的社会责任，在医疗领域，社会责任是不同于企业的，要求医院不应只

① 王青，付晓燕，杨磊，等. 基于层次分析法构建中医医院社会责任评价指标体系 [J]. 行政事业资产与财务，2020（14）：1-5.

② 王忠信，蒋帅，等. 战略规划背景下大型综合医院社会责任体系建设探讨 [J]. 中国医院管理，2021，41（7）：22-25.

考虑自身的经济发展，还要考虑其他利益相关者的利益。

第二节　医学模式与医院建筑

从技术角度看，医学发展经历了经验医学、实验医学和现代生物医学三种模式，这三种不同的医学模式带来了医院建筑形态上的显著差别。在经验医学模式下，医院是宗教、慈善等社会活动的附属品，医院建筑往往体现浓厚的宗教色彩；在实验医学模式下，专业分工、集体协作成为近代医院的基本特征，反映在建筑上则是分科、分栋的分离式布局，医院建筑逐渐形成一种独立的建筑类型受到社会的重视①；在现代生物医学模式下，医院组织结构呈现明显的分科化，功能模块分化显著，并带来医院建筑集中化。随着医学哲学越来越注重“以人为本”的思想，现代医学模式开始向生物—心理—社会医学模式演变，现代医院强调综合治疗，不仅从生物学角度，而且从心理学、社会学以及建筑、环境、设备等方面为病人创造良好的整体医学环境。从现代医院的组成上看，大多是医疗、教学、科研三位一体的医疗中心，而且组成内容日益复杂，专业化、中心化倾向更为明显。使得医院的管理更为复杂，从而要求各项医疗服务具有严格的计划性和各方面的协调配合，对医院建筑设计也提出了更高的灵活性、适应性要求②。

本节分别介绍经验医学模式下的医院建筑、实验医学模式下的医院建筑、现代生物医学模式、生物—心理—社会医学模式下的医院建筑，着重阐述经验医学模式在不断转型的过程中带来的医院建筑形态的变化。

一、经验医学模式下的医院建筑

早在商代甲骨文中，就记载了许多疾病和医药。据《史记纲鉴》记载，“神农尝百草，始有医学”，古人类在生存斗争的过程中，经过不断的实践，利用锐利的砭石排脓放血，经验医学从此开始。

①《建筑师》编辑部．建筑师 [M]. 北京：中国建筑工业出版社，1988.

② 罗运湖．现代医院建筑设计 [M]. 北京：中国建筑工业出版社，2002.

1. 我国古代医院的发展

我国古代医院的发展可分以下四个时期：

（1）古代医院最早雏形。《周礼政要考医》："博徵天下名医，以为太医院。"《周书五会篇》：周成王在成周大会会场旁设立"为诸侯有疾病者之医药所居"的场所①。春秋初期出现古代医院：公元前七世纪，齐国管仲在首都临淄建立"养病院"。《管子入国篇》："凡国都皆有掌养疾，聋盲喑哑跛躄偏枯握递，不耐生者，上收而兼之疾，官而衣食之，殊身而后之。"

（2）秦汉到南北朝：西汉元始二年，因黄河一带旱灾，瘟疫流行，皇帝刘衎选了适中的地方，较大屋子，安排医生和药物，免费为老百姓治病，这是中国历史上第一个公立的临时传染病医院②。北魏太和二十一年，孝文帝在洛阳设立"别坊"，派遣医生，购备药物，为贫穷病者行医，还收容麻风病人。北魏宣武帝永平三年南安王选了适中地方，宽敞房屋，派医生，备药品，集中病人治疗，这是最早的公立慈善医院。西晋时设医署管理医政兼医疗。东晋及南朝各代，太医署隶属门下省，相沿 200 多年。北齐时改革医政，创立分管体制：太常寺管太医署、门下省管尚药局。

（3）隋、唐、宋时期：医学史上最早由国家开办的医学院是隋朝的"太医署"，成为世界医学史上最早的医学校。《旧唐书》记载，隋代太医署既是当时最高医学教育机构，又担负一定的医疗职能。隋代，医院称为"病人坊"。唐朝，医院称为"病坊"，大多设在庙宇里，长安、洛阳及其他各州都有设立。唐开元二十二年（公元 734 年），设有"患坊"，布及长安、洛阳等地；还有悲日院、将理院等机构，用于收容贫穷的残疾人和乞丐等。

如图 1-1 所示为中国历史上第一家公私合办医院，苏东坡创办的安乐坊；如图 1-2 所示为公元 1229 年宋平江府正式命名的医院。

（4）元、明、清时期：元朝医政管理兼医疗机构称为太医院。几乎各县一所医院，均叫"惠民药局"。大元建都北京，为适应部分人的医疗需要，于 1270 年成立"广惠司"，聘用阿拉伯医生用西药治病，是我国最早的西医医院。元、明、清太医院作为全国性医政兼医疗的中枢机构，延续七百多年。

除寺庙和官办医院外，还有私人经营的药房诊所，如三国时，吴国人董奉经

---

① 葛惠男 . 现代中医医院建设与中医学发展关系的战略思考 [J]. 江苏中医药，2009，41（8）：1-3.

② 万学红，姚巡，卿平 . 临床医学导论 [M]. 成都：四川大学出版社，2011.

图 1-1　中国历史上第一家公私合办医院，苏东坡创办的安乐坊

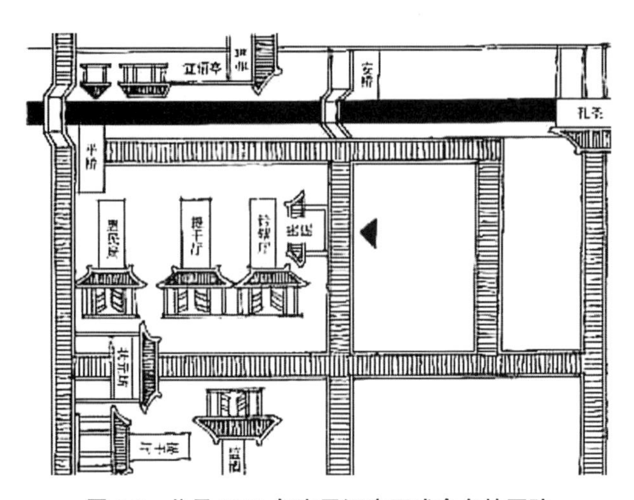

图 1-2　公元 1229 年宋平江府正式命名的医院

营的“杏林”医舍；在清明上河图中，描绘了宋代开封府赵太丞家的药店诊所，名医坐堂、应诊者众、门庭若市的情景[①]（图 1-3）。

2. 国外医院建筑的发展

国外医院建筑的发展大致经历了四个时期，分别是中世纪以前、中世纪、16—19 世纪以及 20 世纪。各个时期的医院结构、功能、医疗技术水平特征不一，在总体上，医院建设、医疗水平渐趋成熟。

古希腊、罗马医学是西方医学的基础。古希腊的经验医学于公元前 4—6 世纪形成；而罗马医学是在希腊医学的基础上形成的，重视解剖学。古代医院在国

① 罗运湖 . 现代医院建筑设计 [M]. 北京：中国建筑工业出版社，2002.

图 1-3　清明上河图局部所示宋代赵太丞诊所

外的形式多为传播宗教的慈善机构，印度比较著名的医院是公元前 473 年的锡兰医院和公元前 226 年的阿育王医院。医院在欧洲的传教手段是设立基督教会，如公元 452 年，有上帝旅馆之称的法国里昂医院，到 1016 年，该院已发展成为封闭的庭院式建筑。9 世纪时，欧洲建立了许多与寺院相连的医院，供长途朝拜的善男信女食宿医疗之用，形成了医院、旅馆、寺庙三位一体的多功能建筑。

中世纪以前，西方治病的场所与宗教机构相联系，治疗病人、提供医疗服务的机构多为一些庙宇。公元前 3 世纪，古罗马出现了军医院，随着时间的推移，这些医院由最初的营帐变成了永久性医疗房舍，内部设置病房、娱乐区、浴室、药房和护理室（图 1-4）。到了公元 1 世纪时，基督教诞生了。基督教行使慈善职能的机构是修道院，所以医院通常设在修道院内，在接待生病的朝圣者外，

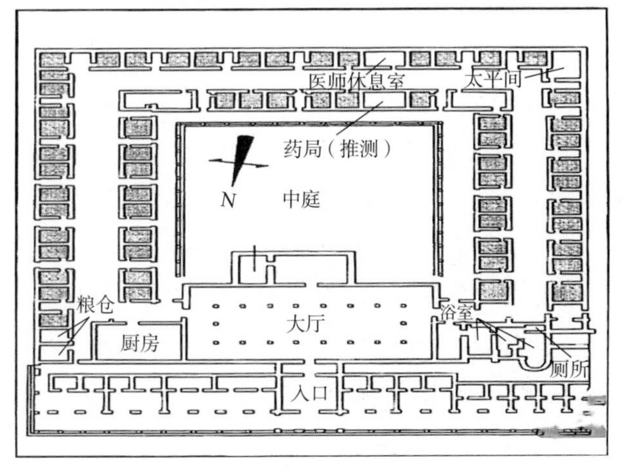

图 1-4　古罗马的军医院平面图

也收容一些流浪者、乞丐、老人、孤儿，以及一般病人、残疾人和精神病人。因此，当时的修道院医院实际上是客栈、收容、济贫和医疗机构的混合体，被称为"hospitality-infir-mary unit"。

16—19 世纪，欧洲医院的功能发生了改变，医院已不仅仅是以护理、收容为主的慈善机构。16 世纪解剖学的创立、17 世纪血液循环的发现以及 17 世纪、18 世纪西顿·哈姆（Thomas Sydenham，1624—1689 年）和布尔·哈夫（Hermann Boer-haave，1668—1738 年）在病史采集、临床观察和临床教学方面的贡献，使医院被赋予了新的含义：医院是一个可以应用科学的地方，可以观察疾病，可以教育学生的地方。18 世纪，欧洲大陆最重要的医院是维也纳，该院分为 6 个内科部、4 个外科部和 4 个临床部。临床部用于教学，有 86 张床，分内科、外科和眼科。医院的管理者为一名院长、一名副院长和一名负责教学的医生。医院有内科医生 6 名、外科医生 3 名、助理内科医生 13 名、助理外科医生 7 名，这种等级制度是按照法令建立的。

到了 20 世纪，随着医院技术建设的逐渐成熟，医院管理逐渐受到重视。20 世纪初，美国成立了医院资格鉴定联合委员会，开始了长达 34 年的医院标准化运动，对医院工作质量制定了标准。1979 年，美国又成立了全国质量保证委员会，专门对管理性保健组织医疗机构的医疗质量进行评价，美国还通过医疗质量报告卡制度甚至公共媒体向外界公布各个医院的医疗质量情况。1991 年，英国开始成立国家卫生服务系统（NHS）的医疗专业公司，第一批成立了 57 家。到了 1993 年，英国最大的盖氏医院和圣·托马斯医院（图 1-5）也合并到了 NHS 的医院专业公司。到了 1995 年，英国所有的卫生保健服务都由 NHS 的医院专业公

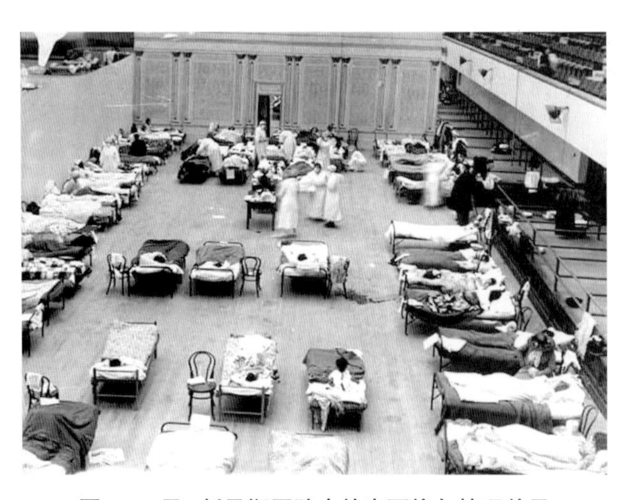

图 1-5　圣·托马斯医院内的南丁格尔护理单元

司提供。全民免费医院服务模式在英国医疗机构的国家统一管理下开始实现。但依旧未解决医疗服务的及时性问题，尤其是医院服务，非急诊病人的住院和手术需要长时间等候。这种问题在欧洲其他卫生保健覆盖面广的国家也同样存在。

纵观国外医院发展历程，中世纪前医院的主要形式是庙宇，不是现代意义上的医院；这个时期的医院几乎完全被基督教控制着；军队医院在历次战争中发挥了重要作用，对普通医院的发展也产生了积极影响；17 世纪后，基督教对医院的影响逐渐减弱，这个时期的世俗医院也得到了发展；到了 19 世纪，科学技术对医院的发展产生了重要影响，此时医院的功能开始从社会功能向医疗功能转变，医院成为集医、教、研于一体的临床机构；进入 20 世纪，医院技术建设逐渐成熟，但此时，社会经济问题又成为需要解决的重要课题。

二、实验医学模式下的医院建筑

14 世纪中期，被称为"黑死病"的鼠疫席卷整个欧洲，面对"黑死病"，教廷和旧医学体系无力抵抗，破除了人们对于中世纪以来对以教廷为主导的医疗体系的迷信，医学从哲学、宗教进一步分离出来，向着专业化的方向迈进了一大步。"黑死病"成为西方医学的分水岭。

15—16 世纪，随着资本主义的萌芽和发展，意大利的"文艺复兴"、德国的"宗教改革"推动了医学的复兴运动。安德烈·维萨留斯（Andreas Vesalius）完成了《人体的构造》，标志着建立在实验基础上的近代医学的诞生[①]。

17 世纪初，显微镜的发明和使用，对人体细微构造的认识有了很大进步，医学基础研究深入到了生理学的领域，为医学走上实验科学的道路奠定了基础。

医疗技术在这一时期也出现了空前繁荣的创新。输血、消毒、灭菌术、麻醉术、近代护理、X 光和心电检查等不断出现，手术治疗取得了划时代的进展。这一时期，各科室之间分工协作的近代医院形式出现，实现了专业分科和医护分工，形成了人员、设备按专业归口集中。近代医院建筑多采取分科分栋的分离式布置，为的是控制疾病传染，如巴黎的拉丽波瓦西埃医院（图 1-6），其平面有 10 个翼形尽端，并以廊连通，形成内院，前面是办公、药房、厨房；后面是手术、洗衣、教学，6 栋病房可容纳 606 张床，规模较大，其在分立式布局的基础

① 孙希磊 . 基督教与中国近代医学教育 [J]. 首都师范大学学报（社会科学版），2008（S2）：133-137.

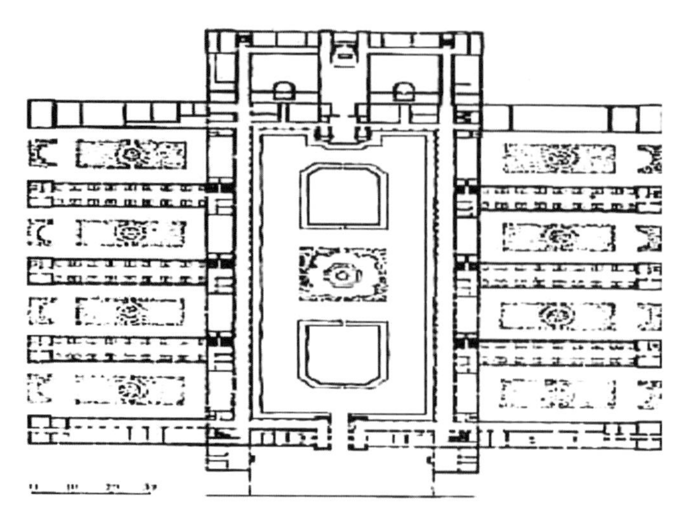

图 1-6　巴黎拉丽波瓦西埃医院平面图

上，又有了新的进展。

随着西方传教士进入我国，我国近代西式医院最初为教会医院，19 世纪 20 年代，英国伦敦会传教士马礼逊（Robert Morison）在澳门开设诊所；1827 年，东印度公司郭雷枢医生（Thomas. R. Colledge）参与其中并开设眼科医馆，被认为是中国西医医馆的开端；后来美国传教医生士禅治文（E. C. Bridgman）在广州创立“中华医药传教会”，西医更大规模、更系统地传入到我国，其中有代表性的是美国人嘉·约翰（John Glasgow）于 1859 年在广州创立的博济医院、英国人洛克哈特（William Lockhart）于 1846 年在上海建立的仁济医院、英国人德贞（John Dudgeon）于 1865 年在北京建立的“双旗杆”医院，后来该院与其他几所医院合并为北京协和医学院[①]（图 1-7）。据 1935 年同仁汇编《中华民国医事综缆》记载，当时外国在华共设医院 166 处，这些医院以眼科和外科手术见长。

医疗机构的增长推动了教会大学医学教育的发展。到 20 世纪初，我国已经形成 14 所教会大学，其中下设医学院的有 6 所，即上海圣约翰大学医学院（1905 年）、成都华西协和大学医学院（1910 年）、长沙湘雅医学院（1914 年）、北京协和医学院（1914 年）、广东岭南大学医学院（1916 年）、山东齐鲁大学医学院（图 1-8）（1931 年）[②]。

① 罗运湖．现代医院建筑设计 [M]. 北京：中国建筑工业出版社，2002.

② 孙希磊．基督教与中国近代医学教育 [J]. 首都师范大学学报（社会科学版），2008（S2）：133-137.

图 1-7　北京协和医学院

图 1-8　山东齐鲁大学医学院

三、现代生物医学模式下的医院建筑

18 世纪病理学的发展、19 世纪细菌学和防疫接种以及病原体研究，使细胞病理学、微生物学、免疫学、生理学、生物化学、药理学等均有显著发展[①]，医学不断吸收物理、化学、生物、机械等近代科学技术成果，在临床医学、护理与医药、公共卫生等方面迅猛发展，逐步形成比较完整的医学科学体系。生物医学模式将疾病的发生、发展和转归机制建立在生物学基础之上。医师对疾病的诊断需依据对人体的生物学变量、细胞结构和生理病理的改变等方面的检测结果，从而找到生理或理化的致病原因，并采取相应的治疗手段。生物医学模式标志着现

① 罗运湖 . 现代医院建筑设计 [M]. 北京：中国建筑工业出版社，2002.

代医学体系的建立[①]。

生物医学模式的确立带来了现代医院的分科化，医院的组织结构体现为高度专业化的临床科室及辅助医疗部门。首先，医院建筑功能模块逐渐明晰。医院建筑的功能大致可分为医疗与后勤供应两大部分。医疗部分在医院分科化的基础上可分为门诊部、医技部、护理部、住院部；而后勤供应部分则包括锅炉房、洗衣房、变配电室、空调机房、氧气、压缩空气、氮气等各种机械动力设施。现代医院设计的关键是如何合理并有效地解决各种流线，看得见的流线包括人流、物流、车流，隐形的流线包括空调管、水管、氧气管等。

医院建筑布局与现代医院的经营方式及医院功能的不断细化密切相关。随着医院各科室功能的不断细化，两者之间的联系也变得越来越密切，缩短了病人、医生及护士在不同部门之间往返的时间，提高了治疗及工作的效率。现代医院的诊疗水平在很大程度上依赖于复杂昂贵的医疗设备，为实现前期医疗设施设备投入的规模经济，现代医院尽可能扩大其医疗服务的覆盖面，因此往往选址于人口稠密、交通便利的城市中心区。由于市区土地资源稀缺，医院建筑的泊车指标和基地绿化率指标也比其他类型建筑高，迫使医院建筑采取集中式布局，尽可能充分利用其土地价值。

医技部门成为医院建设的重点。医疗设备在疾病诊查及治疗中的广泛使用是现代医学的特征之一。因此，现代医院对医技科室的依赖性也越来越强。新型的诊断、治疗和信息交换的仪器设备给现代医院建设带来了新的课题和挑战，有关医技科室的功能安排和技术要求，一直是医院工程建设的难点，尤其是放射科、检验科及手术部，除了因建筑设计、施工方缺乏相应的专业知识外，不同设施设备对建筑空间和建筑物理环境的技术要求也难以把握[②]，医院建设成为医疗服务、工程建设、工业制造不同领域交叉融合的载体。

四、生物—心理—社会医学模式与医院建筑

生物—心理—社会医学模式的基本内容是“立足于生物、心理、社会等各种学科认识疾病和健康，不仅应从生物学的变量来测定，而且必须结合心理、社

---

① 徐文辉 . 现代医院建筑人性化设计的初步研究 [D]. 杭州：浙江大学，2004.

② 张铭琦 . 新医学模式背景下的城市大型医院护理单元设计模式语言初探 [D]. 北京：清华大学，2003.

会因素来说明，并且必须从生物的、心理的、社会的水平采取综合措施防治疾病、增进健康”，突出了心理因素、社会因素（包括社会环境因素与人化自然环境因素）对人的健康的影响[①]。

生物—心理—社会医学模式对医院建筑和医院管理提出了新的要求。医院由单一的医疗机构向“医疗、预防、保健、康复”的综合型机构转变，更加重视人的心理和社会需求，以及全面综合“大健康”信息的获取，强调防治结合以及医养结合

医院建筑艺术化、家庭化趋势更加明显。“医疗环境”将成为医院建筑设计的重点关注，更加关注医院布局、设施的情感度、人情味、使用友好性，将“以人为本”的理念贯彻到医院建筑设计和医院管理的方方面面。医疗环境质量将与医、护人员素质，医疗设备设施等共同决定现代医院的诊疗水平。

数字时代医院建筑的人本理念离不开数字化医院建设。数字化医院主要包括数字化医疗设备、医院管理信息系统（HIS）、医院影像处理系统（PACS）以及远程医疗服务等[②]，通过自动化、信息化和数字化节省患者诊疗时间，提升患者就诊体验，提升医疗服务质量。

① 张广森．生物—心理—社会医学模式：医学整合的学术范式 [J]. 医学与哲学（人文社会医学版），2009，30（9）：8-10.

② 张铭琦，吕富珣．论医学模式的发展对医院建筑形态的影响 [J]. 建筑学报，2002（4）：40-42+67.

第二章　医院建筑形态

第一节　医院建筑形态的主要类型

建筑形态是建筑在一定条件下的表现形式，包含建筑的形式和情态，是建筑设计的基本要素和核心要素。医院因其功能特殊、流线复杂以及医疗技术、医学模式的发展变革等因素，其形态一直是建筑设计关注的焦点和重点[①]。医院建筑形态指的是医院主体部分的门诊、医技和住院三者之间的关系特征。医院建筑形态由于组成要素、功能结构以及所处的自然、社会等环境的差异而形式不一。

影响医院建筑形态的因素是多层次的，如经济社会发展水平，社会医疗体制，医院的管理模式、运营模式、服务模式（如分级医疗制度、转诊制度等）和功能模式，这些因素深刻地影响着特定区域和时代医院建筑的形态和布局。

医院建筑形态的核心是与医疗功能的匹配，以合理的医疗功能引导建筑形态设计。随着医学模式的变化，医院的使用功能的内涵也发生了变化，尤其在专业学科分工趋于细化、并强调边缘学科互相渗透的背景下，医院使用功能呈现出一种全方位的、立体的形态[②]。这个过程是维系整个医院从局部到全局的中枢。中枢包括了竖向及水平交通，人流及物流的组织，也包括了图像传输、信息交互、智能化管理以及自动化物流系统，甚至包括能源供应、综合管线的敷设。中枢的形态取决于医院功能设置、设施的标准控制以及功能的使用频率等因素，从而形

① 陈潇，邱德华 . 建国以来综合医院建筑形态演变及发展趋势研究 [J]. 华中建筑，2016，34（2）：18-23.

② 李力 . 大型综合医院医院街设计研究 [D]. 沈阳：沈阳建筑大学，2012.

成了不同的医院形态[①]。

医院建筑形态与医院整体布局密切相关。根据医院布局的集中—分散程度，医院建筑形态可以分为集中型、密集型和分散型。其中，集中型建筑用地节省，流程紧凑，暗房间多，依赖人工通风与采光，能耗大，裙房进深大，视野差，高层病房环境视野好；密集型建筑用地适中，流程适当，可充分利用自然通风与采光，环境视野好，利于低碳排放、节能降耗；分散型建筑占地较大，流程较长，可充分利用自然通风与采光，与自然环境融合，利于低碳排放及节能降耗。

本书基于集中—分散分类标准，将医院建筑进一步区分为着重阐述多栋连廊式、多翼集簇式、单元拼接式、塔台式、综合体式五种类型的医院建筑形态。

一、多栋连廊式

多栋连廊式建筑是一种较为分散的建筑形态，门诊、医技、住院按使用性质分别设计为若干栋相对独立的建筑，再用公共走廊、交通枢纽连成有机整体。这种类型在国内外医院建筑中得到广泛运用，按其分栋数量可分为三栋式、二栋式、多翼式、分散式等类型[②]。

三栋式指的是门诊、医技和住院。为适应基地的条件变化，三栋之间以廊道连通，或前、中、后呈“工”字、“王”字形布局，或左、中、右呈“山”字形排开；或左、右、后呈“品”字形布置等。为方便与城市主要干道衔接，缩短门诊病人的外部流线，一般将门诊居前；为实现对门诊和住院双向服务，缓冲门诊人流对住院部的干扰，将医技居中；住院部位于医院腹地，拉开与城市干道的距离，便于为住院病人营造一个安静舒适的养病环境，免受城市噪声的干扰，且利于采光通风。三栋式结构与门诊、医技和住院的“三级”功能结构相吻合，便于根据各自需要选择适合的建筑和结构形式，在我国应用极为广泛[③]。

如图 2-1 所示为山东省潍坊市中医院东院区总平面图。该建筑由浙江现代建筑设计院设计，潍坊昌大建设集团承建。门诊、医技、住院分三栋，与一条“医院街”相连，呈典型的“王”字形布置，门诊楼突前，接近城市道路，便于两者

① 姜波 . 山西大医院施工图深化设计中的若干问题探讨 [J]. 科技情报开发与经济，2011，21（7）：183-186.

② 罗运湖 . 现代医院建筑设计 [M]. 北京：中国建筑工业出版社，2002.

③ 同上 .

衔接。医技楼位于门诊楼后端，分左右两翼，由一条医疗主街贯穿其间并连接门诊楼和住院楼。门诊、医技、住院之间通过四条空中廊道，与相应标高的楼层相互联系，形成功能上的有机整体。保健中心、妇儿中心和科研中心位于主楼左侧，形成另一个相对独立的三栋式楼群，行政综合楼和后勤楼位于三座主楼右侧。

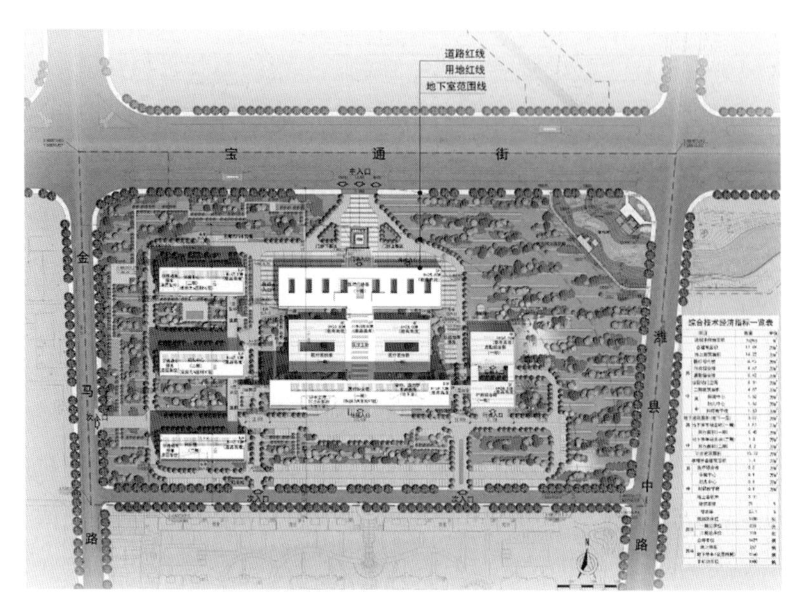

图 2-1　山东省潍坊市中医院东院区总平面图

二、多翼集簇式

其特点是住院部分相对集中，门诊、医技横向铺展，形成多翼并联。虽分散布置多栋，但采取缩廊压距的办法，门诊楼、医技楼之间的间距只满足必要的采光通风要求，从而形成分而不散的紧凑布局[①]。日本的一些医院的这种特性极为明显，北京的中日友好医院也具有此种特性。

如图 2-2 所示为北京中日友好医院总平面图。其放射楼与手术楼，制剂楼与营养厨房以及门诊楼各翼间的距离均只有 6m 左右，打破了一般的间距概念。

潍坊市人民医院建筑布局（图 2-3）也具备多翼集簇式建筑特征。该项目用地面积约 65646m^2，总建筑面积为 317205.81m^2。其中，地下工程建筑面积为 115978.36m^2；地上部分建筑面积为 146764.06m^2；住院综合楼的建筑面积为 74420.56m^2；科研综合楼的建筑面积为 26856.71m^2；配套楼的建筑面积为

① 罗运湖．现代医院建筑设计 [M]. 北京：中国建筑工业出版社，2002.

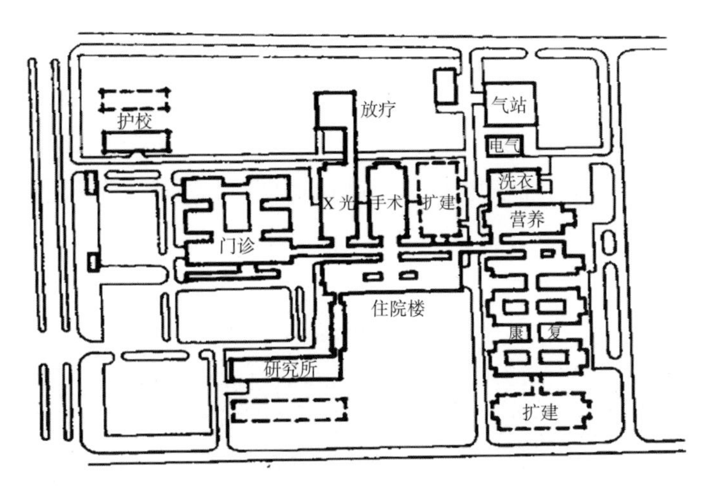

图 2-2　北京中日友好医院总平面图

27606.68m²；急救综合楼的建筑面积为 125286m²。本工程的急救综合楼为地下 3 层，其余为地下两层，地上部分的住院综合楼为 18 层，建筑高度为 78.00m，科研综合楼、配套楼 12 层，建筑高度均为 54.00m。建筑布局以医院门诊楼为核心，内科院区与急救综合楼横向铺展，门诊楼、急救综合楼、科研楼形成多翼并联，从而形成分而不散的紧凑布局。主楼采用钢筋混凝土框架—剪力墙结构，裙楼采用混凝土框架结构，抗震设防烈度 9 度。住院综合楼、科研综合楼、配套楼、急救综合楼主楼采用桩基础，裙房及纯车库区域基础采用独立基础 + 防水板形式。

图 2-3　潍坊市人民医院项目

三、单元拼接式

第二次世界大战后，欧洲医院建设数量较大，出现了一些不同类型的医院标准设计，方便按照图纸重复建造。但由于医院建设情况不一，这些标准设计很难同时满足不同的建设条件和规模需求。20 世纪 70 年代，设计标准发生了变化，由医院缩小到医院内部一个单元或更小的功能单元。同一体系的设计单元有统一的技术参数、结构体系和构造做法，可以灵活拼接组合，大大增强了医院建设标准的适应性。其共同特点是都用于多层或低层的横向组合。

医学和医疗技术的发展促使医技部门功能空间不断扩充，护理单元更加专门化和重症化，医院内部交通日益繁忙，独栋高层医院建筑难以解决医院内部交通问题以及紧急情况下的疏散问题①；20世纪80年代初，欧洲医院建筑出现了新的趋向，即从高层转向低层，反映了人们对高层建筑和紧张的都市生活的厌倦。多层紧凑、低层庭院的单元拼接式医院便应运而生。例如英国的 Nucleus 体系，采用“+”字形单元，每层约 1000m²，跨度 15m，用这种单元可分别满足门诊、医技、住院等部分的不同功能要求，内部调整灵活②。

如图 2-4 所示的是比利时鲁汶大学德鲁教授提出的基于 Meditex 体系的安特

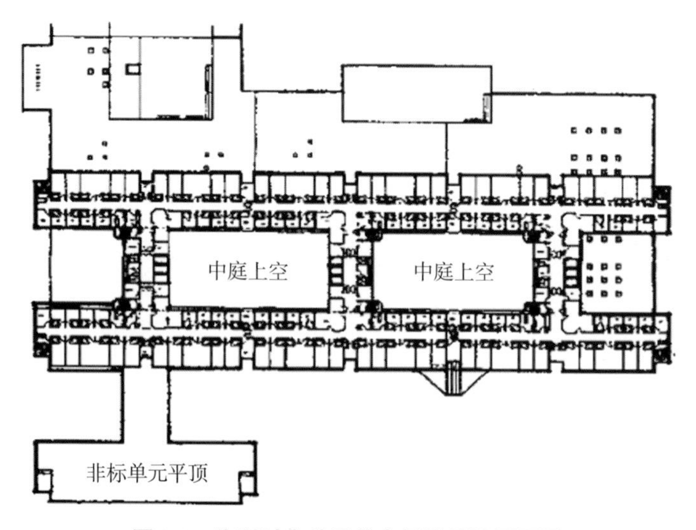

图 2-4　比利时安特卫普克里拉医院平面图

① 李郁葱 . 比利时鲁汶大学医疗建筑教学研究及实践——合理化设计、中国医院和 Meditex 体系 [J]. 城市建筑，2008（7）：33-35.

② 周欣 . 中小型医疗建筑空间探讨 [D]. 长沙：湖南大学，2008.

卫普克里拉医院。病房层是由 3 个 H 形标准单元组成的两个内庭空间，变外墙为内墙，成为节能建筑。地下和地面层成板块状铺开，不受刻板的单元模式的影响，而基本参数仍按 Meditex 网格体系要求，更加机动灵活。

四、塔台式

将门诊楼、医技楼、住院楼按下、中、上的顺序重叠在一起，形成一栋大型医疗建筑综合体。现代大型城市医院规模大、用地紧，而且强调高效紧凑，塔台式的建筑形态具有平面流线短捷、功能关系紧凑、医疗效率较高、节约城市用地等优点，在一定程度上缓解了城市用地不足与医院规模扩张之间的矛盾。日本和一些西方国家率先采用这种“一栋式”的医院模式，医院的所有科室和部门几乎包括在一栋楼内，其功能关系非常紧凑，各部门之间全为内部联系，流线极为短捷，省时增效，大大节约了用地和管线。这种医院模式在现代医疗科技和经济实力的支持下具有较大的生存和发展空间。但是过于集中的模式也会给医院建筑的竖向交通带来一定程度的负荷，且难以保障卫生条件。

五、综合体式

医疗综合体（Medical Mall）即在一个建筑区域同时配备医疗设施、社区养老、研究机构等相关医疗配套以及商业元素，实现多功能融合的载体。医院为人流量的入口，外围布局餐饮、休闲、医药等商业区域，并通过道路修建以及绿化设计，将医疗机构服务业态与商业区域合理地连接成为一个社区，实现“医院中的城市”，将医院与周边的交通、商业体融为一体，让医院成为城市和市民生活的一部分，达到“去医院化”的效果。

医疗综合体的模式最早起源于美国，在商业发展进程中，各大购物中心面临着竞争激烈、消费增长乏力、电商冲击等问题，开始寻求现有空间的新用途，如新增教育、医疗、办公等。相比于传统的医院建筑形式，“一站式就医”的综合体式具有以下突出特征。

1. 资源进一步集聚

通过医疗综合体的统一建设规划，集门诊、医技、病房、科研、办公、后勤等功能于一体化，实现医疗资源及医疗配套、大健康等更大范围的保健保养服务在空间上的合理布局统筹。从运营者角度，医疗配套和保健服务功能的社会化、集聚化，整合医疗资源，提供具有针对性的医疗和健康服务，有助于核心医疗部门将主要精力集中于检验、病理、超声、医学影像等医技科室及药房、手术室等硬件基础的建设及日常辅助运营管理。

2. 公共服务属性增强

与普通的医院建筑模式相比，休憩、餐饮、银行、商务等多种功能的实现，在丰富了医疗综合体业态的同时，增强了其公共服务性。尤其在当前传统医院模式中，医疗资源供给紧张，医患之间缺乏有效的沟通机制，医疗纠纷时有发生。在此背景下，集合了更多医疗服务形式的医疗综合体，一方面，各机构可以通过共享空间、员工、仪器和技术，减少医疗成本，实现医疗资源共享；另一方面，可以使功能定位更加多元化和灵活性，从服务角度释放更多人文关怀，服务于患者生理—心理—社会需求，或服务社区居民。

3. 生态节能和可持续性

医疗综合体在实现多业态聚集的同时，也可以对周围环境进行统一的规划调整，使室内外环境的和谐性、舒适性得到提高。新型的建筑形式要以“为患者提供更优质的服务”为基本，践行以人为本、生态化、绿色化的建筑设计的理念，提升医院综合体的服务能力及应用效率，提升建筑空间的综合实用性，为患者创建良好的诊疗环境，保证顺利运营、可持续发展①。例如，可以实现建筑内外色彩、材质和城市环境高度协调，进而推进实现环保节能、实现生态文明、环境健康等发展目标。

深圳市新华医院（图 2-5）建设项目（简称“新华医院”）是深圳市政府全额投资的重大民生项目，定位为集“医疗、科研、教学、预防保健”为一体的三级甲等综合性医院。该项目位于深圳市龙华区民治街道新区大道及民宝路交汇北侧，总建筑面积为 50.9 万 m^2，规划床位 2500 张，停车位 2500 个，已于 2018 年 9 月开工建设。项目由门诊、急诊、医技、病房、行政、科研、教学等功能板块构成，地下 4 层，地上 22 层，裙楼 6 层。

新华医院建设整体以“现代、绿色、人文、智慧”为设计理念，以医疗综合体为基础，重视医院内部空间与周边城市空间的联动关系，“不设围栏，融于城市”“与道路交通无缝接驳”，将医院与周边的交通、商业融为一体，使得医院成为城市和市民生活的一部分。建筑主体四周规划空地为绿地，两栋塔之间的裙楼

① 张琪，张雷 . 中华国医坛世界养生城医院综合体项目设计策略研究 [J]. 中国医院建筑与装备，2021，22（4）：55-58.

图 2-5 深圳市新华医院

顶部广场打造成 1.2 万 m^2 的空中花园，不仅为患者营造花园式的休养疗愈环境，也为周边居民提供一处闲暇休憩的城市公园。

新华医院在空间布局上充分运用 BIM 技术，采用“中庭式”布局，以中央办理大厅为核心，组织联系各功能科室，并以此作为水平、竖向交通的空间节点，形成顺畅的人流交通动线。

新华医院急诊中心面积约 1 万平方米，占到医疗综合楼首层的 30%。考虑到急诊病人的黄金抢救时间，急诊中心配备了较齐全的诊疗功能，设置检查科，能独立完成病人大部分的检查，尽量让病人少跑路。另外，由于综合医疗楼竖向人流通行压力比较大，为其增加 16 部垂直电梯进行上下联络，并仔细考虑了电梯的进深、开间以及关门速度，极大优化了医疗综合楼的竖向交通动线。

在新华医院建成后，交由北京大学深圳医院运营。未来，将依托北大深圳医院智慧医院优势，致力通过健康大数据、5G 应用和医工结合等创新模式，建成为粤港澳大湾区集医、教、研于一体的现代化区域医疗中心，同时具备应对深圳北站交通枢纽中心紧急突发事件的能力。

第二节　中医院的建筑形态

中医有传统的诊疗方法和独特的医疗流程，如“望、闻、问、切”和针灸、推拿、拔罐等，对建筑空间也有着不同于西医的特殊要求，因此，中医院在设计和建设上具备独特的建筑形式、建筑性格和建筑表情。近代以来，西方现代建筑思潮对中国传统建筑的影响，以及西医院的盛行，致使中医院受到严重的西化，中医院特色逐渐流失。21 世纪以来，技术进步、社会生产生活方式的改变使得人类生活方式产生了巨大变化，生活节奏加快、身心压力加大，生态环境恶化，人类对健康的理解从“治病”转向“治未病”，健康、保健理念日益普及，与中医养生理念高度契合，特别是在大疫流行时期，中西医结合产生的良好治疗效果，使得中医特色诊疗被重新重视。

一、中医院建筑模式的发展历程

中华文化源远流长，作为中国传统文化的一部分，中医的发展经历了悠久的历史，并随着时代的进步而不断丰富完善。其发展历史大致可分为四个阶段：

中医萌芽于远古后期，即夏、商时代，经历了中国封建社会的漫长发展。一般以寺庙医院或官办“太医院”的方式出现，这个时代尚未出现专门的诊疗设备，医生凭借自身经验，通过“望、闻、问、切”的诊疗方法对患者进行诊治。在医院建筑形式上，主要采用寺庙、合院等中国传统建筑形式。

民国前后由于西学东渐，西方医学技术和理念逐渐进入中国，不仅影响了中医的理疗理念，西医的医疗技术，如消毒、检查也开始被大众接受。但由于当时中国经济落后、科学技术发展缓慢，时局动荡，中医发展步伐缓慢，西医在医学理念和医疗技术上在中国的影响力持续增强。在建筑形式上，伴随近现代医学学校的出现，中医院作为医学校的附属机构。建设探索期是在新中国成立后；而成熟期则是新时期的发展。

中华人民共和国成立以后，国家大力支持发展中医中药，重视用传统医学改善人们的健康水平。在国家政策的扶持下，中医院得到了较快发展。但这一阶段，西医在中国逐渐普及，中医院西化的趋势日益明显，表现为医疗技术部门在医院中地位的增强，甚至有完全取代中医的趋势，中医和中医院在很长一段时期内遇到了发展“瓶颈”。

新时期由于人类生产生活方式的变化、生态环境恶化，健康、保健理念日益普及，与中医养生理念高度契合，中医的理念和医疗方式重新进入大众视野。同时，由于国家在中医传承和发展上的投入加大，中医研究、中医人才培养逐步形成完整体系，中西医结合的现代中医院逐渐成熟，中医院发展也进入了新时期。

如表 2-1 所示为中医院空间布局变化研究表。

中医院空间布局变化研究表 **表 2-1**

阶段	历史时期	建筑形制	主要功能	空间布局
萌芽期	春秋时期	堂 合院 寺庙 小规模建筑群	自住 收容 药剂 门诊	
	汉朝　寺庙			
	唐朝　里坊制			
	宋朝　安济坊			
	元明清　官办医院			
创办期	民国初期 粤港澳最先尝试创办	宅院 小规模建筑群	收容 门诊 药剂 自住 保障	
	北洋政府时期 中医学校和医院广泛设置			
探索期	中华人民共和国成立初期	集中式空间 竖向立体发展	住院 门诊 药剂 医技 保障	
	中西医结合			
	改革开放，兼收并蓄			
	20 世纪末			
快速发展期	弘扬中医，结合西医	多功能复合型空间 复合型建筑群	门诊 住院 药剂 行政 医技 保障 科研 住宿	
	重视传统，创新传承			
	21 世纪			

二、中医院的建设标准与功能系统

由于治疗手段、医疗技术、治疗设备等方面的差异，根据《中医医院建设标准》建标 106-2021，中医院按病床数量设有 60、100、200、300、400、500 床的规模，而综合医院的病床数量为 600、700、800、900、1000 床的规模较为常见。

中医院的规模一般比综合医院的小。

根据《中医医院建设标准》建材 106-2021，中医院的构成部门，除了门诊部、急诊部、住院部、医技部、保障系统、行政管理和院内生活部门七个综合性医院部门外，中医院增加了中药制剂室、传统诊疗中心、康复科、针灸科、推拿科、名医堂等具有中医特色的科室和部门，且这些强调中医特色的科室在中医院部门设置中具有重要地位。中医院建设标准见表 2-2。

中医院建设标准　　　　表 2-2

特色项目名称	建设规模（床）				
	100	200	300	400	500
中药制剂室	小型 500 ～ 600		中型 800 ～ 1200		大型 2000 ～ 2500
中医传统疗法中心（针灸治疗室、熏蒸治疗室、灸疗法室、足疗区、按摩室、候诊室、医护办公室等中医传统治疗室及其他辅助用房）	350		500		650

中医院主要依靠“望、闻、问、切”的人工手段进行疾病的诊断、依靠药物进行疾病治疗，因此相对于现代医学，中医对于医疗技术、医疗设备需求相对较少，因此形成了中医院的“小医技”和综合医院的“大医技”的显著区别，这也是造成中医院和综合医院规模差异的主要原因。根据《中医医院建设标准》建标 106-2021，床位分别为 60、100、200、300、400、500 的中医院，医技科室占总建筑面积的比例分别为 19.7%、17.5%、17%、16.6%、16%，而相同规模的综合医院中医技科室占总建筑面积的比例达到了 25% 以上。中医院和综合医院基本用房及辅助用房在总建筑面积中的比例关系比较见表 2-3。

中医院和综合医院基本用房及辅助用房在总建筑面积中的比例关系比较　　表 2-3

部门	比例（%）						
	中医院						综合医院
床位数	60	100	200	300	400	500	200 ～ 1000
急诊部	3.1	3.2	3.2	3.2	3.2	3.3	3
门诊部	16.7	17.5	18.2	18.5	18.5	19.0	15
住院部	29.2	30.5	33.0	34.5	35.5	35.7	39
医技科室	19.7	17.5	17.0	16.6	16.0	16.0	27
药剂科室	13.5	12.1	9.4	8.5	8.3	8.0	—
保障系统	10.4	10.4	10.4	10.0	9.8	9.0	8

续表

部门	比例（%）						
	中医院						综合医院
行政管理	3.7	3.8	3.8	3.7	3.7	3.8	4
院内生活	3.7	5.0	5.0	5.0	5.0	5.2	4

三、中医院的医疗行为、医疗需求和空间尺度

建筑学中素有“形式追随功能”的建筑设计理念，将建筑实用性功能作为建筑设计的首要因素，强调建筑功能的重要性。医院作为功能性很强的公共建筑，其功能空间设计需要根据医护人员和患者的行为模式和医疗需求进行设计和规划，中医医院的建筑设计和内部空间规划同样需要遵循这一理念和准则。

随着中西医结合程度的加深，中医院医生和综合医院医生的医疗行为具有很多共同点，如观片、诊断、看片、洗手消毒等，因此在诊室设计上也有诸多共同之处，中医诊室同样配置观片灯、更衣柜、洗手盆等设施；但中医在医疗行为和诊疗手段上的差异也十分明显，比如药剂科需要储药柜、煎药机、包装机等设备；儿科、康复科需要药品储柜、穿刺台、康复训练等设备；针灸、推拿科需要配备推送治疗工具的设备。

中医院在内部空间尺度上有相对特殊的要求。所谓空间尺度，是指诊疗单元的规模、开间和进深、区域通行尺度等。对于像针灸治疗室这种中医特色科室房间，当医生给患者治疗的时候，要注意推着放置针灸用的针和灸疗拔罐用的器具的小车的尺度，还要考虑拔罐点火的特殊需求以及身体不便的乘坐轮椅的尺度。另外，中医的医疗行为和患者的医疗需求要求中医诊疗室内部空间设置有一定特殊性。比如在针灸科，往往采用诊室和治疗室相分离，或者诊室和治疗室串套的布局模式。

案例 1　潍坊市中医院东院区建筑形态

潍坊市中医院（图 2-6）于 1955 年建院，目前医院拥有 2600 张床位，年门诊量 150 万人次，开展各类手术 3 万例，综合服务能力位居全国地市级中医院前列。医院先后获得全国卫生计生系统先进集体、全国改善医疗服务示

范医院、全国医患和谐医院等多个荣誉称号。现拥有2个国家临床重点专科（脑病科、骨伤科）、2个国家“十二五”重点专科（外科、肿瘤科）、2个省级重点学科（中医脑病学、中西医结合临床）、11个省中医药临床重点专科、4个齐鲁中医药优势专科集群成员专科、2个齐鲁医派中医学术流派传承工作室、1个齐鲁中医药优势专科集群牵头专科（脑病科），以及31个市级重点学（专）科、4个市级临床精品特色专科，搭建起了国内一流的诊疗平台。

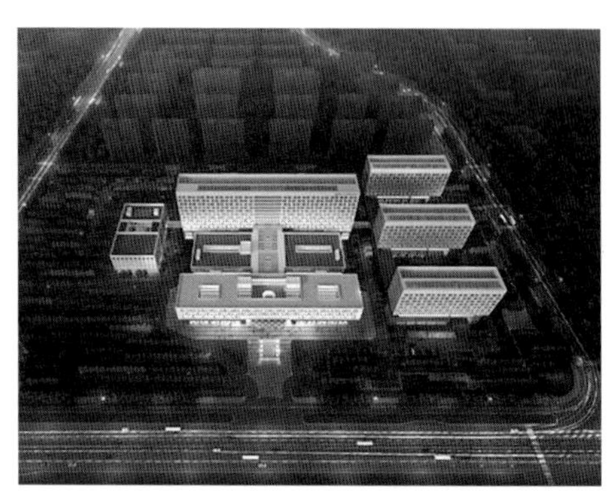

图2-6 潍坊市中医院实景图（鲁班奖）

图2-7 潍坊市中医院东院区医院内部院落实景图

潍坊市中医院东院区是潍坊市中医院新建的一所集医疗、科研教学、预防于一体的市属综合性三级甲等中医医院（图2-7）。医院总用地面积7.629万m^2，总建筑面积18.26万m^2，床位数1500床，分为二期建设，一期建设床位800床，建筑面积11.9万m^2，分为病房综合楼、门急诊医技综合楼、行政后勤综合楼，地上5～12层，建筑高度24.1～59.1m；二期保健中心、妇儿中心、科研教学中心，地上10层，建筑高度47.1m。规划、建筑与室内设计均强调中医治疗的深层理念，力图使其在遵循中医诊疗建筑布局、中国建筑基本元素、自然园林中达到协调。